프레시지옹

Précisions by Le Corbusier
Copyright © Fondation Le Corbusier, Paris
Korean Translation Copyright © Dongnyok Publishers, 2004
All rights reserved.

This Korean edition was published by arrangement with
Fondation Le Corbusier (Paris)
through Bestun Korea Agency Co., Seoul.

이 책의 한국어판 저작권은 베스툰 코리아 에이전시를 통해
저작권자와 독점계약한 도서출판 동녘에 있습니다.
저작권법에 의해 한국 내에서 보호를 받는 저작물이므로
무단 전재와 무단 복제를 금합니다.

프레시지옹

건축과 도시계획의 현재 상태에 관한 상세한 설명

르 코르뷔지에 지음 | 정진국·이관석 옮김

동녘

머리말

『프레시지옹』 재판에 즈음하여

여러 해 동안 전세계 많은 나라에서 강연을 하면서 나는 기후·인종·문화가 제각기 얼마나 다른지를, 특히 사람들이 얼마나 다른지를 알게 되었다. 잠깐 이런 문제를 생각해 보자. 남자든 여자든 머리 하나, 눈 두 개, 코 하나, 입 하나, 귀 두 개를 가지고 전세계에 흩어져 산다. 만일 똑같이 닮은 남자 둘이나 여자 둘이 있다면, 서커스만큼 놀라운 일일 것이다!

우리의 문제는 인간이 지구 위에서 산다는 데 있다. 왜? 어떻게? 이런 물음에는 다른 사람들이 대답할 것이다. 나의 과업, 나의 연구는 오늘날의 인간들을 이런 불행과 재앙에서 구해 날마다 행복과 조화 속에 살게 하려는 것이다. 이 일은 특히 인간과 환경이 다시 조화를 이루게 하는 일과 연관된다. 살아 있는 유기체(인간)와 자연(환경)이라는 거대한 그릇은 해와 달과 별, 정의하기 어려운 미지의 것들, 여러 종류의 파동, 기울어진 자전축에 따라 계절이 바뀌는 둥근 지구, 체온, 혈액 순환, 신경조직 체계, 호흡 체계, 소화 체계, 낮과 밤, 준엄하지만 여러 가지 미묘한 차이로 번갈아 바뀌는 24시간의 태양 순환 주기 등을 담고 있다.

기계 문명은 우리가 미처 깨닫지 못하는 사이에 교묘하고도 은밀하게 우리 눈앞에 다가왔다. 기계 문명은 오늘날 여전히 논쟁의 여지가 있는 생활 방식에 우리가 빠져들게 하고 그것을 지속시킨다. 혼란의 징후가 개인의 건강과 경제·사회·종교의 변화 속에 나타난다. 기계 문명이 시작되었다. 어떤 사람들은 아직 느끼지도 못하고, 어떤 사람들은 변화에 순순히 따른다.

그러나 과거의 일은 다 사라지고 없는가? 건축을 향한 모험에서 로마는 우리와 무슨 관련이 있는가? 건축의 일곱 가지 주범柱範[역주1]은 무엇인가? 직함과 학위는 무엇이며, 건축이라는 우리의 직업이 가는 길에 놓인 많은 '제한'은 무엇인가?

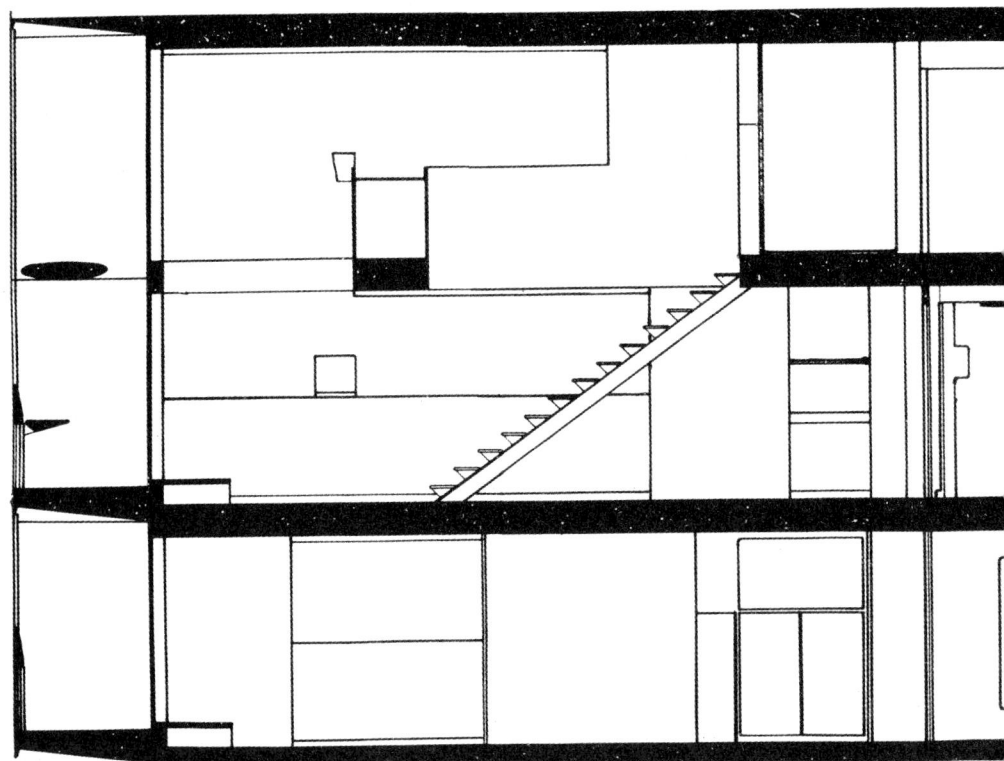

　금과 은이 우리의 영역에 흘러들어와 명예와 긍지, 허영심을 키웠다.
　지구는 둥글고 표면은 이어졌다. 원자력은 기존의 많은 전략들을 뒤집어엎었다. 20년 전부터 비행기가 사람들을 실어 나른다. 사람들이 서류가방을 손에 들고 비행기에 오른다. 열 시간, 열두 시간 안에 그들은 지구의 정반대쪽에 있을 것이다. 그들은 도착하자마자, 견문이 넓고 토론할 능력이 있으며 결정권을 가지고 기다리는 사람을 만날 것이다. 호전적인 정신은 언제나 경쟁심, 도전 정신, 성취감, 사상과 기술 및 '무역'의 측면에서 핵전쟁이나 경쟁 가운데 하나를 선택하도록 북돋울 것이다.
　오늘날 우리는 무엇이 문제인지를 안다. 그것은 인간이 지구를 불완전하게 점령했고, 심지어 많은 부분을 점유하지 못했다는 사실이다. 괴물들, 바로 우리 집합체의 암적 존재인 널브러진 도시들이 나타났다. 누가 책임을 지고, 누가 관심

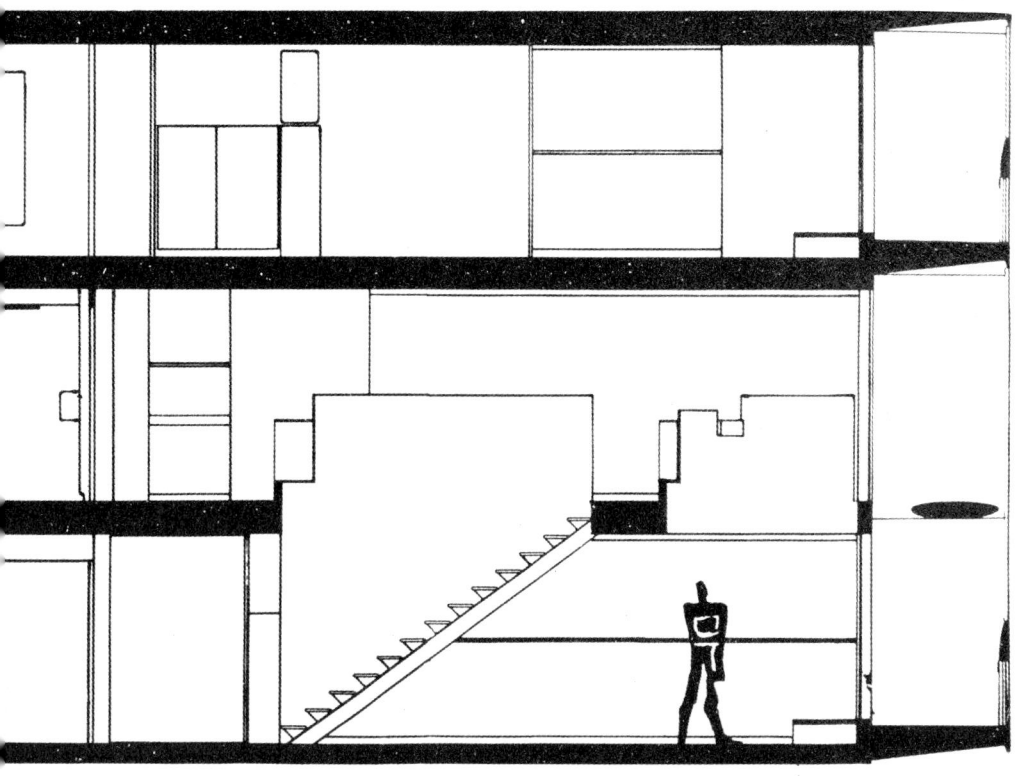

을 가지며, 누가 명확하게 볼 수 있는가? 아직 널리 인정된 방법이 없다. 적절하게 교육받은 전문가가 없는 것이다. 현재 문제들은 복잡하게 얽히고, 서로 종속되고 중복되고 연관성이 깊어 그것들을 분석하거나 별도의 문제들로 나눠 다루기가 어렵다. 해결책도 상호 의존적이며, 함께 연계되어서 분리할 수가 없다.

가정에까지 전기가 들어왔고, 인류가 이것을 사용했다. 여기에 이미 기적과 경이가 있다. 전자 공학이 생겨났다. 이 사실은, 로봇에게 조사를 의뢰하여 서류를 작성하고 토론을 준비하고 해결책을 제안할 가능성이 있음을 뜻한다. 전자 공학은 필름을 만들었고 녹음기, 텔레비전, 라디오 등을 만들었다. 전자 공학은 책임을 진 사람들이 사실에 접근할 방법을 찾게 할 것이고, 해결책을 설명할 수 있게 하고, 논증 자료·활동에 대한 요구·제안·해결책을 오늘이나 내일, 한 달이나 1년 동안, 국내에서나 해외에서 지치지 않고 끊임없이 되풀이할 수 있는 비길 데

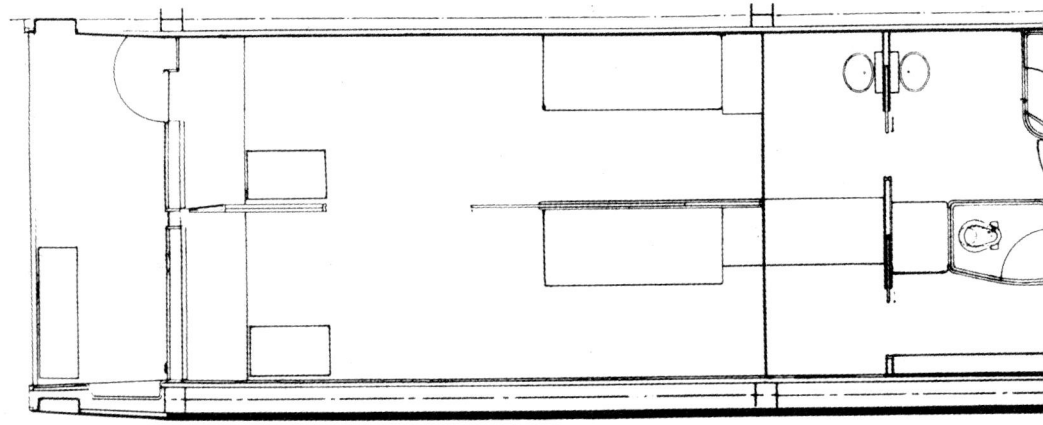

없이 새로운 두뇌를 제공할 것이다. 이는 머지않은 시기에 가능할 것이다.[1]

남아메리카에서 여러 청중에게 강연한 내용을 1929년에 처음 출판한 이후 30년이 지나 재판을 찍게 되었다. 강연 내용은 인간과 환경에 관한 것이다. 엔지니어와 건축가의 작업에 공통된 문제들을 제기했다. 적어도 이 강연들이 엔지니어와 건축가 사이에 닫힌 문과 창을 열게 했다고 생각한다. 청중들 앞에서 그린 그림들은 강연 내용을 표현한다. 이 그림들은 내가 나 자신을 명확하게 들여다보도록, 다시 순수해지도록, 문제를 제기하고 청중에게 가장 자연스러운 대답을 하는 데 집중하도록 했다. 이를테면 어떤 그림은 집에서 어떻게 앉는지를 보여 준다. 다른 그림은 대지에 어떻게 도시를 배치하는지 보여 주고, 또 다른 그림은 여객선, 현대의 공공건물, 업무용 고층건물을 비교한다(공공건물은 1927년에 설계한 제네바의 국제연맹 청사 계획안이었고, 나중에 '데카르트적'이라고 불린 고층건물은 1947년에 뉴욕의 국제연합 사무국이 되었다). 또 다른 그림은 귀스타브 리옹Gustave Lyon이 증명한 음향 기술의 건축 성과를 보여 준다.

이 책(레네와 탕테 출판사, 샤르트르, 1930년 12월 8일 발행)의 재판본은 초판본을 한 쪽씩 사진으로 찍어 오프셋으로 인쇄했다. 구두점과 단어도 그대로 두었다.

부에노스아이레스에서 한 첫 강연의 제목은 '모든 아카데미즘으로부터 해방'

---

[1] 1958년 브뤼셀 만국박람회의 필립스관Philips Pavilion에 전시된 '전자시電子詩'는 한 번에 500명의 관람객에게 10분 동안 무언가를 실제로 보여 주고 증명하면서 급류 속으로, 입체 속으로, 깊은 흥분 속으로 빠지게 해 125만 명을 매료시켰다.

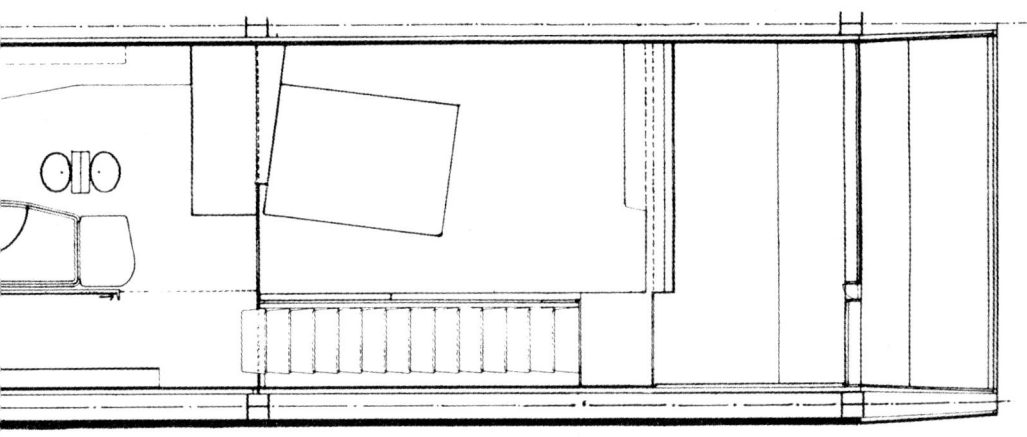

이다(1929년 10월 3일). '아카데미즘은 단지 망상일 뿐이다. 이것은 우리 시대의 위기다.' 오늘날 로마의 신봉자들은 자신들이 건축가들 가운데 엘리트라고 공언한다. 또한 은근히 약삭빠르게 태도를 바꾼 뒤, 이제는 자신들이 가장 현대적인 착상을 선호했다고 선언한다. 그들은 자신들이 '개인주의자'라고 일컬은 사람을 위해 봉사한다고 말하는 섬세함도 지닌다.[2] "…… 르 코르뷔지에의 영향은 분명히 아주 근원적이다. 특히 그가 프랑스에 미친 영향은 건축의 순수 미학적 측면보다는 그의 도시계획 이론에 관한 측면일 것이다. 그러나 오늘날에는 균형이 잘 잡힌 현실로 돌아가기 위해 그의 작품에서 드러나는 약간 바로크적인 특성을 회피하려는 경향이 있는 듯하다. 나는 이러한 경향이 적절하다고 여긴다. 이 위대한 이론가를 따르는 일은 좋다. 그렇지만 그토록 강하고 아주 독특한 개성을 지닌 사람의 건축을 흉내내는 일은 분명 위험하다." 이 글은 제르퓌스Zehrfuss가 동료 건축가들에게 경고하려고 썼다.

그는 이러한 '정보'를 쓰느라 헛되이 힘만 들였을 뿐이다!

'건설자'를 의미하는 그림 한 장으로 이 글을 마치고자 한다. 이제 기계시대를 준비하고 완전히 새로운 광채로 이끌어 줄 운명을 지닌 두 가지 직업이 영원히 친밀하며 대등한 접촉을 갖는 새로운 단계로 접어들었다. 두 직업은 엔지니어와 건

---

2. 개인주의자라고 말한 이유는 그들이 공동 작업을 전혀 인정하지 않기 때문이다. "잘난 분들, 제발 자리 좀 나누어 주시기를 부탁드립니다."

축가다. 전자는 전진하고 후자는 퇴보한다. 그들은 경쟁자였다. '건설자'의 과업은 댐, 공장, 사무소, 집, 공공건물로부터 대성당까지, 끝에서 끝까지 연결하는 일이다. 이러한 연합의 상징이 다음 그림에 나타나 있다. 바로 손가락이 교차되고 수평으로 놓인, 대등한 수준의 두 손이다.

1960년 6월 4일
파리에서
르 코르뷔지에

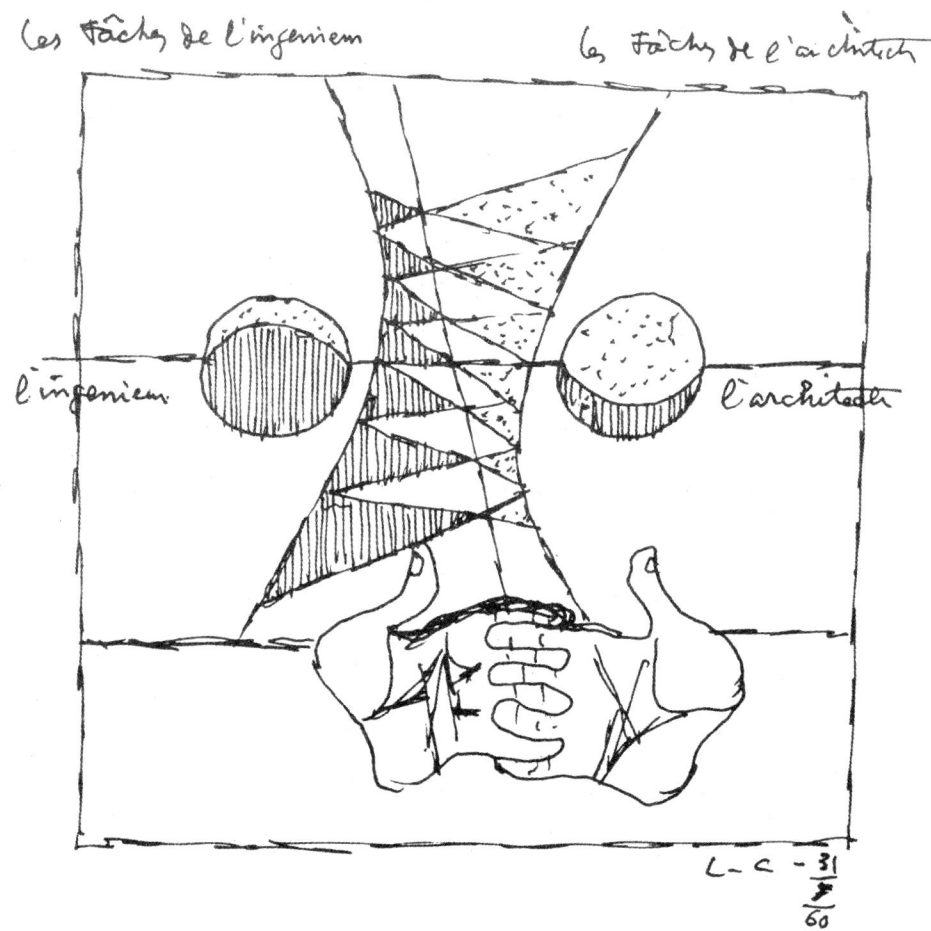

엔지니어의 과제 les tâches de l'ingénieur / 건축가의 과제 les tâches de l'architecte / 엔지니어 l'ingénieur / 건축가 l'architecte

일러두기

이 책은 부에노스아이레스에서 한, 건축과 도시계획에 대한 열 번의 강연 내용과 아메리카에 대한 프롤로그로 구성되었다.

프롤로그는 아메리카 건축과는 아무 관련이 없으며, 아메리카 대륙을 방문한 건축가의 정신 상태를 표현한 것이다.

만일 어떤 실상을 충분히 제시할 수 있다고 느끼지 않았다면, 건축과 도시계획에 대한 강연을 하러 그토록 멀리까지 가지는 않았을 것이다. 강연을 열 번 하면서 확신을 주고 싶은 욕망을 끊임없이 느꼈다. 그래서 이 책의 제목을 '**프레시지옹** Précisions'*으로 정했다.

이 책은 '브라질의 필연적 귀결'(상파울루와 리우데자네이루)로 끝나는데, 우루과이(몬테비데오)에도 해당하는 내용이다. 이 필연적 귀결은 엄청나게 빨리 성장하는 도시화 지역에서 점차 늘어나는 긴장 상황에 대한 논평이다.

---

*프레시지옹을 우리말로 옮기면 '상세한 설명'이다. 설명이 필요없는 온전한 제목은 '건축과 도시계획의 현재 상태에 관한 상세한 설명'이라 할 수 있다. 하지만 건축을 공부하는 이들 사이에 이미 '프레시지옹'으로 널리 알려졌기에 굳이 우리말로 옮기지 않았다. 이에 대해 독자들의 양해를 바란다. —옮긴이

Le Corbusier

차례

머리말 『프레시지옹』 재판에 즈음하여 ___ 5

일러두기 ___ 11

아메리카의 프롤로그 ___ 15
모든 아카데미즘으로부터 해방 ___ 37
기술은 시적 감흥의 기반이며 건축의 새 시대를 연다 ___ 51
모든 것이 건축, 모든 것이 도시계획 ___ 85
사람의 몸을 기준으로 한 주거 단위 ___ 103
가구의 모험 ___ 123
현대 주택 계획 ___ 141
사람은 하나의 세포이고, 세포가 모여 도시를 이룬다 ___ 159
주택-궁전 ___ 177
파리 '부아쟁' 계획 ___ 187
'세계도시'와 즉흥적 고찰 ___ 235
브라질의 필연적 귀결 ___ 253

부록 ___ 267

덧붙임 ___ 292

역주 ___ 293

옮긴이의 말 ___ 300

부에노스아이레스　　　1929년 12월 10일
몬테비데오　　　　　　바이아의 먼바다에 떠 있는
상파울루　　　　　　　루테티아 선상에서
리우데자네이루

아메리카의 프롤로그

사우스 애틀랜틱 사가 친절하게도 고급스런 객실을 제공해 준 덕분에 나는 기계의 소음에서 멀리 떨어진, 배 안에서 가장 조용한 곳에 머물며 부에노스아이레스에서 즉흥적으로 한 열 번의 강연 내용을 정리할 수 있었다. 거기서 그린 그림들을 여기 펼쳐 놓았다. 이 그림들을 가지고 강연의 의미와 순서를 재구성할 것이다.

한여름 열대의 태양은 아주 멋졌다. 지난주 리우데자네이루에서 눈앞에 펼쳐진 잊을 수 없는 광경은 나를 흥분시켰다. 내 머릿속은 여전히 아메리카에 대한 생각으로 가득 차서, 오늘 아침까지도(어제 승선했는데도) 아메리카에서 느낀 생생한 감동 속으로 유럽이 비집고 들어올 틈이 없다. 여정에 따라 계절이 지나(처음에는 아르헨티나의 봄을, 다음에는 리우의 열대성 여름을 맞아) 그 생생한 광경은 리우가 정점에 있는 피라미드처럼 연속적이며 단계적으로 겹친 영상이 되었고, 꼭대기는 마치 불꽃놀이처럼 장식되었다. 아르헨티나는 푸르고 평탄했지만, 땅의 운명은 격정적이었다. 상파울루는 땅의 기복이 심한 800미터 고원에 있는데, 마치 꺼져가는 불꽃 같은 붉은색을 띤다. 이 도시는 여전히 커피 재배업자들이 자행하는 정신적 횡포를 겪고 있다. 예전에는 노예들에게 명령하던 커피 재배업자들이, 오늘날에는 매정하지만 그다지 부지런하지 않은 지배자다. 리우에서 대지의 색은 붉은빛과 분홍빛을, 초목은 초록빛을, 바다는 푸른빛을 띤다. 파도는 수많은 해변에서 작은 거품을 일으킨다. 거기서는 모든 것이 솟아오른다. 물로 고립된 섬들, 바다에 빠져드는 남아메리카의 뾰족한 산봉우리, 높은 언덕과 거대한 산들. 그곳 부둣가는 세상에서 가장 아름답다. 바닷가 모래는 집과 저택의 언저리까지 밀려온다. 충만한 빛이 여러분의 마음을 감동시킨다. 남아메리카는 얼마나 강렬하고 아름다우며 우리를 흥분하게 만드는가!

나의 집, 파리에는 열이틀 뒤면 도착할 것이다. 추적추적 내리는 비에 씻기는 아스팔트 위에 크리스마스 트리의 전구를 밝힌 마들렌느 성당의 광장이 있는 파리는, 태양이 오전 10시에 떠올라 오후 4시면 지는 겨울의 그림자가 드리운 고난의 장소다. 먼지와 매연, 낡고 오래된 건물들, 이 모든 것이 파리를 만든다. 세상의 모든 구성요소가 이상하게 응축되어 파리를 **조명의 도시**로 만드는 것이다. 명백하게 지극히 정신적인 면에서, 여행은 다른 곳에서 빛이 어떠한지를 보여 준다.

파리의 명성 덕분에 나는 부에노스아이레스에서, 몬테비데오에서, 상파울루에서, 리우에서 '~의 이름으로' 말할 수 있었다. 이 여행은 일종의 전도여행이었다. 나는 가끔 아무 예고도 없이 공식적인 환대를 받았다(왜냐하면 하늘에 맹세코 '내 친구의 친구들'의 후원과 관련된 일이라면 마치 달팽이가 촉수를 감추듯 내가 움츠러들었기 때문이다).

부에노스아이레스에서 나는 '예술동호회Amigos del Arte'와 '정밀과학회Faculty of Exact Sciences'의 초대 손님이었다. 이따금 기자들과 사진가들을 만났으며, 이러저러한 위원회의 이름으로 여러 곳을 방문하고, 오찬을 곁들인 연설을 들었다. 그러는 가운데 부에노스아이레스의 시 집정관인 루이스 칸틸로Luis Cantilo와 많은 대화를 나누었다. 내가 상상할 수 있는 가장 비인간적인 장소인 이 거대한 도시에 짓눌려 개선책을 고안하던 때였다. 지구상의 주요 지점에 속하는 리오데라플라타의 대지는 개발 중이었다. 브라질에서 나는 상파울루 주의회의 초청을 받았다. 나에게 연설을 부탁한 관대한 의장은 1920년에 동시대 활동을 다룬 우리 잡지인 『에스프리 누보』^{역주2}에서 받은 감명을 한참동안 상세하게 말하였다(나는 무척 감동받았다). 미래의 브라질 대통령감인 훌리오 프레스테스Julio Prestes는 우리들이 기울인 모든 노력을 시기별로 잘 알고 있었다. 그는 권력을 잡기 전에 벌써 자신이 떠맡아야 할 중요한 도시계획 작업에 관심을 기울인 것이다. 그는 자신이 새로운 시대를 어떻게 구상하는지를 건축을 통해 보여 주려고 노력할 것이다.

남아메리카의 대도시들에서는 열성적인 단체들이 새로운 아이디어를 찾는다. 가는 곳마다 술렁임이 일었다. 부에노스아이레스에서는 사우스아메리카 항공사가 파라과이의 **아순시온**으로 가는 10인승 비행기 항로 개통을 기념하는 비행에 나를 초대했다. 차분하게 웃음짓는 (아주 아랍적인 이름인) 알모나시드 사장은 북방 인디언의 후손이자 귀랄데스 가문의 후손이었다. 대초원의 사람들로 구성된 귀랄데스 가문은 시인인 리카르도 귀랄데스와 그의 주요 작품인 **돔 세군다 옴브라**를 배출했다. 알모나시드 사장은 회사를 운영하면서 매일 시속 180킬로미터로 안데스 산맥 너머의 칠레·리우·나탈·다카르로, 그리고 팜파와 열대림과 대양을 지나 파리로 비행기를 보낸다. 아메리카 지역은 비행기를 타고 다녀야 할 정도로 넓다. 비행 항로가 나라의 중요한 신경조직이 될 것이다. 지도를 보라! 모든 것이 거대하고, 마을과 도시는 드문드문 보일 정도로 서로 멀리 떨어졌다.

우리는 율리시스^{역주3}의 모험담을 잘 안다. 나는 부에노스아이레스에 사는 친구 알프레도 곤잘레스 가라뇨의 집에서 19세기 중반에 존경받는 석판 화가가 묘사한 아르헨티나 정착민의 역사를 보았다. 아르헨티나 대초원의 모험담은 기껏해야 100년도 안 되었다. 목초지 깊숙한 곳에서는 아직도 모험의 증인을 찾을 수 있다. 아르헨티나의 종족에서 남은 개척자의 후손들이다. 그곳에는 아직도 어느 장대한 **에스탄시아**estansia(팜파의 주거)에서 멀리 떨어진 곳에 정착해 농장을 지배하거나 격리되어 사는 전설적인 사람들이 있다. 그들이 지닌 용기와 인내, 고립된 생활이 그들을 위대하게 만들었다.

고도 1,200미터로 나는 레이트코어 비행기에서 개척자들의 도시와 선형 취락, 규칙적인 바둑판 모양으로 펼쳐진 농장과 주거지까지 살펴보았다. 집은 질서정연하게 심긴 오렌지 나무로 둘러싸였다. 거기서 웅덩이를 지나 들이나 목초지로 가는 작은 길이 있다. 평야는 곳곳에 있다. 이웃은 어디에 있는가? 생활에 필요한 물품은 어디에서 살 수 있나? 의사는 어디에 있나? 사랑하고픈 소녀는? 우편물을 배달하는 우체부는 어디에 있지? 아무것도 없다. 나 자신말고는 아무것도, 어떠한 희망도 없다.

나는 1830~1840년경에 새긴 석판화에서 정착민들의 파란만장한 방랑기를 엿볼 수 있었다. 외륜선이 리우에 닿는다. 선창은 없다. 상륙한 배를 맞이하기 위해 특수한 짐수레가 물가로 왔다. 거기에는 온갖 가재도구를 가지고 온 이주민들이 있다. 이주민들은 본국에 모든 것을 남겨 두고 떠나왔다. 바다를 건너는 데 얼마나 많은 날이 걸렸을까? 우리는 하늘과 바다말고는 아무것도 보지 못한 채 14일 동안 바다 위에 있었다. 그들은 아마 우리보다 다섯 배 정도는 시간이 더 걸렸을 것이다. 마침내 그들은 리우와 부에노스아이레스의 잔잔한 바닷가에 도착했다. 그곳은 그때까지 미개척 평원이었다. 적대심을 품은 인디언들이 마을 어귀마다 있었다. 그들은 말 몇 마리와 약간의 무기, 훈족의 유럽 침입을 떠올리는 수많은 마차들을 이끌고 함께 출발하였다. 길? 그들이 바로 첫 번째 정착민들이었다! 아르헨티나의 하늘? 그렇다. 그들에게 하늘은 큰 위안이 되었을 것이다. 이곳의 하늘은, 끝없는 초원 위에서 바라보면 몇 그루 늘어진 버드나무들로 이따금씩 시선이 나뉠 뿐, 낮에는 투명한 푸른빛으로, 밤에는 반짝이는 별들로 끝이 없다. 하늘은 사방으로 펼쳐졌다. 이 모든 풍광은 지평선이라는 한결같은 선이다. 곤잘레스 가라뇨의 앨범을 대충 훑어보다가 내가 친구에게 말했다. "모든 이야기를 자세히 아는 당신과 함께 책을 쓰고 싶군요. 당신의 할아버지와 아버지가 겪은 모험을 상세한 설명으로 묘사하여 '아르헨티나 정착민의 위대한 역사'라는 제목으로 말이오."

비행기에서 한없이 넓은 광경을 내려다보았다. 진정 명상으로 가는 초대며, 우리가 사는 지구의 원초적 진리를 깨닫게 한다. 부에노스아이레스에서부터 세계의 주요 강에 속하는 파라나 강의 삼각주를 넘어 비행했다. 많은 수로가 있는 이 삼각주는 빽빽하게 경작되었다. 여기서 과일을 재배하는데, 리우의 세찬 외풍에서 과일들을 보호하려고 아주 작은 밭의 경계를 빙 둘러 끝간 데 없이 미루나무들을 줄줄이 심어 놓았다. 미루나무가 자라는 데 8년이 걸린다. 이곳의 미사微砂 토양은 아주 비옥했다. 미루나무의 당시 값어치가 8페소인 것은 행운이었을 것이다. 비행기에서 내려다본 삼각주는 조경 예술에 관한 책에서나 볼 수 있는 프랑스나 이탈리아의 르네상스 조각들보다 더 큰 규모로 기억 속에 남았다. 우리는 우루과이 강 위를 몇 시간 동안 비행했다. 바로 여기서 파라과이 강은 북쪽으로 계속 흘러가는 파라나 강과 합류하여 열대 우림으로 흘러들어 브라질의 원시림을 지나 아마존 강 가까이까지 이른다. 끝없이 평탄한 평원에서 이 강들이 흘러가는 방향은 필연적인 물리법칙의 결과를 조용하게 보여 준다.

아주 가파른 비탈의 법칙이 적용되고 모든 것이 평탄하게 된 다음에는 미앤더 meander 이론역주4을 따른다. 이론이라고 말하는 이유는 침식의 결과로 나타나는 강의 굴곡이 창조적 사고, 즉 인간의 발명과 아주 유사한, 순환하는 발전의 현상이기 때문이다. 하늘에서 강굽이를 따라가면서 일상에서 부딪히는 어려움과 막다른 길, 복잡하게 얽힌 상황을 갑자기 풀어 주는 기적 같은 해법을 이해했다. 나는 이 현상을 **미앤더 법칙**이라 부른다. 상파울루와 리우에서 강연할 때, 허풍을 떤다고 청중이 비난할지 모르는 상황에서도 자연에 바탕을 둔 도시계획과 건축의 개혁을 위한 제안을 소개하는 데 이 초자연적인 상징을 사용하였다.

비행기에서 보면 더욱 많은 것을 이해할 수 있다.

지구는 마치 삶은 달걀 같다. 주름진 표면을 가진 둥근 유동체다. 안데스 산맥이나 히말라야 산맥은 주름이다. 주름말고는 아무것도 아니다. 어떤 주름의 골은 부서졌는데, 이는 우리에게 숭고함을 느끼게 하는 바위의 대담한 윤곽 때문이다. 삶은 달걀처럼 지구의 표면은 물에 흠뻑 젖었다. 지구의 표면은 증발(기화)과 응축(액화) 과정을 계속한다. 비행기에서 보는 우루과이 평원의 구름은 어느 가족을 우울하게 할 수도 있고, 풍요로운 곡식을 보장할 수도 있으며, 포도 덩굴을 썩게 만들 수도 있다. 혹은 신의 위협처럼 보이는 천둥 번개를 몰고 올 수도 있다.

해가 떠오르기 직전, 극한의 시간에 추위는 최악이다. 이 시간은 해가 진 후로 가장 긴 순간이다. 잠에 취한 사람은 모직 담요를 더 끌어당겨 덮고, 한뎃잠을 자는 떠돌이는 태아처럼 몸을 웅크린다. 대기 속에 떠다니던 수증기는 응축되어 넓은 대지를 물로 뒤덮는다. 이슬이다. 바로 그 순간 태양이 포탄처럼 지평선 끝에서 파열한다. 태양이 얼마나 빠르게 떠오르는지 보라. 현기증이 날 정도다. 사람들은 눈부시게 떠오르는 환한 태양에 감명을 받는다. 지평선 위에서 측정되는 놀라운 속도는 일상적이지만, 사람들은 창공을 바라보면서 '하루를 비추기에 충분한 거리군.' 하고 생각한다.

태양의 경이로운 속도를 관찰하면 돌이킬 수 없는 시간의 상실과 생명의 덧없음을 의미하는 속도를 실감한다. 시간을 되돌릴 수 없다는 것은 얼마나 준엄한가! 하늘은 맑고 동쪽 끝은 오렌지빛을 띠며, 어디나 한 점 얼룩도 없이 푸른빛이 가득하다. 비행기는 기쁨으로 가득 차 올랐다. 이제 10시다. 바로 앞을 제외하고 주위가 온통 푸른빛이다. 우리의 앞과 주위를 거대한 구름의 대열이 둘러싼다. 구름은 투명하지도 불투명하지도 않다. 구름 아래로 멋진 광경이 내려다보인다. 우루과이의 평원은, 검은 그림자로 보이는 이루 다 셀 수 없이 많은 원들을 따라 점점이 쌓아 놓은 목초 더미들이 초록과 노랑을 띠니 거대한 표범 가죽처럼 보인다. 구름 그림자는 아주 검고 두껍게 대지와 도시를 덮는다. 수많은 원들이 거의 비슷한 크기다. 구름 모양이 변하더니 마법이 작용하여 소함대 같아 보인다. 이토록 질서정연한 게 인상적이다. 일정한 재분배를 명확하게 표현하고, 균등성, 동질성, 중심을 향한 응집, 다른 중심의 창조를 명확하게 표현한 것이다.

장관은 거기서 끝나지 않는다. 제어하기 힘든 거대한 현상이 뒤따른다. 태양이 갑자기 나타나 구름을 꿰뚫고 구멍을 내 대기를 휘젓자 비중이 다른 공기 덩어리들이 서로에게 미끄러지듯 침투한다. 아슬아슬한 곡예비행이 현기증을 일으킨다.

고요하게 뭉친 작은 구름들은 결집·부착·병합·융합이라는 저항할 수 없는 힘에 굴복한다. 오후가 되자 구름들은 전투에 임하는 군대처럼 거대한 덩어리를 이룬다. 폭풍우, 구름의 충돌, 충격, 소음이 일어나고 번개가 번쩍인다.

이것은 순회강연을 하는 도시계획가의 호기심을 자극하는 사건이다!

여기, 삶은 달걀이 우리를 우울하게 하고 절망에 빠지게 한다. '삶은 달걀'은 신경쇠약에 빠졌다. 어머니가 만든 잼의 생김새를 기억하라. 잼 항아리를 알코올이나 우유에 적신 종이로 덮었다. 몇 달이 지나 종이 위에 불쾌한 곰팡이가 생겼다. 미앤더의 풍부한 초목인 열대 우림은 지구에서 바로 곰팡이 같은 존재다.

그곳에는 야자수가 있다. 아메리카의 야자수는 내가 이해하지 못하는 법칙에 따라 건조 지역의 중심에 자리 잡고 거대한 평원에서 규칙적으로 자연스럽게 자란다. 강어귀와 합류하는 지점도 규칙적인 간격을 유지하며, 갈대 숲은 폴리네시아의 환상 산호초들처럼 원에 가까운 커다란 동심원을 이룬다. 평원에서 자라는 목초의 그늘은 땅의 습도를 나타낸다. 모든 유기체가 대지 바로 위에서 산다.

아름다운 평원과 잡초를 구분짓는 법칙은 늘 가파른 경사지인가 땅의 아래쪽인가에 따라 정해진다. 지구는 한결같은 초록빛이 아니다. 부패하는 몸의 피부에 나타나는 얼룩이 있다. 우아한 야자수, 꽃이 만발한 들판, 위풍당당한 강이나 매혹적인 시내, 열대 우림, 아래쪽 가까이에서 보아 숭고한 감흥과 무성함, 인생의 풍요로움을 주는 형상인 **사람, 나무**, 이 모두가 하늘에서 보면 곰팡이일 뿐이다. 바로 너 지구, 지구는 몹시 젖어 있다. 지구는 곰팡이다! 증기나 액체 상태인 지구의 물은 그토록 먼 별에 이끌려 같은 시간에 여러분에게 기쁨과 슬픔, 풍요와 빈곤을 가져다 준다.

무심하게도 비행기는 우리에게 파라나 강과 우루과이 강의 거대한 범람을 몇 시간 동안 보여 준다. 끝없이 넓은 대지는 갈대 키 높이에서 눈을 부릅뜨고 두 발로 구석구석까지 누비고 다니는 대담한 개척자들의 것이다. 개척자가 멈춰 서서 말한다. "여기는 땅이 기름지고 물도 가까운 곳에 있다." 만일 여러분이 거대한 평원에서 세차게 범람하는 물줄기를 보았다면! 한 가지는 운이 좋았다. 물길이 그에게서 100미터 떨어진 곳에서 멈춘 것이다. 그러나 다른 것은? 지붕의 용마루가 범람하는 황색 물결 위로 솟아오른다. 그가 줄지어 심은 오렌지 나무의 초록빛 꼭대기도 마찬가지다. 그는 포위된 상황에서 재빨리 달아나야 한다. 기르던 소는 물에 빠져 죽었다. 비행기에서 광대한 호수 가운데 떠 있는 지붕을 보았다. 다른 농장은 아주 멀리 있다. 그는 대담한 정착민이었다.

인구조사도 하지 않는 우루과이의 수도 몬테비데오에 사는 사람들이, 집을 짓고 소를 키우고 나무를 심는 데 생애를 바친 이 개척자의 서사시를 알까? 부정과 인습적인 순결만을 이야기하는 도시의 소설가들도 세상을 높은 곳에서 바라보면 서사시의 주제를 찾을 것이다.

해발 500~1,000미터에서 시속 180~200킬로미터로 나는 비행기에서 내려다보는 경관은 서두르지 않고 끊임없이 계속되며 상당히 또렷하다. 젖소의 반점이 붉은지 검은지를 구별할 수도 있다. 모두가 선명한 설계도처럼 보인다. 풍광은 빠르지 않고 아주 서서히 끊임없이 계속된다. 비행기를 타고 움직일 때 사람의 몸 크기를 짐작할 수 있는 것은 오직 바다 위의 기선이나 길 위에 보행자가 남긴 발자취뿐이다. 조용히 눈을 움직이며 본다.

비인간적이고 흉악한 것들은 기차, 자동차, 자전거가 연출하는 경관이다. **볼 수 있다는 것만으로 내가 존재한다.**

나는 인디언들의 고향을 보려고 오로지 두 다리로 걸어서 아순시온으로 떠났다. 이곳에서는 인디언 조상들이 아주 우세한 듯하다. 아순시온! 거기서 갑자기 붉은 대지와 맞닥뜨렸다. 나중에 나는 상파울루에서 그 붉은 대지를 **정교한** 수채화로 여러 장 그렸다. 푸른 바다를 배경으로 한 이 그림들을 보면 정말 아름답다.

한 세대 전의 아순시온! 그 당시는 아직 국제 표준 기성복이 들어오지 않았다. 작은 마을이 거대한 목초지 위에 만들어졌다. 목초지의 반은 생생한 초지고 나머지는 붉은 대지였다. 수많은 나무들이 옅은 자주색, 노란색, 진분홍색을 띤다. 머리에 스카프를 매고 하얀 가운을 걸친 여성들과 마을 주변에 있는 인디언 집들은 민감한 영혼이 간직한 신앙심을 한눈에 보여 준다. 흙을 다져 굳힌 주변의 땅은 특별히 깨끗하게 잘 관리되어 '엘리제 궁의 접견'에 사용하는 붉은 양탄자처럼 보인다. 목재 판자벽이나 대나무로 지은 작은 집의 이음매는 흙 모르타르로 채웠다. 대나무 주랑 아래나 포도나무를 지탱하는 뒤틀린 들보 아래는(사람들이 잘 살고 싶은 어느 곳이든) 백색 수성 페인트로 칠했다. 여기서 아주 특별한 것은, 붉은 대지에서 예외적으로 자라는, 줄기가 긴 꽃들이다. 몇 가지 이름을 들면, 백합이나 밝은 색의 데이지 같은 꽃들이다. 이 꽃들은 기품 있는 인상과 품위에 대한 특별한 생각이 떠오르도록 가지런하게 심겼다. 여인들은 황색 피부에 광대뼈가 튀어 나온, 무척 아름다운 인디언들이다.

마을 곳곳에 유쾌함이 넘치고, 이탈리아인들 덕분에, 또 스페인 예수회가 만든 전통의 결과로 가는 곳마다 하늘을 배경으로 한 팔라디오[역주5]풍의 난간 실루엣이 보인다.

오! 남미식 난간! 이탈리아식 마카로니! 얼마나 사치스럽고 과장되었는가! 부에노스아이레스의 비극은 이 이탈리아식 난간에서 비롯된다. 이것은 효율성과 합리성을 중시하는 업무지구를 벗어난 지역에서나 성공할 뿐이다. 분명히 과장되었다. 나는 난간을 비난하고픈 유혹을 받았다. 그러나 라틴사람들의 웃기 좋아하는 기질과 이 난간들이 비현실적인 풍요와 라틴식 웃음을 가져온다는 사실을 알았다. 그런데도 미국은 선박과 자본, 엔지니어를 통해 이곳에 많은 압력을 가한다. 부에노스아이레스의 교외는 아무 애정이나 감정도 없이 골함석으로 지은 집들로 뒤덮였지만, 하나하나는 뭔가 다르고 새로운 미지의 것이다. 나는 골함석만으로 완벽하고 깔끔하게 지었으며 분홍장미 덩굴로 문을 장식한 어느 노동자의 오두막을 보았다. 그것은 현대의 완벽한 시였다.

나는 건축가의 집이 아닌 '사람의 집'을 최선을 다해 탐구한다. 문제는 만만치 않다. 어떤 사람은 사람의 집이 바로 **사랑**이라고 말할지도 모른다. 영화와 관련된 내용으로 더 자세하게 설명해 보자. 종업원들이 자꾸만 간섭해서 시를 망치는 화려한 레스토랑이 아니라 두세 명 남짓한 손님이 커피를 마시며 이야기하는 평범하고 작은 레스토랑에서 일어나는 어떤 날의 장면을 보자. 식탁 위에는 유리잔, 물병, 접시, 기름병, 소금통, 후추통, 냅킨 따위가 놓여 있다. 이 물건들이 서로 연관된 필연적인 질서를 보라. 그것들은 모두 지금까지 사용되었고 저녁식사를 하는 이 사람 저 사람의 손에 쥐어졌다.

식탁 위의 물건들이 서로 떨어진 거리가 바로 생활의 척도다. 그것은 유기적인 수학적 구성으로 배치되었다. 잘못된 점이나 어떠한 틈도 속임수도 없다. 거기에 만일 할리우드의 환상에 빠지지 않고 이처럼 고요한 삶을 '아주 가까이서' 필름에 담을 영화제작자가 있다면, 우리는 **순수한 조화에 관한 증명서**를 갖게 될 것이다. 농담 아니냐고? 결코 농담이 아니다. 잘못된 조화, 날조, 속임수, 즉 1925년[역주6]이나 마지막 배에서 내린 비뇰라[역주7]의 아카데미즘을 따르는 이들은 불행하다. 나는 내가 **사람의 집**이라 부르는 것에서 이 필연적인 배열을 다시 발견했고, 이 생각을 『**주택-궁전**』[1]에서 이미 설명했다.

　그러나 브라질의 저명인사들은 내가 리우에서 흑인들이 사는 언덕에 올라가서 배운 것을 '우리 문명인에게는 부끄러운 일'이라며 거세게 반발했다. 나는 무엇보다도 흑인들이 근본적으로 **선량하고** 심성이 곱다는 점을 발견했다고 침착하게 설명했다. 그리고 아름답고 숭고하다고 덧붙였다. 무사태평함, 생활용품의 부족을 이해하는 지혜, 내적 명상 능력, 솔직함을 가진 그들은 언제나 기막히게 좋은 위치에 집을 지었으며, 놀랄 만큼 근사한 공간으로 열린 커다란 창과 비좁지만 충분히 효율적인 방을 만들었다.

　나는 르네상스의 왕자들과 교황들, 또는 네노Nénot가 타락한 풍조로 물들인 유럽의 저가低價 주택을 생각했다. 20년 이상 많은 나라들을 돌아다닌 뒤에 얻은 최종 결론은 점차 확실해졌다. 그것은 우리가 바꿔야 할 삶의 개념에 관한 것이다. 명확히 정립해야 할 행복의 개념이기도 했다. 그것은 바로 개혁이다. 나머지는 부산물일 뿐이다. "흑인들은 그 끔찍한 지역에서 당신을 죽일 겁니다. 그들은 극단적으로 위험하고 잔혹합니다. 매주 두세 건의 살인사건이 일어납니다!" 이런 목소리에 나는 대답했다. "그들은 단지, 몸 속 깊은 곳에 상처를 입히고 사랑을 앗아간 도둑을 죽이는 거요. 온전히 이해하면서 바라보는 나를 그들이 왜 죽이려 한단 말이오? 내 눈과 웃음이 나를 보호할 테니, 걱정하지 마시오."

　그런 다음 나는 1910년을 돌이켜 페라Pera 사람들이 나에게 이스탄불의 터키인에 대해 이야기한 것을 기억했다. "밤중에 거기로 가려 하다니 당신은 미쳤소. 그들이 당신을 죽일 것이오. 그들은 냉혹하지." 그러나 페라의 집, 은행, 세관, 시장, 유럽식 섭정, 건축의 모호한 모습은 진정으로 무엇이 잘못된 생각인지를 보여주었다.

　만일 내가 건축을 '사람의 집'이라고 생각한다면, 나는 루소주의자가 될 것이다. 루소는 '인간이 선하다'고 말하였다. 만일 내가 건축을 '건축가의 집'이라고 생각한다면, 나는 회의적이고 비관적인 볼테르주의자(종교적 회의주의자)가 되어 이렇게 말할 것이다. "세상의 모든 것이 악에 물들어 가증스러울 뿐입니다"(캉디드). 이것이 시대정신의 산물인 건축의 해석이 이르는 곳이다. 우리는 막다른 곳

---

1. *Une Maison-Un Palais, à la recherche d'une unité architecturale* (Collection de l'Esprit Nouveau, Crès et Cie., Paris).

에 이르렀으며, 사회적·심리적 톱니바퀴들은 무뎌졌다. 우리는 '**자연인**'이 무엇인지를 알려고 여행을 한 몽테뉴나 루소를 동경한다. 개혁을 시작하기에는 문제가 아주 심각하다. 위선이 사랑, 결혼, 교제, 죽음을 짓누른다. 우리는 총체적으로 잘못되었다. 우리가 **틀렸다**.

우리는 브리야 사바랭^{역주8}에 푹 빠졌다. 외교적 오찬이나 만찬을 위해 요리하고, 만찬용 상의나 위대한 나폴레옹 군대의 장교복 스타일 연미복을 입는다. 우리는 부추, 아스파라거스, 감자, 쇠고기, 버터, 양념, 과일 따위를 준비한다. 그리고 책에 가득한 모든 지식을 이용하여 재료 본래의 맛을 없애고 똑같은 맛으로 전락시킨다. 포도주와 향기로운 치즈를 사용한 경우, 사람들은 지적 조절 능력을 잃을 정도로 배부르게 먹어댄다. 그런 뒤에 그들은 사업 이야기를 한다. 전쟁, 동맹, 관세, 세금 이야기들과 무수한 억측이 난무한다. 실제로는 존재하지 않는 세상에 도사리는 수많은 위험을 그들은 뱀처럼 꿀꺽 삼킨다.

그곳에 건축이 있다. 제네바의 아카데미즘 궁전(국제연맹 청사)은 터무니없이 붉은 벨벳과 온갖 금빛 리본으로 치장되었다. 그 궁전은 세계의 복리를 위해 일하는 것과 한 끼의 식사로 음식을 제공하는 것을 목표로 삼았다. 상상해 보라! 이런 겉치레가 일을 더 명확하고 정확하며, 더 신속하게 해주는가? 외교관인 당신은 그것으로 무엇을 하는가? 요리법 같은 건축이 아닌가?

사람들이 나에게 스페인 성직자들을 위해 기적을 행한 유명한 인디언의 조각물 앨범을 집요하게 보여 주던 상파울루의 자동차 클럽에서 어떤 표현이 불현듯 떠올랐다. "그는 자신이 베른, 바젤, 프라하, 크라쿠프 등지에 있다고 생각할 수도 있었다." 고대 그리스의 명확성과 종교재판의 고통이 뒤섞인 이 예수회의 양식(브리야 사바랭의 거창한 요리상 같은)을 보라. "그리스인들과 신부들이 이곳에 온 것은 얼마나 지독한 저주인가! 우리는 인디언들이 사는 격정의 붉은 땅 위에 있으며, 이들은 영혼을 소유한 사람들이었다. 나는 아직도 교리문답서에 나오는, '만일 나를 믿는 이 작은 이들 가운데 하나를 해하려 한다면, 그 해하려는 자의 목에 돌을 달아 바다에 던지는 것이 나을 것'이라는 예수 그리스도의 말씀을 기억한다."

여러분이 대규모 국제 호텔들에서 브리야 사바랭 소스를 친 요리와 송로^{松露}를 가미한 거위 간 파이를 먹고 소화불량 상태에서 프랑스 예술가 살롱의 편견과 맞닥뜨렸을 때 구토를 일으키지 않는다면 나에게 알려 달라.

여러분이 샤르트르 성당이나 베젤라이 성당의 회랑에서 브리야 사바랭을 발견했다면 나에게 알려 달라. 이 성당들은 아카데미가 생기기 전부터 있었다. 그렇지 않은가? 리우 박물관에 있는 인디언 탈은 어떠한가? 눈앞에 펼쳐진 잔디와 생기 있는 당초문양이 말을 건네는 나무 한 그루에도 현대인의 마음이 아주 예민해지는 시대에, 요란하게 치장한 화단으로 도시를 꾸미는 일이 타당한지 말해 주기 바란다. 어느 날 저녁 리우에서 루이 16세의 목공예와 1925년 양식의 자수품처럼 모서리를 둥근 사각모양으로 자르고 잔디를 깎아 볼품없이 만든 작은 공원을 보았다. "예전에는 이 매력적인 지역의 한가운데 운동장이 있었으나 지금은 호화로운 공원으로 바뀌었다." 나는 그때 아카데미즘이 무엇인지 강하게 느꼈다.

25년 동안 나는 온 세상 하늘 아래 사는 민족들의 심오한 음악을 들었다. 나는 '바하, 베토벤, 모차르트, 사티, 드뷔시, 스트라빈스키를 좋아한다'고 공공연히 말한다. 그들의 작품은 모든 것을 시도하고 편력하며 선택하고 창조한 사람의 머리에서 나온 고전 음악이다. 건축과 음악은 인간 존엄성에 대한 직관적인 표현이다. 인류는 건축과 음악을 통해 이렇게 확언한다. "나는 존재한다. 나는 수학자며 기하학자다. 또한 종교적이다. 이는 내가 나를 지배하는 거대한 이상을 믿는다는 뜻이며, 내가 무언가를 이룰 수 있음을 뜻한다."

건축과 음악은 사이가 아주 좋은 자매와 같다. 육체와 영혼의 관계와 같다. 음악 속에 건축이 있고 건축 속에 음악이 있다. 이 두 가지 안에는 자기 자신을 고양하는 심장이 하나 있다.

자신을 고양하는 일은 철저하게 개인적인 행위다. 사람들은 나폴레옹 군대의 장교복 같은 낡은 옷을 입은 채로 자신을 고양하지 못한다. 그러나 아무것도 아닌 듯 보이는 것이 가장 중요할 수 있다. **비례**가 그렇다. 비례는 상호 작용하는 관계의 연속이다. 비례는 대리석이나 금, 스트라디바리가 필요하지 않으며, 카루소[역주9]가 될 필요도 없다.

조세핀 베이커[역주10]가 1929년 11월 27일 상파울루의 형편없는 버라이어티쇼에서 '베이비Baby'를 부를 때 너무나도 강렬하고 극적인 감성을 불러일으켜 나는 그만 눈물을 줄줄 흘리고 말았다.

그녀는 여객선 선실에서 누군가 그녀에게 준 작은 장난감 기타를 치며 흑인 영가들을 부른다. "난 하얀 새를 찾아다니는 한 마리 작은 검은 새랍니다. 난 우리 둘을 위한 작은 둥지를 원해요……." "당신은 내게 온 천사의 날개라네, 당신은 내 배의 돛, 난 당신 없이는 아무것도 할 수 없다네. 당신은 …… 당신은 옷감을 짜는 재료라네, 난 당신의 모든 것을 옷감 위에 놓았다네. 난 그것을 둘둘 말아 멀리멀리 가져가네. 난 당신 없이는 아무것도 할 수 없다네……."

그녀는 온 세상을 두루 돌아다니며 살았다. 그녀는 수많은 청중을 감동시킨다. 감동을 받은 청중에게는 진실한 마음이 있을까? 음악은 청중의 마음속에서 길을 찾는다. 인간은 숭고한 동물이다. 인간은 자기 자신을 고양해야 하며, 자신의 삶을 지옥으로 만드는 구역질 나는 거짓말에서 벗어나야 한다.

나는 브라질의 중심부로 향하는 고속기차를 타고 열두 시간 동안 산마르티노의 열대 우림을 지나면서 이런 생각을 했다.

사람은 언제나 **판단할 준비**를 해야 한다. 여러분은 브라질의 열대지방에, 아르헨티나의 대초원에, 인디언의 아순시온 둥지에 있다. 밀려드는 피로를 어떻게 이겨낼지, 주위를 둘러싼 모든 접촉과 조화를 이루는 것이 무엇이든 혼자 힘으로 어떻게 **표준**에 따라 판단할지를 알아야 한다. 그래서 결과적으로 **전혀 충격을 주지 않는** 방법을 알아야 한다. 붉은 흙과 야자수들을 제외하면, 우리는 어디에서든 영구한 풍경 속에 있다. 나무가 없는 시베리아의 대초원이나 남미, 특히 아르헨티나의 대초원에는 오로지 땅만 넓게 펼쳐졌고 열대 우림이나 프랑스의 숲은 갈라져 나온 지맥일 뿐이다. 이해하라! 상파울루의 군중 속에서 흑인들을, 흑백 혼혈인들을, 인디언들을 보라! 부에노스아이레스의 **양식 style**을 평가하라!

설명해 보자. 열대 우림과 아르헨티나 대초원의 모든 것은 우리가 책에서 본 내용이나 어린 시절에 들은 이야기와 일치한다. 여름에는 지구 어느 곳이나 초록빛이다. 열대 우림도 마찬가지다. 그곳의 열대산 덩굴식물인 리아나를 본 사람은 그 식물을 잊지 못할 것이다. 거기에는 남미산 표범도 있다. 동료가 8일 전에 표범 한 마리를 총으로 쐈는데 지금은 전혀 보이지 않는다! 우리는 숲 한가운데에 대나무와 가지들로 위장해서 만든 은신처로 간다. 15분 동안 기다렸지만 아무것도 다가오지 않는다. 무엇 때문에 동물들이 우리가 총을 든 채 기다리는 이곳으로 오겠는가? 밤에 앵무새들이 격렬하게 우짖는 소리를 듣는다. 앵무새는 나뭇잎 같은 초록색이다. 그래서 잘 보이지 않는다. 숲에는 거대한 뱀들도 있다. 그 뱀들을 찍은 사진이 여기 몇 장 있다. 지난달에 농장에서 한 남자가 살해당했다. 늪에는 악어가 득시글거린다. 악어들은 바닥에 엎드려 있다. 여기 오솔길에는 사슴과 멧돼지의 발자국이 있다. 도로에는, 건조한 삼림지에 사는 동물인 아르마딜로가 차에 치여 죽은 채 있다. 숲은 고요하고 움직임이 없지만 울창해서 뚫고 들어가기가 어렵고 위험하다.

프랑스 해변에서 우리 같은 아마추어 낚시꾼들이 그물을 들고 나가면 물고기가 저절로 다가오던가?

모든 것이 이 아메리카의 숲 속에 있지만 사람들은 아무것도 보지 못한다. 가만히 서서 살펴보고, 하루나 이틀 정도 귀기울여 보라. 그러면 밀림이 이야기할 것이다. 하지만 사람들은 결코 시간을 내지 않는다!

인생은 그렇게 흘러간다!

어떻게 판단할 준비를 할지 알아야 한다!

흑인들이 창조한 북아메리카의 음악에는 주체하기 힘든 '당대의' 시적 감수성이 가득 담겨 있다. 여러분은 바이에른 산지나 스코틀랜드의 민속 음악, 바스크 음악 등의 멜로디에 영향을 끼친 차드[역주11]의 단조로운 리듬에서 근원을 찾을 수 있다. 성직자들이 톰 아저씨의 오두막을 찾아갔다. 그리하여 오늘날 모든 것이 20세기의 새로움으로 가득 차고, 키만 크고 서투른 소년들의 수줍음으로 지금까지 현대시의 표현을 마비시킨 미국이라는 특별한 용광로 속에서, 여러분은 온 세계에 전파된 음악을 만든 정말 천진난만한 흑인을 만난다. 유성영화가 훈족의 왕 아틸라처럼 침입해 들어왔다. 사람들은 그처럼 난폭한 습격과 수많은 진실을 거부할 수 없었다. 나는 이 음악 안에서 새로운 시대 감각의 표현이 될 수 있는 양식의 근원을 본다. 우리는 그 음악이 아프리카, 유럽, 아메리카에서 가장 심오한 인류의 전통을 담았다는 사실을 깨달아야 한다. 나는 그 음악 안에서 브리야 사바랭 같은 아카데미 음악학교들이 낡은 수법들을 벗어 던지게 할 가능성을 느낀다. 신석기시대부터 오스만[역주12]시대까지 계속되던 기법들을 오늘날 건축에서 에펠[역주13]이나 콩시데르[역주14]가 완전히 무너뜨린 것처럼 말이다. 한 장이 넘어갔다. 이제부터는 새로운 탐구며, 순수한 음악이다. 음악협회에서 성문화한 현학적인 형식들은 콘서트홀과 라디오(신뢰의 파렴치한 남용!)에서 거의 떠들지 못한다. 유성기는 현대의 대중에게 말을 건다. 뱃사람들과 아름다운 승객들이 탄 여객선에서, 리우의 상류층 지역과 브라질 흑인들의 슬럼가에서, 아무 희망이 없는 비극적인 부에노스아이레스의 거리에서, '안젤로 페카도르Angelo Peccador'의 선율이 수많은 사람들의 마음을 흔들고 어루만진다.

기계시대의 감동은 기름기 많고 '복잡한' 요리법과는 다르다. 정말 다르다! 훨씬 더 마음에 와 닿고 눈가에 눈물이 어린다.

언제나 어떻게 판단해야 할지를 아는 것, 깨닫는 것, 스스로 판단하는 것, 관계를 이해하는 것, 자신만의 느낌을 갖는 것, **한결같이 공평무사하도록** 노력하는 것, (올바른 평가를 위해) 속된 '자아'를 끊임없이 뒤로 물리는 것, 이 모두가 삶으로부터 **사리에 맞는 결론**을 얻기 위한 것이다. 저물어 가는 시대의 압박에 따르기보다 자신을 던지고, 위험을 감수하는 모험에 뛰어들고, 모든 것에 민감해지고, 다른 이들에게 점점 더 마음을 여는 게 좋다.

아메리카의 역사에는 두려움, 무자비한 대량 학살, 신의 이름으로 자행된 파괴가 있었지만 여전히 강한 자극제로 보인다. 다양하고 유용한 문서, 정직한 건축, 세밀한 시각예술과 음악 등으로 논증된 역사 연구는 지성 교육의 견고한 기반인 것 같다. 과학의 사실성은 교육이 유용하게 적용됨을 증명한다. 게다가 끊임없이 변화하는 과학적 진실은 때때로 '이것을 어디에 쓸 것인가?' 하는 생각을 떠올리며, 개인적인 추론에 따른 현명한 답을 끌어내기도 한다.

절친한 아메리카 친구들인 부에노스아이레스의 곤잘레스 가라뇨와 상파울루의 파울로 프라도는 우연히도 아주 오랜 아메리카 가문의 후예다. 둘 다 자신들의 과거와 역사의 의미, 과거에 성취한 것들에 대한 감정에 열성적이다. 어떤 역사인가? 카스티야 왕국의 정복자이자 상파울루 주의 **주둔군**이던 그들은 금을 찾아다니며 추잡한 거래를 일삼았다. 그러나 얼마나 용기 있고 창의적이며 대단한 인내인가!

아메리카 지도를 보면서 300명의 군대가 안데스 산맥의 기슭으로, 멕시코에서 리오데라플라타로 내려간다고 상상해 보자. 이 '상파울루의 패거리들'은 아마존 강의 발원지로 가기 위해 50명씩 무리 지어 열대 우림으로 들어간다. 몇 명 안 되는 그들이 만나는 사람들에게 자신들의 의지를 강요했으며, 싸우거나 길을 잃기도 했다는 것을 상상한다면, 그들이 신처럼 여겨질 것이다. 그렇지 않은가, 호메로스[역주15]? 이것은 윤리적 힘에 관한 문제며, 바로 내가 마음에 두는 점이다. 나는 언젠가는 전설이 아닌, 유럽의 도서관들에 기록된 역사를 연구하고 싶다.

유럽적 진보가 이 나라들에 침입하여 합리주의와 탐욕을 퍼뜨렸다. 아직도 이들의 마음은 정신적인 면에서 얼마나 넓게 열렸는가! 어느 일요일 아침 11시에 곤잘레스 가라뇨가 나에게 말했다. "부에노스아이레스에서 잘 알려지지 않은 세세한 부분까지 알려 주고 싶어요." 우리는 규모가 큰 콜론 극장에 갔다. 베토벤의 장엄미사가 냉담한 청중을 향해 연주되었다. 마지막 악장이 끝난 뒤 청중은 박수를 치는 흉내조차 내지 않고 빠져나갔다. 아르헨티나 사람들은 아주 과묵하다. 그들은 자신들이 소심하다고 말한다. 그들은 많은 것을 생각하지만, 다 이야기하지는 않는다. 부에노스아이레스의 예술동호회 주위에는 음악·회화·건축과 같은 정신적인 분야에 관심이 깊은 사람들이 많다. 그곳은 언제나 활기가 넘친다. 투쿠만 거리에는 아주 훌륭한 현대 양식의 작은 책방이 있다. 키가 작은 프랑스 여인 둘이서 운영하는 책방은 지적인 면에서 대사관 역할을 한다. 그 책방에서 많은 사람이 책을 읽거나 산다. 그곳에는 어떤 아카데미즘도 없으며, 파리에서 최고로 여겨지는 것들만 있다.

파리! 그곳은 아르헨티나 사람들에게 신기루다. '아메리카 건설'(돈 벌기)을 강요받지 않던 아르헨티나 사람들은 자신의 국가와 프랑스 사이에서 삶과 생각을 공유했다. 오, 프랑스여, 무엇이 파리의 지성을 구성하는지 잘 아는 이 신생 국가에서 열리는 백년제를 위해 아카데미의 후원 아래 흰 대리석으로 잘 다듬어진 거대한 아이스크림 케이크에 지나지 않는 건축물을 선사한 프랑스여, 너는 알베아르[역주16]와 팔레르모[역주17]의 아름다운 산책로를 모욕하면서 자신을 욕보이는구나!

부에노스아이레스가 실질적으로 예술 활동을 시작한 지 겨우 10여 년 정도 되었다. 새로운 사람들에게 넘어간 건축에서 그것을 볼 수 있다. 대규모 목장의 주인들, 대지주들, 거대한 무역상들이 이러한 움직임을 불러일으켰다. 빅토리아 오캄포 부인은 지금도 홀로 스캔들을 일으킨 집을 지으면서 건축에서 결정적인 행동을 한다. 2백만 명의 주민들, 쓰레기에 무감각한 이주민들이 사는 부에노스아이레스는 한 여성의 **의지력**과 충돌하는 것 같다. 그녀의 집에는 내가 지금까지 거의 보지 못한 단순한 배경 속에 피카소와 레제의 작품이 있다.

커피를 재배하는 자본가며 철학자인 파울로 프라도가 브라질에 상드라르[역주18]를 소개했다. 해발 800미터 고원에 자리 잡은 상파울루가 마천루와 최신의 고급 거주 지역이 있음에도 불구하고 아주 구식으로 보이는 점이 잘 이해되지 않는다. 상파울루는 변하고 있다. 1920년에 우리가 발간한 잡지 『**에스프리 누보**』가 (아르헨티나는 물론이고) 브라질에서 여러 가지 욕구를 불러일으켰다. 고대 카스티야 왕국이던 아르헨티나와 포르투갈의 식민지던 브라질은 이제 역사를 스스로 창조하려는 시기에 이르렀다. 인류의 역사란 교리, 자아에 대한 서술, 자기 정의와 같은 정신의 구조물인 동시대의 이상理想을 표현한 것이다. 역사는 존재하는 것이 아니라 창조하는 것이다. 따라서 어떤 이는 '**종족**'이라는 허상이 떠오르는 것을 본다. 여행자들인 여러분은 부에노스아이레스나 상파울루에서 자부심이 강한 애국자가 부르는 민족에 대한 노래를 듣고 비웃는다. 여러분이 틀렸다. 왜냐하면 아메리카에서는 어디서 이주해 왔건 모두 아메리카 사람이기 때문이다. 상파울루의 젊은이들은 '식인종'이라는 논제를 설명했다. 식인 풍습은 폭식을 뜻하는 것이 아니다. 그것은 소수에게 비밀스럽게 전해 내려온 의식이자 강력한 힘을 지닌 성찬식이다. 식사는 아주 간단하다. 생포된 전사의 살을 100명에서 500명이 나누어 먹는다. 생포된 전사는 용감했고, 그의 살을 먹은 사람들은 그와 동화된다. 잡아먹히는 전사도 잡아먹는 종족의 살을 먹던 사람이다. 그러므로 그 전사를 먹음으로써 조상들의 살을 먹게 되므로 마찬가지로 조상들과 동화된다는 것이다.

스스로 식인종이라 부르는 상파울루의 젊은이들은 아직 기억이 생생한 영웅적인 원칙들을 선포함으로써 자신들이 국가간의 해체에 반대한다는 뜻을 나타내고 싶어했다.

그러나 그곳에서 용기의 분출은 아무 소용이 없었다. 나는 그들에게 자주 말했다.

"여러분은 소심하고 불안해하며 두려워합니다. 우리, 파리 사람들은 여러분보다 더욱 대담하지요. 이제 여러분에게 설명하겠소. 여러분에게는 문제가 너무 많고 한이 없는 데다 정착해야 할 미개척지가 아주 광활합니다. 그래서 여러분의 에너지는 넓이와 크기, 양과 거리 때문에 금방 약해집니다. 하지만 우리는 파리에서 할 일이 없습니다. 거기에는 미개척지란 게 없어요. 프랑스는 포화상태입니다. 여러분 한 사람은 열 가지 직업을 마다하지 않지만 우리는 열 사람이 한 가지 직업에 매달립니다. 우리의 에너지는 자신에게 집중되어 소진되지 않은 채, 구부러지고 깊이 내려가기도 하고 높이 튀어 오르기도 하면서 세계적으로 대담한 사람들이 되었습니다. 파리에는 인정이란 게 없습니다. 무자비한 전쟁터나 다름없습니다. 선수권 대회나 검투사들의 격전장 같아요. 우리는 서로 맞서 죽이고 있습니다. 파리는 시체들로 뒤덮입니다. 파리는 한순간의 교리를 제정하려는 식인종들의 종교 회의장입니다. 파리가 선택한 것이죠."

이것은 여행자의 인상일 수도 있다.

여러분이 대형 여객선을 타고 대양을 건너는 즐거움을 누릴 때, 비행기를 타고 강어귀나 거대한 강, 끝이 보이지 않는 평야 위를 나는 즐거움을 만끽할 때, 항구에 화물이 쌓이는 것을 보며 기쁨을 느낄 때, 벽에 걸린 지도에서 어느 드넓은 나라의 미개척지 크기를 알게 되어 즐거울 때, 진보가 가져온 압박감 때문에 국경이나 국가에 대한 여러분의 관념이 흔들릴 때, 타성을 뒤로 하고 도덕적 개조를 통해 낡은 문명의 우여곡절에서 비롯된 비합리성의 고리를 타파하고자 할 때, 예술적이고 데카르트적인 프랑스는 길을 안내하는 등대(이 등대는 자신의 공식 기구 가운데 일부를 축출하고자 헛된 시도를 한다.)며, 미국은 현대 세계의 위대한 발동기고, 모스크바는 빛나는 거울이다.

몬테비데오의 젊은이들은 열정을 가지고 농구를 하며, 입에 담배를 물고 손을 주머니에 넣은 채 이야기하고, 눈에 존경심을 담고서도 모자를 그대로 쓰고 있다. 부에노스아이레스가 동화되어 장엄한 질서와 아직 알려지지 않은 시를 위한 지렛대가 될 위대함을 가지고 머지않아 뉴욕이 될 가능성이 있음을 깨달을 때, 세계의 도시들, 특히 '역사가 긴' 나라의 도시들은 나라가 번영했을 때 혁명적이던 아름다움을 기념하는 유물이 아니라 대중의 열광과 집단 행동, 공유된 즐거움, 자부심을 불가항력적으로 발생시켜, 폭넓은 개인의 행복을 불러일으키는 발전기가 될 것이다. 감수성이 풍부한 정책 결정자 한 사람이 기계를 작동시키고 법령과 규칙, 원칙을 포고하는 것만으로도 충분하다. 현대 세계는 노동자의 손과 얼굴이 고된 노동 때문에 검게 타는 일 없이도 강력하고 만족스러우며 신념에 찬 웃음을 지을 것이다. 저 위 높은 곳, 가장 높은 곳으로부터 넓게 뻗친 세상을 볼 때, 모든 것에서 가능성을 찾을 때, 우리는 건축이 바다와 대륙에서 하나의 신호를 따르는 광대하고 일관성 있는, 기원에서부터 새로운 것임을 깨닫는다. 전기의 파장처럼 건축의 물결이 지구를 에워싸며, 가는 곳마다 안테나가 서 있다.

새로운 세계 속에서 우리는 얼마나 낡았는가! 얼마나 비참한가!

스포츠, 즉 심장 운동도 우리를 구해 줄 것이다. 이런 모험을 시도해 보자. 500미터 아래의 리오데라플라타는 미사 때문에 붉게 보인다. 그것은 사방으로 끝없이 펼쳐졌다. 비행기 객실에는 열두 명이 탔다. 아르헨티나의 하늘이 우리를 완전히 둘러싼다. 비행기의 날개 끝이 수평선에 닿는다. 진주, 알루미늄 날개, 분홍빛 수면, 투명한 하늘, 이 모든 것이 새로운 재료다. 전체적인 느낌은 부드럽다. 비행은 속도가 일정하고 지속적이며 흔들리지 않는다.

건축? 건축은 사람들이 보고 느끼는 것 안에 있으며, 그 안에 진실, 순수, 질서 …… 모험과 같은 건축의 윤리가 존재한다.

✻✻

　나는 준엄한 논법과 내가 사물과 인간에게 바친 최대한의 유연함을 가지고 아메리카를 정복하고 싶었다. 대양의 침묵에 의해 우리들로부터 떨어져 나간 이 형제들에게서 거리낌과 의구심, 망설임과 그들의 현재 활동 상태를 정당화하는 이유들을 이해했고, 미래를 신뢰할 수 있었다.
　이러한 빛 아래에서 건축이 탄생한다.

　내가 곤잘레스 가라뇨를 만난 곳은 파리에 있는 다토Dato의 매력적이고 지성적인 공작부인 집이었다. 그는 나에게 엄청난 산고를 겪는 부에노스아이레스로 가서 현실과 다가올 현대 건축의 운명을 이야기해 달라고 했다. 한편으로는 1925년부터 파울로 프라도가 상파울루에서 편지를 보내 왔고, 파리에 사는 블레즈 상드라르는 내가 논쟁과 각종 지도 및 사진에 관심을 갖도록 밀어붙였다.
　사람은 긴 여정을 가볍게 시작하지는 않는다. 그러므로 결코 어설픈 생각이나 근거가 없는 가설을 제시하지는 않을 것이다.
　지금까지 내가 유럽의 여러 수도에서 강연한 주제는 두 가지로 한정되었다. 하나는 '건축'이고, 다른 하나는 '도시계획'이다. 나는 두서너 시간 동안 목탄과 분필 끝을 따라 논리의 놀라운 단계를 좇는 청중의 관심을 붙들어 둘 수 있었다. 내 나름의 강연 기술을 익혔기 때문이다. 나는 강연을 위한 무대를 세웠다. 검은색과 여러 색을 사용하여 그림을 그릴 열두 장의 큼직한 종이를 걸어 놓을 받침대를 만들었고, 그림이 그려진 종이를 한 장씩 떼어 순서대로 걸기 위해 무대를 가로지르는 줄을 설치했다. 청중은 그림을 보면서 내 생각의 발전 단계를 완벽하게 이해하게 된다. 마지막으로 앞에서 말한 이론을 유형화하는 데 필요한 수백 장의 그림을 위해 영사막을 준비한다. 내가 방문한 각 도시들이 빛 아래에서 나타난다. 나는 어떤 필요성을 느끼고 청중에게 적합한 특정 강연 지침을 설정한다. 가끔씩 강연 도중에 지침을 수정하기도 한다. 즉흥 연설을 할 때 청중에게 강연 내용이 그들을 위해 새롭게 창작되었다는 느낌을 주고 싶기 때문이다. 그렇게 하면 청중은 졸지 않는다.

부에노스아이레스에서 우리는 강연 주제를 열 가지 내용으로 나누는 데 합의했다. 첫 강연은 엘레나 산시네아 드 엘리잘드Helena Sansinéa de Elizalde 부인이 능란하게 감독하는 예술동호회가 주관했다. 정밀과학회의 학장인 부티Butti(그는 나보다 젊다.)가 네 번의 강연을, 마지막으로 **도시학회**Amigos del Ciudad에서 한 번의 강연을 준비했다.

다음은 아르헨티나에서 강연한 목록이다.[2]

1929년 10월 3일, 목요일	예술동호회:	'모든 아카데미즘으로부터 해방'
5일, 토요일	예술동호회:	'기술은 시적 감흥의 기반이다'
8일, 화요일	정밀과학회:	'모든 것이 건축, 모든 것이 도시계획'
10일, 목요일	정밀과학회:	'사람의 몸을 기준으로 한 주거 단위'
11일, 금요일	예술동호회:	'현대 주택 계획'
14일, 월요일	도시학회:	'사람은 하나의 세포이고, 세포가 모여 도시를 이룬다'
15일, 화요일	정밀과학회:	'주택 – 궁전'
17일, 목요일	정밀과학회:	'세계도시'
18일, 금요일	예술동호회:	'파리 부아쟁 계획과 부에노스아이레스 계획'
19일, 토요일	예술동호회:	'가구의 모험'

일련의 강연이 끝났다. 사람들이 강연의 유용한 결과들을 남겨 두자고 했다. 전에는 나 자신을 이토록 완전하게 표현할 기회가 없었다. 나는 정확한 사실을 제시할 수 있어서 기뻤다. 그러나 강연 때마다 시간에 쫓겼다. 강연을 백 번쯤 했다면 좋을 텐데!

강연을 마치면서 즉흥적인 순회강연을 하는 직업에서 얻는 큰 위안을 발견했다. 개념들이 구체화되고 아주 명료해지는 순간을 경험한 것이다.

여러분은 수많은 **적대적** 청중과 마주한다. 적대적이라는 표현은 그들이 닭 요리를 씹지도 않고 그냥 삼키려 하는 만찬 손님 같은 불쾌한 태도를 취한다는 뜻이

---

2. 사정에 따라, 이 강연들은 부에노스아이레스로 나를 초청한 사람들에게 제출한 프로그램의 순서대로 진행하지는 않았다. 이 책에서 각 장의 순서는 프로그램의 논리에 따라 다시 정리했다.

다. 새로운 생각을 계속 청중에게 제시한다. 그러나 청중은 생각을 제대로 소화할 엄두를 못 낸다. 그러므로 여러분은 청중이 삼킬 수 있는 음식을 만들어 주어야 한다. 명백하고 논박할 여지가 없으며, 청중을 압도할 만한 체계를 보여 주어야 한다. 여러분이 일상에서 작업을 할 때는 굳이 이와 같은 즉각적인 결과물을 만들 필요가 없다. 여러분이 목탄으로 그림을 그리면서 조금씩 상상의 영역으로 유인한 청중을 마주할 때, 여러분은 **표현하고 교화하고 공식화**해야 한다. 바로 이 점에서 강연자는 피곤하지만 창의력이 풍부한 훈련을 하게 된다. 그는 명백한 방법들을 발견해 왔다! 게다가 강연을 통해 이득도 챙기지 않는가!

건축의 길에서 어슬렁거린 강연이 끝나갈 무렵, 미지의 독자들을 위해 강연 내용의 줄거리를 정리하자는 제안을 받았다. 강연하면서 그린 그림들은 이 책을 위해 따로 챙겨 두었다. 여기에 다시 수록한 그림들을 중심으로[3] 나의 부에노스아이레스 노래를 재구성하려 한다.

---

[3] 본문 내용과 연관되는 그림들을 가능한 한 잘 배치한 다음, 말로 설명된 내용들과 밀접하게 연결되도록 그림과 이와 관련된 본문에 번호를 붙였다.

첫 번째 강연
1929년 10월 3일 목요일
예술동호회

모든 아카데미즘으로부터 해방

나는 꽤 많은 부에노스아이레스 거리를 걸었습니다. 제법 많이 걸은 것 같습니다. 길을 걸으면서 내내 주의를 기울여 살펴보고 바라보고 이해했습니다.

나는 **새로운 세계**에 사는 여러분께 **새로운 정신**에 대해 말하겠습니다. 강연 내용이 여러분을 사로잡을 수 있을지 모르겠습니다.

왜냐하면 부에노스아이레스는 총체적인 현상으로 나타나기 때문입니다. 여기서는 놀라운 일체감을 봅니다. 블록은 단일하고 동질적이며 밀집되었습니다. 이 거대한 용광로 안에는 아무 결점도 없습니다. 있다면, 오캄포 부인의 집에 있을 뿐입니다.

그렇다면 어떻게 감히 여러분에게 거대한 에너지 덩어리인 새로운 세계의 남쪽 수도 부에노스아이레스가 유럽 도시들처럼 그냥 놔둘 수 없는 실수와 역설의 도시라고 말할 수 있을까요? 유럽 도시들은 새로운 정신뿐만 아니라 해묵은 정신조차 없던 1870년에서 1920년 사이에 세워졌습니다. 현재 형태는 일시적이고 도시 구조는 이루 말할 수 없이 일관성도 없고 혼란스럽습니다. 베를린, 켐니츠, 프라하, 빈, 부다페스트 같은 변화한 도시들은 19세기 말 목적과 수단을 구별할 수조차 없는 산업시대에 급하게 생겨났습니다. 또한 산업혁명의 거대한 압력 아래 탄생한 도시가 바로 파리입니다.

여기 리오데라플라타 강어귀에는 근본적인 요소들이 있습니다. 도시계획과 건축에서 주요 바탕이 되는 세 가지 요소들입니다.

> 바다와 거대한 항구
> 팔레르모 공원의 훌륭한 초목
> 아르헨티나의 하늘……

그러나 도시에서는 이 가운데 어느 것도 볼 수 없습니다. 도시에서는 바다도 초목도 하늘도 볼 수 없습니다.

우리는 대도시의 놀라운 운명을 예견하는 또 다른 실상을 발견합니다.

전세계에서 물건을 들여오는 거대한 관문인 **리우의 강어귀**,

숭고한 인간의 창의성이 넘치는 도시를 거뜬히 건설할 만한, 끝이 바다로 이어진 **평원**,

거대한 강, 경작과 목축을 위한 땅, 곳곳에 광석과 광물이 매장된 아르헨티나 대초원과 고원, 산들이 자리 잡은 **거대한 배후 지역**.

이 모든 것은 산업 발생과 농업 생산을 위해 필요합니다.

이처럼 **요충지**가 될 운명을 가진 도시를 세울 만한 지형학적·지리학적 조건을 고루 갖춘 나라는 거의 없습니다.

기계시대의 초기에 전세계에서 생산된 것은 정신적 혼란과 오해의 결과뿐입니다. 나는 냉정하게 이 모든 것이 사라져야 한다고 믿습니다.

이른바 '현대' 도시라는 괴물을 낳고 자체 추진력으로 더욱 커진 힘은, 곧 모순을 없애고 초기 상태의 낡아빠진 도구들을 무너뜨려 그 자리에 질서를 되찾고, 불모지를 없애고 효율성을 높이면서 아름다움을 생산할 것입니다!

강연을 시작할 건축과 도시계획이라는 주제는 아주 방대하며 상당히 유동적입니다. 또 여러 사건들 속에 뿌리를 내리고 있습니다. 백 번의 강연으로도 모자랄 내용을 열 번으로 줄여 강연해야 하니 성급해집니다. 그렇다고 편법을 쓸 생각은 조금도 없습니다.

20년 동안 착실히 탐구해 왔고 마침내 이 탐구가 명확하고 단순하며 완벽한 체계에 이르렀다고 여겨질 때, 그것은 위안이 되기도 하지만 동시에 아무개 앞에서 명확한 논증으로 자신을 정당화해야 하는 어려운 시험입니다. 이 시험은 여러분이 나에게 질문하고 잘못을 지적하며 반박하는 것일 수도 있습니다. 한마디로 하나의 **학설**을 성립하는 연관된 일련의 사실들을 가지고 일반적인 답변을 제시하는 것이 유용합니다. 학설이란 단어는 전혀 놀랍지 않습니다. 사람들은 가끔 나보고 독단적이라고 말합니다. 학설은 논리 법칙에 따라 하나에서 여럿을 밀접하게 이끌어 내는 일련의 개념을 뜻합니다. 이 원칙에는 추진력과 논리적 추론, 설득력 있는 동기가 필요합니다. 또한 결정적인 사건들이, 과거의 습관이라는 오래 안주해 온 이부자리에서 떠나게 하고, 우리의 생각을 새로운 마음가짐으로 단련시키는 미지의 세계로 들어가도록 하며, 우리의 행위에 창의력이 풍부한 목적을 부여하고, 사람들의 신념을 북돋는 행위를 유도한 책임이 있는 아카데미가 지배적이고 전능한 메커니즘으로 오랫동안 유지해 온 평온을 난폭하게 흔들어 버립니다.

아카데미즘은 환상에 지나지 않습니다. 그것은 거짓이며, 우리 시대에 위협이 됩니다.

세계는 한창 소란스러운 상태입니다.

기계화라는 새로운 사건이 일어났습니다.

과학의 정복을 이룬 놀라운 세기인 19세기는 세계의 미세한 부분까지 바꿨습니다. 우리는 이제 어제와 연관이 없는 전혀 다른 사회 구조 속에서 삽니다. **기계 시대**가 탄생하여 역사 속으로 사라진 공업화 이전 시기를 계승합니다. 한 장이 넘어간 셈입니다.

기계화가 모든 것을 뒤바꿨습니다.

의사소통을 생각해 봅시다. 과거 사람들은 보폭에 맞춰 일을 계획했습니다. 시간은 따로 지속되는 개념이었습니다. 세계가 무척 크고 무한하다고 생각했습니다. 인간은 다채롭고 복합적입니다. 관습, 버릇, 행동, 생각, 의상은 오늘 아침의 작은 구름처럼 수많은 기관들로 통제되었습니다. 집단과 관리에서 원시적인 형태를 띠던 기관들 말입니다. 사람은 보고, 도달할 수 있고, 제어할 수 있는 것을 통제한 셈입니다.

상호교류를 생각해 봅시다. 어느 날 스티븐슨이 기관차를 발명했습니다. 사람들은 웃었습니다. 그러나 새로운 정복자이자 **산업을 이끌 선두주자**인 사업가들은 이 발명을 신중하게 받아들였고, 철도허가권을 신청했습니다. 프랑스를 이끌던 정치가 티에르는 의회에서 더 중요한 다른 일에 전념하기를 탄원하면서 의원들을 간곡하게 설득했습니다. "철도(이 말을 '**철로 만든 도로**'라고 문자 그대로 해석하여)는 결코 두 도시를 연결할 수 없을 겁니다."

전보, 전화, 증기선, 비행기, 라디오에 이어 이제는 텔레비전까지 등장했습니다. 파리에서 한 말을 여러분이 1초 안에 알 수 있습니다! 1년이 주기던 대륙간의 긴 이동이 이제 시간별 일정표를 따릅니다. 이주자들이 바다를 건너와 미국이나 여러분의 나라 같은 온갖 인종과 민족들이 뒤섞인 새로운 국가가 태어났습니다. 이 전광석화 같은 연금술이 단 한 세대 만에 이루어졌습니다. 비행기는 어디든 날아갑니다. 비행기는 독수리 눈처럼 사막을 탐색하고 열대 우림을 통과합니다. 상호침투에 재빠른 철로와 전화는 끊임없이 시골에서 도시로, 도시에서 시골로 파고듭니다.

지역 문화의 파괴를 생각해 봅시다. 사람들이 가장 신성하다고 믿은 전통, 선조들의 유산, 고향에 대한 향수, 충실하게 표현된 최초의 행정 단위 등이 붕괴되었습니다. 모든 것이 부서지고 사라졌죠. 인쇄기는 19세기에 들어와 비로소 보편화되었습니다. 사람들은 놀라운 속도로 모든 것을 보고 알게 되었습니다. 신문은 19세기에 생겨났습니다. 사진과 영화도 마찬가지입니다. '유성영화'는 최근에 발명되었습니다. 여러분은 일어난 모든 사건들을 읽습니다. 매일 정오가 되면 여러분은 전세계의 꿈틀거림을 알게 됩니다. 여기 영화관에서 여러분은 북미의 바다 소리를, 파도가 바위에 부딪히는 소리를 듣습니다. 여러분은 지구 반대편에서 치러지는 권투경기를 보는 관중들의 함성을 듣습니다. 여러분은 부에노스아이레스의 모든 영화관에서 후버[역주19]가 국민에게 말하는 목소리를 보고 들으며, 영어를 배웁니다. 여러분은 곡조가 아름답고 환상적인 하와이 노래를 듣고, 어부가 바다 밑까지 잠수하여 날마다 먹을거리가 되는 굴을 따는 모습을 보며, 어느 순간 사나운 상어가 지나가는 장면을 봅니다. 여러분은 중국인, 미국인, 독일인, 프랑스인이 어떻게 이성을 유혹하는지를 봅니다. 모든 풍경이 여러분에게 친숙합니다. 여러분은 세계에 대한 특별한 지식들을 받아들입니다. 지구는 작습니다. 여러분은 지구가 어떻게 생성되었는지 알게 됩니다. 지구는 이제 신비에 싸여 있지 않습니다. 북극점을 덮은 빙산을 가까이 확대하여 볼 수도 있습니다.

기관차는 영국의 옷과 프랑스의 유행을 가져왔습니다. 여러분은 중산모를 씁니다.

날마다 점점 더 급격하게 놀랄 만한 융합이 진행되고 곧 끝날 것입니다. 흑인은 여전히 검고 인디언도 여전히 붉은 것처럼, 오직 기계화의 힘에 속하지 않는 것들만이 그대로 남습니다. 아니, 그것마저도 변하는 것 같습니다. 가는 곳마다 흑인의 피가 백인에게, 황인의 피가 흑인과 백인에게 스며들기 때문입니다.

투덜대기를 좋아하는 사람들은 성가신 기계를 비난합니다. 그러나 지성적이고 활동적인 사람들은 시간이 있을 때 사진과 필름, 테이프나 책과 잡지에 오랜 문화의 숭고한 증거들을 기록하려고 합니다. 그런 기록들을 연구하는 과정에서 우리는 내일의 교훈을 발견할 것입니다. 이것들은 인간의 위대함을 보여 주는 척도입니다. 우리는 기계시대의 새로운 위대함과 현대의 새로운 얼굴과 정신을 고심하며 만들어야 합니다.

이처럼 숨가쁜 상호교류 과정에서 타락은 모든 것을 파괴하고, 잔인하게 하고, 황폐하게 하고, 전멸시킵니다. 파멸을 이끄는 춤은 순수하고 고귀한 모든 것을 탐탁지 않게 여깁니다. 황금에 대한 갈망이 이민자들을 사로잡았습니다. 언젠가는 추함과 혐오, 불성실이 왜 선조들의 미묘한 자양물이 되었는지를 설명할 수 있을까요? 남미나 북미, 여러분, 약탈왕들인 모든 유럽 도시, 우리가 중국인과 힌두인, 아랍인, 일본인 들에게 전한 그 잘난 문화, 이것들은 모두 허풍, 자랑, 체면, 뻔뻔스러운 자만, 가장 주목할 가치가 있는 위엄이 사라진 흔들리는 징조 아래에서 이루어졌습니다. 황금이 정신을 황폐하게 만든 후에는 인간에게 고귀한 목적이라는 생명을 불어넣어야만 살아갈 이유가 있다고 생각합니다. 고귀한 목적이 사라지면 비열한 힘이 생겨나 세상을 지배하고 타락시키고 파괴했습니다. 그렇지만 나는 모든 문명을 파괴한 19세기가 숭고했다고 말합니다.

가족과 도시에서 일어난 급작스럽고 격렬한 변동을 이야기해 봅시다. 일은 이제 예전처럼 분배되지 않습니다. 아버지는 위계상의 핵심이 아닙니다. 가족은 완전히 사라졌습니다. 아들과 딸, 아버지와 어머니는 매일 아침 각자 다른 작업장이나 공장으로 떠납니다. 그들은 좋든 싫든 모든 것과 접촉합니다. 매일같이 세계의 분자 상태를 변화시킨 새로운 사회의 경향들과 마찰을 일으킵니다. 조상 대대로 내려온 가정은 정기를 잃었습니다. 무질서가 횡행하는 가정만 남았습니다. 가족 구성원은 믿음과 이상과 물신숭배를 한데 묶은 꾸러미들을 가져왔습니다. 오랜 가정에서 서로 다른 물신숭배는 끔찍한 소음을 일으키고 곳곳에서 가족은 분열합니다.

도시? 도시는 국부적인 격변의 총체며 수많은 부적절한 것들의 집합입니다. 도시는 잡동사니가 되었습니다. 슬픔이 도시를 짓누릅니다. 수많은 폐허와 불신 속에서 완강하게 새로운 균형을 찾는 인간은 얼마나 감탄할 만한 기계입니까. 도시는 갑자기 거대해졌습니다. 트럭, 교외열차, 버스, 지하철은 날마다 끊임없이 혼합 가스를 배출합니다. 얼마나 에너지가 지출되고 낭비되며 비합리적입니까! 교통 문제에 덧붙여 음식점 문제로 인해 도시에는 심각한 불상사가 매일같이 일어납니다. 몇몇 국가를 제외하고는, 산업혁명 때의 근무일이 아직까지도 정착되지 않았습니다. 내가 이 내용을 글로 발표했더니[1], 한 상원의원이 격렬하게 공격했습니다. "당신이 왜 간섭하는가? 도시계획에나 신경 써라!"

과격하고 급작스러운 단절이다.
  해묵은 관행과
  습관적인 생각에서.
  모든 것이 잘못되었고,
  이제 울림이 없다.
  도덕적 개념들을,
  사회적 개념들을…….
  다시 조정해야 한다.

내가 여기서 확신하는 것은 방금 언급한 내용에 이미 포함되었습니다. 나는 도덕적·사회적 개념을 다시 조정하기를 바랍니다. 개인으로서 사회 속에서 살아가는 내게는 그럴 권리가 있습니다. 그것은 바로 건축과 도시계획의 바탕입니다.

『카이에 드 레투알 Cahiers de l'Etoile』은 아래 질문들에 대한 답변을 요구했습니다.

 A. 우리 시대에 특별한 근심거리가 있는가?
 B. 1) 당신은 당신의 집단에서 그 근심거리를 보는가? 그것은 어떤 형태를 띠는가?
  2) 사회생활 속에서, 또 사회생활에 직면해서 그 근심은 어떻게 드러나는가?
  3) 성생활에서는?
  4) 종교적 믿음 안에서는?
  5) 창조적 작업에서 그것의 효과는?
 C. 이 근심이 (시간적·공간적·개인적 고립의) 감옥에서 해방되면서 통일성을 찾으려 노력하는 인류의 시련은 아닌가?

그러한 경우, 거대한 근심의 시대가 새로운 양심의 각성을 나타내지 못하는 것은 아닌가? 만일 우리가 그런 시대에 산다면, 이런 새로운 양심과 그 특성들을 정

---

1. *Vers le Paris de l'époque machiniste*(Redressement Français, 28, rue de Madrid, Paris).

의할 수 있지 않을까?

　여기에 건축과 도시계획이 있습니다!
　나는 우리가 모호함과 우울한 위선 속에서 산다고 믿습니다. 현재의 **'사회계약'** 은 아무짝에도 쓸모없습니다. 무자비하고 거짓이며 부도덕합니다. 자연의 기본 법칙인 사랑 행위를 죄로 규정하여 우리 가슴을 멍들게 한 성서의 교리는 20세기에 들어와 명예와 정직이라는 이름 아래 거짓과 죄악을 감추기에 급급했습니다. 가장 합법적이고 가장 정상적인 행위 위에 부과된 이 사회계약의 부담은 모든 사람을 노예로 만듭니다. 숨겨진 아픔 속에서 개인의 고통이 따르는 신세 말입니다. 모호한 표현을 일삼는 사제들은 오히려 불행을 낳습니다. 너무 쉽게 말하고 너무 쉽게 행동합니다. 오늘날에는 심지어 보지도 않고 판단합니다. 유명한 예로 설교단에서 행해지는 일들을 지적할 수 있습니다! 사실상 죄인들에게 징벌이 가해졌습니다. 누가 처벌합니까? 간단히 말하면, 법을 겉으로만 따르는 이들의 잔인하고 비정한 '정직'에 따른 처벌입니다. 그것은 생명을 위협하는 포화 속으로 진격하는 군대의 운명과 마찬가지라고 생각합니다. 포탄을 맞는 사람들은 죄인들입니다! 낙태를 한 불쌍한 소녀를 '험담하는 드라마'(인간의 존엄성을 모욕하는)를 평하는 일간지를 읽는 일은 고통스런 광경이 아닙니까? 여러분은 소녀가 왜 낙태를 했는지 알고 싶습니까? 조사해 보십시오. 바로 건축과 도시계획 때문입니다. 건축은 한 시대의 사고 방식을 표현하는데, 오늘날 우리는 그 속박 아래에서 질식할 지경이기 때문입니다.
　신앙심? 비행기에 올라 우리를 만들었고 그 힘이 여기에 나타나는 **자연**의 거대한 평원 위로 날아올라 보십시오. 여러분의 영혼 속에서는 갈등이 일어날 것이고, 커다란(지옥에 대한 근심이 아닌 운명에 대한) 근심에 빠질 것입니다. 여러분은 '걱정하지 마, 나는 원해!'라고 말하면서 스스로 신념에 따른 행위를 할 것입니다.
　여러분의 창조적 활동에서 근심의 효과는 무엇입니까? 여러분은 '나는 원해!'라고 말했습니다. 나는 스스로 자유롭게 행동하고, 보고, 이해하고, 판단하고, 결정하기를 바랍니다. 손이 닿는 가까운 곳에 언제나 줄 수 있는 누군가가 있음을 동시에 생각하면서, 주는 일이 받는 일보다 더 유쾌하다고 말할 것입니다. 행복은 우리 개개인의 창조력에 있다고 생각합니다. 우리는 힘을 기르고, 그 힘을 통해 행동을 결정하는 유용한 판단을 얻을 수 있습니다. 나는 나 자신의 관점을 확인함으로써 구원에 참여할 수 있습니다. 내가 '사회계약'과 갈등을 일으킬 거라고요? 그렇다면 고통스러울 겁니다! 그러나 포기도 괴로운 일입니다. 만일 우리 뜻에 동조하는 사람이 천 명, 만 명, 십만 명이 된다면 이런 '사회계약'을 날려 버릴 수 있습니다.

우리는 결정을 내릴 단계에 이르렀습니다. 행복은 우리의 성실함에 달려 있습니다. 성실함은 주저앉는 법이 없습니다. 거듭 말합니다. 우리가 선택한 태도의 결과가 가져올 해악은 노예 같은 굴종이 가져올 해악보다는 덜 비참할 거라고 말입니다. 자세히 말하면, 사람은 자유에 대한 강박관념을 가지는데, 바로 그것이 전체 역사라는 겁니다. 우리 자신을 위해, 우리만의 사용 목적을 위해 이 단어에서 사실들을 이끌어 봅시다.

여기서 건축과 도시계획이라는 주제의 핵심에 이르렀습니다. 나는 행동하면서 자유를 느낍니다. 나는 진리의 정신으로 활기를 찾는 행동인 가슴속 가장 깊은 곳에 있는 모든 것의 이름으로 **아카데미즘**을 비난합니다.

기계시대는 모든 것을 뒤집어 놓았습니다.

    의사소통,
    상호교류,
    지역 문화의 파괴,
    급작스러운 변동,
    오랜 관습과 냉엄한 단절,
    사고 방식.

도시계획에서 중요한 세 가지 토대가 활동하기 시작했습니다.

    사회학적인 것,
    경제학적인 것,
    정치적인 것.

우리는 새로운 관습을 받아들입니다,
우리는 새로운 윤리를 열망합니다,

우리는 새로운 미학을 찾습니다,
이 모든 것을 위한 정부 형태는 어떠해야 합니까?

한 가지 **변함없는 것**이 남았습니다. 이성과 열정, 곧 정신과 애정을 가진 **인간**과, 건축의 영역에서는 **일정한 크기**를 지닌 **인간**이 여전히 남았습니다.

누가 흔들어 놓았습니까?
누가 기계시대를 처음으로 들여왔습니까?
바로 엔지니어입니다. 엔지니어의 작업은 세계를 대상으로 하며, 세계를 움직였습니다. 여러분은 내가 이 점을 강조할 필요가 없다고 생각할 겁니다. 그렇습니다! 나는 여러분 스스로 백 년 전으로 되돌아가 그 중요성을, 사건의 숨결을 깨닫고자 노력하기를 간청하는 바입니다. 여러분이, 인간이 반응하지도 읽지도 느끼지도 이해하지도 못하면서 억지로 끌려 들어간 우주적 사건 같은 거대한 파도에 휩싸였음을 느끼길 바랍니다. 제방이나 둑도 없는 우주적 사건 말입니다.
누가 천리안을 가진 사람이고, 사건을 읽는 사람이며, 사건이 발생하기 전에 앞날을 꿰뚫어볼 수 있는 예언자입니까?
바로 시인입니다.
예언자란 어떤 사람입니까? 예언자는 소용돌이의 중심에서 사건을 보고 읽을 수 있는 사람입니다. 관계를 인식하고 들추고 지적하며, 그것들을 분류하고 예측할 수 있습니다.
시인은 새로운 진리를 볼 수 있습니다.
오늘날의 모습은? 숫자, 무게, 양, 이익, 주먹질의 잔인성으로 드러납니다. 이것들이 도덕입니까?
그렇다면 오로지 블랙홀이고 타락이며 절망뿐인가요?
모든 것이 사리를 분별하지 못하고 **복종만 하면서 과거에 발을 딛은** 사람들을 위해 죽어 갑니다. 그들은 팔다리가 잡아 늘여져 찢길 지경입니다. 그들에게는 모든 것이 치유할 수 없는 재앙이고, 행복한 날들은 끝나 버렸습니다.
오늘날의 모습은? 가장 거창한 서사시, 알려지지 않은 영웅주의, 엄청난 발견, 선정적인 만남 등이 아닌가요? 오, 시인이여, 고상한 미뉴에트에 몰두해도 소용없답니다. 전세계는 생명으로, 재탄생으로, 적극적인 행동으로 폭발합니다! "위대한 시대가 시작되었다."[2] 이 사실을 보고 깨닫는 것만으로도 충분합니다.

납골당을 뒤로 하고 찬란한 새벽을 맞이합니다.

※ ※
※

왜 납골당을 떠올릴까요? 수많은 죽은 것들의 냄새가 콧구멍을 자극하기 때문입니다. 현대 기계는 여전히 나태한 관계자들의 배설물 속에 빠져 있습니다. 그들은 호색가며 부당한 이득을 취하는 자들로 그곳에서만 행동하고 주변으로 움직이기를 바라지 않는 사람들입니다. 그들은 국가 에너지가 흐르는 모든 꼭지에 빌붙었습니다. 생물학적으로 그것은 사람을 질식시켜 죽게 만드는 두려운 질병인 암입니다.

이렇듯 사회라는 몸통의 활기찬 부분들을 꽉 움켜쥔 것은 아카데미즘입니다.

※ ※
※

아카데미즘이란 무엇인가요?
아카데미즘에 대한 정의는 이렇습니다.

> 스스로 판단하지 않는 사람,
> 원인을 검증하지 않고 결과를 받아들이는 사람,
> 절대적 진리를 믿는 사람,
> 질문에 '나'를 개입시키지 않는 사람.

여기서 우리의 흥미를 끄는 것은 건축과 도시계획 가운데 무엇이든 간에 아카데미즘은 의문을 제기하지 않고, 단지 그것이 존재하기 때문에 형태나 방법, 개념을 받아들인다는 점입니다.

---

2. *L'Esprit Nouveau, Revue internationale d'activité contemporaine*, no.1(1920).

단조로운 일상생활에서 많은 사람들이 습관적으로 생각합니다. 그들은 쉽게 순종하는데, 그것이 더 쉽기 때문입니다. 그러나 우리가 사는 이 순간, 그들의 복종은 불일치와 부조화 상태입니다. 그들은 이익을 따르지 않고 아카데미(온갖 아카데미가 다 있습니다.)가 '좋다고 공인하고' 상인들이나 종교지도자들이 판매하는 체계화되고 상업화된 물품을 선택하기 때문입니다.

이러한 노예 상태는 큰 만족을 주지 않습니다. 오히려 반대입니다. 노예 상태는 불법적인 것들이 잡동사니처럼 쌓인 곳에서 나타납니다. 관례나 관습은 굴욕과 같은 말입니다! 대중이 감싸는 것, 대중이 건설하는 집, 대중이 거주하는 도시, 대중의 사회적 삶, 대중이 따르는 도덕적 법, 이 모든 것은 부정확하고 부적절하며 부적합하고 무가치합니다. 삶의 순간들은 진정한 기쁨도 없이 흘러갑니다. 그것은 자연스러운 소망 위에 놓인 무거운 소화기나 다름없습니다. 그것은 자기 자신이 아닌 슬로건에 따라서 행동합니다. 그것은 속박이며, 아카데미는 그 속박을 부추깁니다! 순수예술 아카데미는 무엇이 아름다운지 기준을 결정하고, 다른 문학 아카데미는 극장이나 영화관이나 책을 통해 사랑에 관한 작위적인 줄거리로 경솔한 마음을 도취시킵니다.

조용하지 못한 삶, 근심이 끊이지 않는 삶 속에서 나는 큰 즐거움을 느끼며 '**어떻게**' 와 '**왜**' 라는 질문을 던지는 실험을 했습니다.

'어떻게?' '왜?'

오늘날 사람들은 나를 혁명가로 여깁니다. 나는 여러분에게 내가 과거라는 단 한 명의 스승을 모신다는 사실을 고백합니다. 유일한 교육은 과거를 연구하는 일입니다.

모든 것,

오랫동안,

오늘날 여전히 박물관, 여행, 민속이 존재합니다. 더 말할 필요도 없습니다. 그렇지 않습니까? 나는 농부들이나 천재들이 만든 순수한 작품이 있는 모든 곳에서 '어떻게?', '왜?' 라는 질문을 던졌습니다.

나는 과거에서 역사와 사물의 존재 이유에 대한 교훈을 발견했습니다. 모든 사건과 모든 대상은 "(과거의) **무엇인가와 관계가 있다는 것.**"

이것이 바로 내가 학교에서 강의하지 않으며 지금까지 제의받은 교수직을 거절해 온 이유입니다.

이 시대의 사태를 똑바로 보며 '어떻게?', '왜?'라고 다시 질문합니다(이를 위해서는 얼마나 완고하고, 얼마나 고집스러우며, 얼마나 고민스러운 기다림이 필요한가).

단순하지만 용감하게, 심지어 천진난만하게, 분별없고 무례할 만큼 서투르게 표현된 '어떻게'와 '왜'가 얼마나 유별나고 경이적이고 혁명적이며, **대담한 반향**을 불러일으키는지 충분히 평가하기는 어렵습니다. 문제의 실상, 즉 '어떻게'와 '왜'의 이유가 오늘날 우리가 생각하는 것보다 훨씬 더 깊은 혼란에 빠졌기 때문입니다.

* * *

엔지니어들은 흔들어 놓는 사람, 사실을 이끌어 내는 사람, '어떻게'와 '왜'를 질문할 운명을 지닌 사람들이었습니다. 그런데도 그들은 믿을 수 없는 근거를 가진 대답으로 곧 숨이 가빠집니다!

나는 엔지니어들을 한껏 추켜세웠습니다. 『건축을 향하여』(나의 첫 번째 책, 1920~1921, 에스프리 누보)는 주로 그들에게 바친 내용입니다. 그 책은 얼마간 앞날을 예상하여 썼습니다. 나는 곧 새 시대의 새 사람인 '건설자'에 대해 말할 겁니다.

엔지니어는 분석하고 수학을 응용하며, 건설자는 종합하고 창조합니다.

다음을 주목하십시오. 자신의 계산자에 의지해 힘든 과업을 훌륭하게 수행하는 엔지니어들은 대체로 자신들이 창조한 산물에 반감을 품는 특성을 갖습니다. 그들은 산물을 그저 작동하는 기계장치로 생각합니다. 그들은 그것이 사고의 조직체임을 인식하지 못합니다. 자신들이 만든 작품을 **알지** 못하고, 어쩔 수 없이 받아들입니다. 그들은 누군가 비판할 수도 있는 자세를 고치기를 바라면서, 심지어 사과까지 할 겁니다. 오로지 자금 부족이라는 경제 사정 때문에 어쩔 수 없이 기능적으로 다듬어지지 않은 상태에서, 상당한 정도로 순수성을 지닌 상태에서 작업을 포기합니다. 만일 자금이 충분하게 들어온다면 그들은 즉시 자신들의 (초기) 작품들을 파괴할 겁니다. 물론 에펠이나 프레시네[역주20] 또는 이름이 떠오르지 않는 다른 훌륭한 사람들을 가리키는 말은 아닙니다.

눈앞에 닥쳐온 악, 성장의 위기, 혁명의 고리, 권력의 이양. 우리는 기계시대가 새롭다는 것을, 모든 것이 조직되기 전에 얼마간 '기다리고 바라볼' 필요가 있음을 인정해야 합니다.

새로운 시대에 대한 개념이 바로 설 때, 새로운 정신으로 고양된, **뒤로가 아닌 앞으로** 나아가려는 결정에 순응하는 시대적 조화가 성취될 때, 죽음의 경직이 아닌 **생명을 향하여** 돌아섰을 때 비로소 건설자들은 탄생합니다. 그리하여 현대의 엄청난 생산은 정확성을 향하여, 즐거움을 향하여, 투명함을 향하여 일치 단결하여 나아갑니다. 시간이 가까워졌습니다. 믿으십시오. 프랑스와 일본에서처럼, 아르헨티나와 모든 나라에서 동시에 소식이 전해질 것입니다.

그러나 무엇보다 먼저, 어디에서나 아카데미의 망령이 쓰러져야 합니다.

더는 아카데미를 생각하지 말아야 합니다.

두 번째 강연
1929년 10월 5일 토요일
예술동호회

기술은 시적 감흥의 기반이며 건축의 새 시대를 연다

우리의 지각 작용 가운데 물질적이고 일상적이며 합리적인 영역과 특별히 정신적인 영역을 나누는 선을 하나 그리면서 강연을 시작하겠습니다. 선 아래에는 무엇인가 존재하며, 선 위에는 우리가 느끼는 것이 있습니다.

선 아래쪽에 접시 세 개를 그립니다. 각 접시에 무엇인가를 담습니다.

첫 번째 접시에는 **재료의 저항·물리학·화학**이라는 주제로 재빨리 되돌리는, 명확하진 않지만 일반적인 낱말인 **기술**을 담습니다(그림 1).

두 번째 접시에는 **사회학**이라고 쓰고 이것을 새 시대를 위한 **주택과 도시의 새로운 계획**으로 간주합니다. 문제를 이해하므로 나는 먼 거리에서도 불안스러운 움직임을 감지합니다. 서둘러 **사회적 안정**이라는 말을 덧붙여 씁니다.

세 번째 접시에는 **경제학**이라고 씁니다. 그리고 아직까지도 건축의 핵심을 두드리지 못한 현재의 불운을 일깨웁니다. 이것이 건축이 병든 이유입니다. 건축이 병들자 나라도 병들었습니다. **표준화, 대량생산, 효율성**, 이 세 가지가 연계된 현상은 난폭하지도 극악하지도 않습니다. 오히려 우리를 질서, 완전성, 순수함, 자유로 이끕니다.

이제 선을 넘어서 감정의 영역으로 들어갑니다. 파이프 담배와 연기를 그립니다. 이어서 날아가는 새 한 마리와 예쁜 보라색 구름을 그린 다음, **시적 감흥**이라고 씁니다. 나는 **시적 감흥이 곧 개인의 창조**라고 단호하게 말합니다. 드라마가 무엇인지, 비애가 무엇인지를 설명하고 덧붙여 씁니다. **이 감정들은** 전 시대에 걸쳐 모든 인류의 마음에 다시 불꽃을 일으킬 **영원한 가치입니다**.

우리의 탄도는 목적지에 이르렀습니다. 그 길은 진부하고 변덕스러우며 수명이 다한, 더는 힘의 도약대가 아닌 물질적 요소들에서 출발해서 영원한 가치에 도달하려는 인간의 꿈을 가로질렀습니다. 예술 작품은 불멸하며 영원히 우리를 감동시킵니다.

그렇습니다!

더는 여러분에게 시적 감흥과 서정미를 말하지 않겠습니다. 나는 특별히 이치

1 기술은 시적 감흥의 기반이다 les techniques sont l'assiette même du lyrisme / 시적 감흥 = 개인의 창조 lyrisme = création individuelle / 드라마, 비애 = 영원한 가치 drame, pathétique = valeur éternelle / 경제학 économique / 표준화, 대량생산, 효율성 standardisation, industrialisation, taylorisation / 긴급한 과제 tâche urgente / 사회학 sociologique / 새 시대를 위한 주택과 도시의 새로운 계획 un plan nouveau de maison, de ville, pour l'époque nouvelle / 사회적 안정 quilibre social / 기술 techniques / 재료의 저항·화학·물리학 résistance des matériaux, chimie, physique / 자유의 수단 moyens libérants

에 닿는 것들을 끌어내고자 합니다. 내가 그린 도식들은 지성이 명백한 진실을 더 쉽게 깨닫게 할 것입니다. 그것들을 통해서 우리는 전통적인 악습을 버리게 됩니다. 우리는 오늘날의 상황을 더욱 자세히 알게 됩니다. 오늘날의 건축이 어제나 더 오래 전의 부패한 거름더미로 뒤덮였음을 보게 됩니다. 만일 여러분이 원한다면 내가 그림을 그리는 동안, 류트^{역주21}의 줄을 조이며 시적 감수성을 자유롭게 발휘할 수 있습니다. 내가 여러분에게 보여 줄 오늘날의 진정한 시적 상상력을 여러분 자신이 창조할 겁니다. 내가 '기술'을 말하면 여러분은 '**시적 감수성**'으로 반응할 것입니다. 또한 여러분에게 현대의 건축이라는 눈부신 시를 선사할 것을 약속합니다.

부에노스아이레스에 와서 말하려는 모든 것을 결정적으로 상징하는 것을 그려 보겠습니다. 한쪽에는 19세기의 철과 콘크리트 앞에서 붕괴되는, 먼 과거의 세기로 돌아가는 석조石造 구조를 그립니다. 석조 구조는 높고 뾰족한 점들을 가졌습니다. 이 구조는 오스만이 추진한 파리 도시계획에서 마지막으로 나타났을 때 이미 한계에 이르렀습니다. 인습적인 학교나 아카데미가 우리 위에 군림하고, 교리를 주장하고, 새로운 사회생활을 착취하고 학대하고 무력화하려고 올라앉은 곳이 바로 여기입니다. 둘로 나눈 지면에 그린 두 개의 그림에 설명하려는 모든 것을 쓰고 새겼습니다. 영향은 분명하고 판단은 확실하며 결과는 의심의 여지가 없습니다.

말이 난 김에 한마디 더 하겠습니다. 나는 (집합적 의미에서) 인간의 주택에 관한 것만 말할 겁니다. 인간을 위한 집 말입니다. 그렇지 않습니까? 나는 파르나소스^{역주22}의 고상한 거주자들을 위한 저택을 연구하는 일은 항상 거절했습니다.

콘크리트와 철을 사용하기 전에는 돌로 집을 세워야 했습니다. 땅에 넓은 도랑을 파고, 좋은 흙을 찾아 기초를 놓았습니다. 도랑을 따라 흙이 미끄러져 내릴 수 있으므로 도랑 안의 흙을 옮기는 게 작업하기에 더 쉬웠습니다. 이렇게 하여 여러 가지로 쓸모가 있는 공간이지만, 어둡거나 조명이 희미하고 대부분 습한 지하실이 만들어졌습니다(그림 2).

다음에는 석조벽을 세웠습니다. 첫 번째 바닥판을 **벽 위에 놓고**, 곧이어 두 번째, 세 번째 바닥판도 설치했습니다. 창문을 뚫었습니다. 드디어 마지막 바닥판 위에 고미 다락방을 만들었습니다. 바닥판을 지지하는 벽에 창문을 뚫는 일은 **모순된 작업**이며, 벽을 약하게 합니다. 바닥을 지탱하는 기능과 밝게 비치는 기능

3 획득한 gagné / 되찾은 reconquis
6 지어진 땅, 손실 terrain bâti, perte / 이익 gain / 안뜰 cours / 동선 circulation / 차이 différence

사이에 대립이 생깁니다. 그래서 사람이 억눌리고 방해받으며 **무기력해집니다.**

좀 엉뚱하지만 중요한 원리를 말하겠습니다. **건축은 밝게 비치는 바닥으로 이루어졌습니다.** 왜 그럴까요? 쉽게 추측할 수 있습니다. 만일 빛이 있다면 집 안에서 무슨 일이든 하겠지만 캄캄하다면 잠을 잘 테니까요.

철근 콘크리트로 **벽의 구조적인 기능이 완전히 없어졌습니다.** 바닥판들을 멀찌감치 떨어져 세운 가느다란 기둥들로 지탱합니다. 기둥의 기초를 세울 때 기둥이 단단한 흙에 닿도록 작은 구덩이만 하나씩 팝니다. 그런 다음 기둥을 지면 위로 올려 세우는 거죠. 이 순간에 사람들은 유리한 상황을 선택합니다. '어쩔 수 없이 생기는 흙더미를 집 한가운데서 치울 필요가 없겠군. 내 땅은 훼손되지 않았고 **온전하다.** 난 유리한 투자를 할 것이다. 콘크리트(또는 철)로 된 기둥들은 거의 돈이 들지 않으니까. 훼손되지 않은 땅 위에 기둥들을 3미터 높이로 세우고 그 위에 바닥판을 올려야지. **그러면 내 집 아래의 지면 전체를 활용할 수 있겠군**'(그림 3).

나는 되찾은 지면 위에 자동차를 그리고 지나가는 공기와 초목을 그립니다.

계속해서 두 번째, 세 번째 바닥판을 놓습니다. 그러면 지붕은 어떻게 할까요? 지붕은 만들지 않습니다. 눈이 많이 오는 나라들에서 중앙난방식 건물들을 연구(및 실행)한 결과, 눈이 녹은 물을 **건물의 따뜻한 내부를 통해** 배수하는 게 더 낫다는 사실이 입증되었습니다(이것은 나중에 설명하겠습니다). 따라서 지붕은 중앙에서부터 1미터마다 1센티미터 정도로 아주 약간 기울어져 거의 평탄한 면으로 만듭니다. **무더운** 지역에서 옥상 테라스에 대해 연구한 결과를 보면 팽창의 결과가 재앙을 불러올 수 있고, 누수의 원인이 되는 균열을 일으킬 수 있다고 합니다. 그러므로 옥상 테라스는 햇볕의 영향을 강하게 받지 않도록 해야 합니다. 그래서 건물의 지붕 위에 정원을 만듭니다. 이처럼 유리한 조건을 가진 정원은 (13년 동안 정원을 가꾼 경험으로 미루어) 진정한 온실입니다. 이 정원에서는 나무와 꽃이 놀랍도록 잘 자랍니다.

이제 아래쪽 둘로 나눈 부분에 평면을 그립니다. 지표면에는 지난 세기 동안 줄곧 세운 석조벽과(그림 4) 완전히 자유로운 땅을 가진 현대 주택의 콘크리트나 철로 된 기둥이 있습니다(그림 5).

기술자들은 석조 주택의 바닥보와 콘크리트 바닥보가 작용하는 방법에 관심을 가져야 합니다. 계산 결과는 첫 번째 들보가(그림 6) 철근 콘크리트 구조의 **캔틸레**

버^{역주23}(그림 7)보다 두 배나 더 강한 하중을 받는 것을 보여 줍니다. 이것은 중요한 문제입니다!

또 한 가지 지적할 게 있습니다. 콘크리트 주택에 바닥판을 지탱하는 벽이나 창문을 애써 뚫은 벽이 있습니까? **벽이 없습니다.** 그러나 원한다면 건물 정면에 창(또는 다른 것들)을 만들 수 있습니다. 이따금 정면에 투명한 면이 아닌 불투명한 면이 필요해도 이것은 단지 막일 뿐입니다. 전통적인 관례를 완전히 뒤집어 **바닥판이 이 막을 지탱할 것입니다.**

'건축(더 정확히 말하면, 모든 건물)은 **빛이 비치는** 바닥으로 이루어진다.' 얼마나 완벽한 대답입니까!

앞으로 여러분은 집 안에서 눈에 거슬리고, 성가신 콘크리트나 철 기둥들이 얼마나 유용한지 보게 될 겁니다.

나는 **건물 아래의 지면이 자유로움을, 건물의 지붕이 원래 상태로 복구되었음을, 파사드가 완전히 자유로움을** 떠올립니다. 따라서 이제 **무기력하지 않습니다.**

여기까지 의견을 제시했으니 몇 가지 수치를 읽어 봅시다.

전통적인 석조 건물

건물을 세우면서 덮여 손실된 지면: 도시 면적의 약 40% = 40% 손실
내부 안뜰에 사용된 지면, 약 30%
동선에 사용된 지면, 약 30%

콘크리트 또는 철 구조 건물

교통과 건물을 위해 자유로운 지면 ·············· = 100%
지붕으로 덮인 지면 ······································ = 40%
전체 이득 ··································· = 140%

차이: 180%

이 차이는 자유롭게 활동하려고 확보한 것.

우리가 대도시의 교통이나 위생 같은 문제에 맞닥뜨렸을 때, 이 작은 글귀를 떠올릴 겁니다.

전통적인 석조 주택과 콘크리트나 철 구조로 된 주택에 대한 진단을 **이번에는**

평면으로 바닥에서부터 다시 시작해 봅시다.

석조 주택

지하실: 두꺼운 벽이 있고, 빛이 부족하며, 공간을 다 활용하지 못합니다. 공사비 지출이 많습니다(그림 8).

지층: 같은 장소에 아래층과 똑같은 벽이 있습니다. 따라서 같은 크기의 방들이 아래·위층에 자리 잡고, 앞에서 본 것처럼 창문 개구부開口部는 제한됩니다. 이곳에 부엌, 식당, 거실, 현관 등을 만듭니다(그림 9).

2층: 같은 장소에 아래층과 똑같은 벽이 있습니다(그림 10).

3층·4층: 마찬가집니다. 여기에 침실들이 있는데, 형태와 크기는 아래층의 식당이나 거실 또는 부엌과 같습니다. 이것이 이치에 맞습니까? 전혀 그렇지 않습니다.

고미 다락방: 이곳에는 하인들의 방이 자리 잡습니다. 여기는 대개 여름에는 덥고 겨울에는 춥습니다. 하인들을 배려하지 않은 방법입니다. 게다가 하인들에 대한 현안 문제는 큰 위기에 놓여 있습니다. 하인을 부리는 역사는 이제 황혼기에 접어들었습니다. 이 문제를 나중에 살펴보겠습니다.

이 도식을 자세히 살펴보면, 건축적 조합이 빈약함을 발견합니다. 왜 욕실이 부엌만큼 커야 하며, 침실이 거실만큼 커야 합니까? 식당과 침실 사이에 형태나 설비, 조명, 면적에서 공통적인 요소가 무엇입니까? 우리는 독단과 적당주의에 빠져 건물의 크기를 낭비합니다. 이 질문들에 건축가는 대답합니다. "하지만 창문과 내력벽을 억지로 만들 수밖에 없어."

나는 확신을 갖고 이 그림 위에 **낭비, 비효율, 무기력**이라고 적습니다.

철 또는 콘크리트 건물

지하실: 없습니다. 그러나 옛날 방식대로 땅을 굴착하여 건물 면적의 일부분에 석탄 저장소와 난방실을(개별 난방은 곧 사라집니다. 물, 가스, 전기는 생산 회사에서 공급됩니다. 우리는 난방문제에 대해서 수긍할 만한 새로운 해결책을 생각해 볼 수 있습니다.), 경우에 따라서는 포도주 보관실을 만들 수 있습니다(그림 11).

지층: 지면에서 3, 4, 5미터 위의 천장 아래, 편의상 내가 '필로티' [역주24]라고 부르는 공간에 주출입문과 계단(필요하다면 승강기까지), 휴대품 보관소를 배치합니

다. 다음에는 차고를 만듭니다. 이렇게 배치하면 차고 앞에 햇빛이나 비를 피해 주차하고 세차하며 충분한 빛 아래에서 엔진을 유쾌하게 점검할 수 있는 여유 공간이 넉넉히 생깁니다. 필로티 아래로 보호되는 주출입문은 **습하지 않고** 포장으로 덮인, 아이들의 이상적인 놀이터가 될 이 넓은 공간을 향해 열립니다.

빛과 공기가 건물 아래로 흐릅니다. 얼마나 놀라운 정복입니까! 앞뜰과 뒤뜰이 하나로 연결됩니다. 얼마나 멋진 공간이 확보되고 행복을 느끼게 합니까! 더구나 건물은 지면에서 떨어진 것처럼 보일 겁니다. 얼마나 순수한 건축입니까! 곧 필로티 문제를 다시 살펴볼 겁니다(그림 12).

2층: 이제 우리는 지름이 단지 20~25센티미터 정도인 몇 개의 원기둥이나 사각기둥만을 봅니다. 빛은 **어느 곳에나** 존재합니다. 사생활을 위한 공간인 침실, 화장실, 욕실, 의상실 등을 배치하는 데 얼마나 자유로운지, 이것이야말로 살기 위한 진정한 기계라고 할 수 있습니다. 모든 방을 원하는 곳으로 가까이 두거나 멀리 떨어지게 할 수 있습니다. 왜냐하면 우리는 벽이 아닌 칸막이를 설치할 테니까요. 칸막이는 코르크, 콘크리트 블록, 밀짚, 나무 톱밥, 여러분이 원하는 무엇으로든 만들 수 있습니다. 칸막이는 가볍습니다. 그것을 바닥의 철근 콘크리트 널빤지 위에 세울 수 있습니다. 또 중간 높이까지 올려서 세울 수도 있습니다. 굳이 기둥에 기댈 필요가 없습니다. 직선으로 곧게 만들거나 곡선으로 구부리거나 마음대로 할 수 있습니다. 어떤 목적을 위해서든 정확하게 나뉜 공간을 만들 수 있습니다(그림 13).

3층: 거리의 소음과 먼지가 적은 이곳에 거실과 식당 같은 조용한 접대 공간을 배치합니다. 부엌이 높은 곳에 있으면 집 안에 냄새가 덜 풍길 테고 지붕으로 쉽게 배출될 것입니다. 치밀한 구성으로 접대 공간을 꽃과 덩굴광대수염, 측백나무, 동양만병초, 참빗살나무, 라일락, 과실수 등이 가득한 옥상 정원과 시원하게 통하도록 만들 겁니다. 잔디로 이어진(여기에는 이유가 있습니다.) 시멘트 포장이나 매혹적인 자갈은 완벽한 표면을 만듭니다. 지붕이 덮인 은신처에는 그물침대를 달아 낮잠을 즐길 수 있습니다. 일광욕실은 건강을 지켜 줍니다. 저녁이면 축음기를 틀고 춤을 춥니다. 공기는 깨끗하고 소음은 차단되고 전망은 트였으며 도로는 멀리 있습니다. 가까이에 나무가 있다면, 여러분은 나무 꼭대기보다 높은 곳에 있습니다. 하늘에는 별이 반짝입니다. 여러분은 이 모든 것을 봅니다.

이 모두가 지금까지는 지붕에서 사랑을 속삭이던 지빠귀과의 작은 새들과 참새

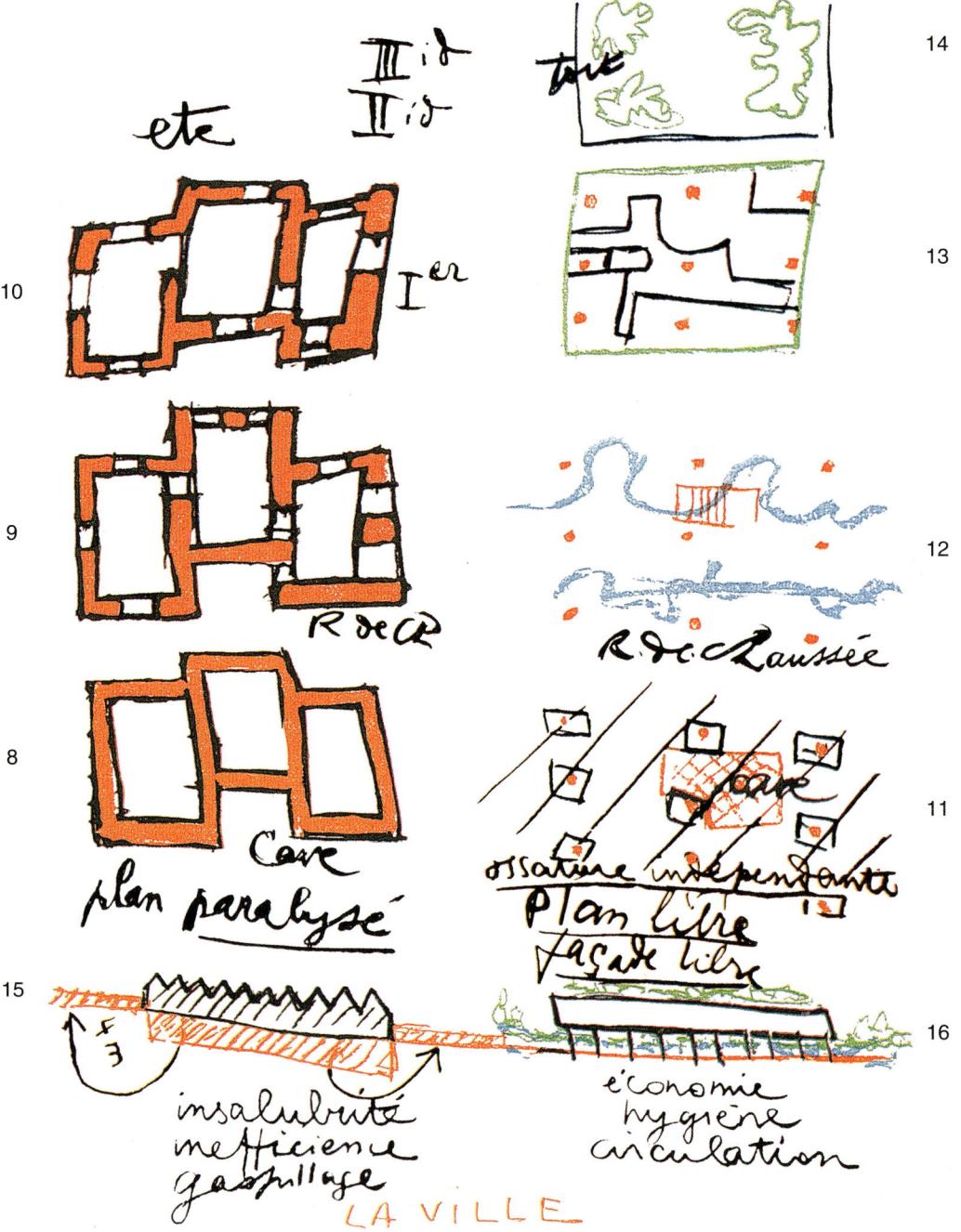

8 지하실 cave / 마비된 평면 plan paralysé
9 지층 R de Ch
10 기타 etc / 4층 동일함 III id / 3층 동일함 II id / 2층 1er
11 지하실 cave / 독립 구조 ossature indépendante / 자유로운 평면 plan libre / 자유로운 입면 façade libre
12 지층 R de chaussée
14 지붕 toit
15 비위생, 비효율, 낭비 insalubrité, inefficience, gaspillage
16 경제, 위생, 동선 économie, hygiène, circulation / 도시 LA VILLE

들이나 즐기는 광경이 아니겠습니까(그림 14)!

　나는 그림 밑에 **자유로운 평면, 자유로운 입면**이라고 적습니다.

　건축을 위해서도 이것들은 무한한 해방이며, 석조 주택으로부터 거대한 진일보를 뜻합니다. 현대의 공헌이라고 할 수 있습니다!

　다른 것으로 옮겨 가기 전에 다시 **읽어 봅니다.**

　기존 도시들의 땅을 개략적으로 그립니다(그림 15).

　도시의 흙을 4미터 깊이로 파서 노새가 끄는 마차로, 트럭으로, 거룻배로 실어 교외에 내다 버립니다.

　도시의 흙으로 교외의 한 구역이 덮일 정도로 말입니다! 얼마나 미치광이 같은 낭비며 돈과 노력을 허비하는 일입니까.

　나는 지붕을 가진 도시의 집을 짓습니다. 다음 수치들을 기억합니다.

　　건축면적(대지 손실) ··· 40%
　　안뜰에 사용된 면적 ··· 30%
　　동선에 할애된 면적 ··· 30%

　이제 현대 도시의 땅을 그립니다.

　선을 긋습니다. 가느다란 필로티의 숲 안에서 땅 전체(거의 100%)를 활용할 수 있습니다(그림 16).

　도시는 필로티 위에, 대기 중에 떠올라 있습니다.

　도시 건축물들의 꼭대기에는 옥상 정원이 있습니다.

　대지의 100%가 보행자와 경량 및 중량 자동차가 통행하도록 할애되었습니다. 대지의 40%가 자유롭게 남겨져 산책과 휴식을 위한 정원으로 사용됩니다. 이런 건축이 현대 도시임을 기억해야 합니다.

　'필로티' 야말로 현대 기술이 가져온 위대한 성과입니다. 내가 순수한 인간이라 부르는 '벌거벗은 인간'이 시간과 장소를 불문하고 언제나 이 놀라운 수단을 사용했다는 사실을 인정하기 바랍니다. 그런데 오늘날 아카데미의 규범이란 명목으로 웬 저항이며 비난이란 말입니까. 제네바 본부의 의장은 내가 필로티 때문에 국제연맹 설계공모전에서 제명되었다고 말했습니다. 이 일은 아주 불명확한 사건을 놀라울 정도로 간단하게(솔직하지만 독특하게) 설명해 줍니다. 우리가 모스크바에 설계한 **센트로소유즈 청사**의 필로티는 시 노동평의회에서 격렬한 논쟁을 불러일으켰습니다. 그러나 의장은 '우리는 필로티와 함께 위대한 모스크바의 작품을 준공하기 위해 그 위에 청사를 건설할 것'이라고 냉엄하게 결론을 내렸습니다. 이것은 이미 도시계획입니다! 나중에 이 이야기를 계속하겠습니다.

건축 이야기를 계속합시다. 앞에서 설명한 내용을 적용하여 여기에 파리 근교 불로뉴쉬르센Boulogne-sur-Seine에 있는 작은 개인주택 1층 평면을 그립니다(그림 17).

'루세르 저비용 주거법'에 속하는 작은 주택의 원형입니다(그림 18). 지방의 의심 많은 소매상점 주인과 확실한 연계를 맺게 했으므로(우리를 이 소매 상인들과 외교적인 동맹관계로 이끈 경험은 나중에 설명하겠습니다.) 내가 '외교적'이라고 부르는 벽돌이나 돌 따위로 쌓은 경계벽이 있습니다. 이 벽의 양 측면에 몇 미터 떨어져서 쇠기둥 두 개가 집의 바닥과 지붕을 지탱합니다. 이와 같이 앞으로 위생적이 될 집의 하부에 자그마한 작업실, 외부 세탁장, 농기구 창고를 배치하여 작업과 휴식을 위해 멋진 은신처가 될 공간을 마련합니다.

여기는 모스크바에 있는 **센트로소유즈 청사**입니다. 이 건물은 2,500명의 직원이 일하는 식량협동사무소입니다(그림 19). 여기서는 같은 시간에 출입하는 많은 사람들을 통제할 필요가 있습니다. 사람들이 방한용 덧신과 모피 옷에 눈을 잔뜩 뒤집어쓰고 다니는 겨울에는 일종의 공공 광장 같은 장소가 필요합니다. 또 주위를 쉽게 통행할 수 있는 효율적인 휴대품 보관소도 필요합니다. 마지막으로, 공무용 차들을 주차하기에는 미아스니츠카이아Miasnitzkaia 거리가 너무 좁습니다. 늘어선 필로티들이 대지를 완전히 또는 거의 다 덮어 버립니다. 이 필로티들은 2층에서부터 시작되는 사무실을 지탱합니다. 그 아래에서는 사람들이 출입구 두 곳을 통해 드나들며 앞에서 말한 '공공 광장'으로 만들어진 넓은 공간으로 열린 외부와 내부를 자유롭게 통행합니다. '버킷 엘리베이터'(광산에서 볼 수 있는, 운반용 두레박이 사슬로 연결된 승강기)처럼 이 공공 광장에서부터 출발하는 엘리베이터, 계단을 대신한 거대한 나선형 경사로가 통행의 흐름을 더욱 빠르게 합니다. 출입문은 건물의 아래와 앞에, 또 멀리 떨어져 필요한 곳에 있습니다. 빛은 원하는 만큼 들어옵니다. 아주 명확하게 분석한 결과, 이 건물은 두 가지 양상을 띱니다. 첫 번째는 1층에 있는 넓은 수평면에서 무질서하게 몰려 들어오는 인파입니다. 마치 호수 같습니다. 두 번째는 안정적이고 움직임이 적은 업무를 하는 층으로, 소음과

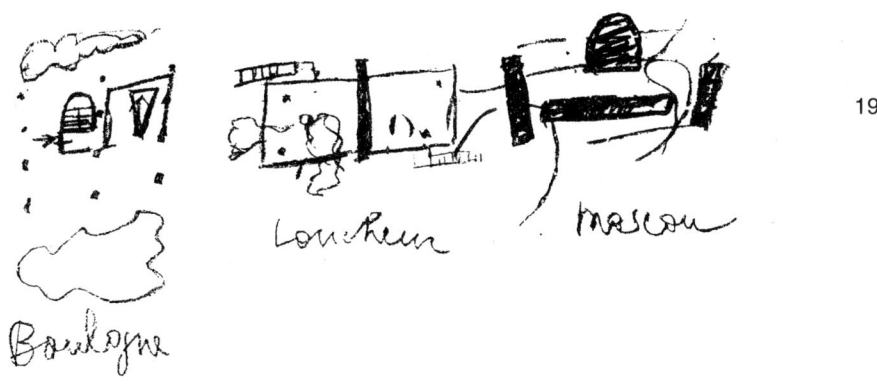
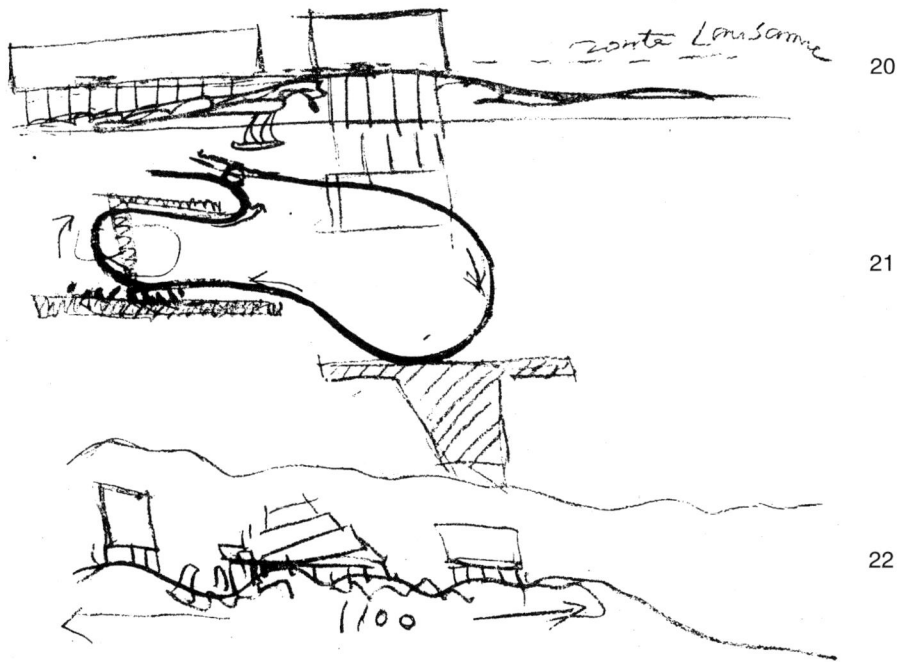

17 불로뉴 Boulogne
18 루셰르 Loucheur
19 모스크바 Moscou
20 로잔 도로 route Lausanne

오가는 것들로부터 보호되어 모든 사람이 제자리를 지키고 관리할 수 있는 사무실입니다. 그곳은 의사소통의 수단을 인도하는 강입니다.

동선Circulation은 모스크바에서 내 뜻을 분명히 전달하려고 끊임없이 사용한 말입니다. 너무 자주 사용하자 소련정부 대표자들 가운데 몇 명은 신경질적인 반응을 보이기도 했습니다. 나는 내 관점을 계속 지켰습니다. 두 번째로, 엉뚱하지만 근본적으로 중요한 제안은 '**건축은 동선**'이라는 말입니다. 곰곰이 생각해 보면 이것은 아카데미의 방식을 폐기 처분하고 '**필로티**'의 원리를 정당한 것으로 인정하는 말입니다.

이것은 **국제연맹 청사** 설계공모전의 첫 대지를 위한 계획안입니다(그림 20). 저 멀리, 로잔으로 가는 도로가 있고, 300~400미터 떨어진 곳에 호수가 있습니다. 백 년이 넘은 나무들이 있는 놀라운 장소로 들어가서 장엄한 대수림을 지나면, 어느덧 호수를 향해 경사진 잔디밭에 다다릅니다. 몽블랑과 사부아의 알프스 산맥, 살레브Salève가 눈앞에 펼쳐집니다. 얼마나 놀라운 광경입니까! 여러분은 나에게 건물에 수평적인 동선을 제공하려면 언덕의 경사를 피하고 로잔으로 가는 도로와 가까운 평평한 땅을 이용하라고 말할 것입니다. 나는 이보다 더 교활하여(레제 씨, 그렇지 않소?), 케이크를 먹고 싶기도 하고 갖고 싶기도 합니다. 나는 청사를 자유롭게 하고 특정한 시간에 그곳으로 들어오는 많은 사람들을 수용할 수 있도록 이 평탄한 산책길을 자연 그대로 보존합니다.

그런 뒤, 풀이 우거진 경사면의 가장자리를 ±0 높이로 설정합니다. 사무국과 도서관의 양쪽 옆을 ±0 높이에서 제네바 쪽으로 뻗게 합니다. 대회의장과 대위원회의 방들이나 의장 관저의 바닥을 동일한 ±0 높이로 하여 호수 쪽으로 뻗게 합니다. 의장 관저의 바닥판은 호수 위까지 이르게 합니다. 모든 곳이 큰 숲으로부터, 로잔 도로의 소음으로부터 멀리 있습니다. 나는 허공에, 하늘 위로 떠올라서 가는 곳마다 완전한 즐거움과 빛이 넘치는 장소에 있습니다.

이 울퉁불퉁한 지면으로부터 높이 들어올려진, 호수 위에 있는 바닥판을 지탱하는 것은 가장 경제적인 건설 수단인 필로티입니다.

어떤 이들은 근심스러워하며 내게 묻습니다. "당신은 들어올려진 이 거대한 건물이 공포심을 주지 않도록 필로티 주위나 그 사이에 벽을 세웠나요?"

절대 그렇지 않습니다! 나는 수면에 반사되어 서로 겹쳐 보이면서 무엇인가를 충분히 지탱하는 필로티, 건물의 '전면'과 '후면'이라는 개념 자체를 없애며 건물 아래로 빛이 들어오게 하는 필로티를 보여 줍니다. 우중충한 그림자로 가려진 건물의 '후면'은 음습한 이끼가 포장용 돌 틈에서 자라고, 우리가 슬그머니 지나쳐 버리는 슬픈 공간입니다. 하지만 이곳에는 풍부한 햇빛과 눈부신 조망이 있습니다. 이 멋진 주랑 아래에서 미술관에 전시된 작품처럼 장면마다 테두리가 쳐진, 수면에 비친 모습과 지나가는 아름다운 배들, 알프스 산맥을 바라봅니다.

나는 아무것도 지탱하지 않으면서도 아주 매혹적인 원기둥 모양으로 우리의 망막을 즐겁게 하는 로마의 성 베드로 성당 열주를 기억합니다. 또한 나를 변호하기 위해, 청사 건설에 발탁된 대선배인 네노Nénot의 열주를 생각합니다. 그의 열주는 아무것도 받치지 않습니다. 하지만 그 뒤로 작고 고전적인 창문이 열린 위원회의 방 위에 아주 어두운 그림자를 드리웁니다. 대사들로 구성된 위원회가 이 계획안을 선택하면서 네노에게 이렇게 질문했을 정도입니다. "이 열주 뒤에 있는 방들을 어떤 식으로 밝게 할 생각입니까?"

그러고 보니 몸통을 지탱하는 넓적다리처럼, **정말로 건물을 지지하는 열주는** 단두대형을 받을 정도로 건축모독죄에 해당하겠습니다.

청사 전체에 걸쳐서 수평적인 보행자 통행에 막힘이 없도록 확실하게 한 뒤 자유롭고 광대한 경사 공간을 복원하면서 전체 차량을 일방통행으로 연달아 흐르도록 한 것, 사무국 필로티 아래에 개방 주차장을 만들고 도서관 필로티 아래에 폐쇄 주차장을 만들어 주차장 문제를 해결한 것이 모두 이 필로티 아래에서 이루어진 일입니다(그림 21). 어떤 이가 국제연맹의 고위관료에게 이렇게 말했답니다. "사무국에서는 안 돼, 위원들이 자동차 위에서 일할 수는 없어!"

마지막으로(그림 22), 제네바의 세계도시Cité Mondiale de Genève를 위한(국제연맹을 제외한) 계획안이 있습니다. 필로티는 새로운 대중에게 몇 마디 말로는 전달하기 힘든 강렬한 시적 감흥을 줍니다. 이 대지는 사방으로 매혹적인 지평선이 펼쳐지고 서로 다른 크기로 줄을 이룬 세 개의 산과 네 번째 산 아래로 호수가 내려다보이는 일종의 아크로폴리스입니다.

높고 평탄한 땅은 사실상 경사진 넓은 잔디밭으로 둘러싸이고 제네바 사람들의 자긍심인 거대한 나무들이 여기저기 서 있는 여러 개의 완만한 굴곡으로 형성되었습니다. 곳곳에서 소 떼가 풀을 뜯습니다. 나는 장 자크 루소의 감상적인 시대를 떠올리는 감동적인 전원 풍경을 훼손하고 싶지 않습니다. 그러면서도 이 대지에 세계 박물관, 세계 도서관, 국제 대학, 국제 기구 같은 거대한 건물들을 짓기로 합니다. 게다가 경제 및 금융 센터를 위한 두 개의 마천루와 공항, 규모가 큰 라디오 송수신국까지도 계획에 넣습니다.

나는 이미 (모스크바의 센트로소유즈 청사를 언급하면서) 중요한 확신 하나를 공식화했습니다. 지면에서 일어나는 일은 동선 및 이동성과 연관되며, 상부의 건물 안에서 일어나는 일은 작업이나 정적인 활동과 연관된다는 점입니다. 이것은 머지않아 도시계획의 중요한 원리가 될 것입니다. 나는 잔디와 가축의 무리, 고목과 전경을 그대로 두고 그 위의 특정한 높이에, 즉 기초 위에 세운 필로티의 꼭대기에 놓인 콘크리트 수평판의 상부에 실용적인 건물인 투명하고 순수한 프리즘을 들어올립니다. 고양된 의지로 흥분되어 프리즘과 주변의 공간이 조화를 이루게 합니다. 나는 대기 중에 창작합니다. 가축의 무리, 초원, 눈으로 어루만지며 걷는 전경에 펼쳐진 꽃, 호수, 알프스 산맥, 하늘…… 신성한 비례 등 모든 것을 고려합니다.

필로티 덕분에, 명상과 지성적인 장소로 예정된 이 아크로폴리스에 있는 자연 상태의 땅은 그대로 남고 시적 감흥은 손상되지 않습니다.

요새 같은 아카데미식 청사를 위한 기초를 세우는 일과 비교할 때 얼마나 많은 돈을 절약할 수 있는지 깨달았습니까?

한마디만 더 하겠습니다. 필로티는 계산에 따른 결과며 경제성(여기서는 고상한 의미에서)을 따르는 현대적 경향의 우아한 결말입니다. 필로티는 조금도 **낭비하지 않고**, 정확한 계산에 따라 하중을 받는 지점들을 미리 배분하는 것입니다.

전통적인 방식으로 집을 짓고 나서 도급자의 계약서를 조사해 보십시오.

지하층과 **기초**에 엄청난 비용이 지출된 사실을 발견할 겁니다. 여러분의 집이 경사진 곳에 있다면(예를 들어, 우리가 필로티 위에 집을 지은 슈투트가르트의 집들처럼) 그 비용은 여러분의 예산을 몽땅 차지할 것입니다. 그런데도 여러분의 주택은 아직 시공조차 하지 않았습니다. 그것은 지층에서 시작합니다. 나는 슈투트가르트 거주자들이 주택의 기초와 요새의 벽인 옹벽에 엄청난 금액을 쏟아 부었다고 생각합니다. 건축가들이 미학을 찾으며 마감했지만 자신들의 이득을 위해 제멋대로 건축설계의 무게 중심을 옮긴 벽들을 만들기 위해서 말입니다. 벽은 집터를 침범하지만 필로티는 경사지의 낮은 쪽으로 내려가면서 순수한 형태의 집을 떠받치고, 비용을 들이지 않고도 편리한 공간을 만듭니다. 나무와 잔디를 심을 수도 있습니다. 돌로 된 우울한 중세적 풍경 대신에 초목이 거침없이 퍼져 나가는 풍경으로 바꿔 놓습니다. 초목 위로 순수한 프리즘 형상의 주택만이 솟아오릅니다. 얼마나 우아하고, 얼마나 행복하며, 얼마나 경제적입니까(그림 23)!

* *
*

우리는 한 걸음 한 걸음 건축에서 최신 혁명을 단행합니다.

여기서 우리는 창문과 관련된 놀라운 모험에 직면합니다. 나는 다음과 같은 평범한 확언을 통해 건축의 '비뇰라화로부터 탈출'을 결심했습니다. **건축, 이것은 밝게 비치는 바닥이다.** 이탈리아 르네상스 때 활동한 비뇰라는 자신이 후세를 위해 그리스 예술의 규범을 정착시켜야 한다고 믿었기에 그러한 규범에 지극한 경의를 표했습니다. 그런데 그는 그리스 예술을 로마가 행한 모방을 통해서만 이해했습니다. 당시 터키 사람들에게는 아테네의 아크로폴리스 언덕 위에 있는 피디아스·익티노스·칼리크라테스^{역주25}의 작품을 한 번 보고 난 뒤 그것을 컴퍼스로 측정하기를 바란 당시의 견습 고고학자들을 뾰족한 말뚝으로 찌르는 형벌에 처한다는 원칙이 있었습니다. 그리하여 모험적인 기상에 사로잡힌 비뇰라는 불멸을 위해 인간 정신의 고결함(신념의 인습적인 선언)을 표현하는 데 가장 알맞은 건축의 규범을 정하였습니다. 이 규범이 허위인데도, 여러분은 이것이 어느 정도인지 도저히 상상할 수 없을 겁니다. 이것은 터무니없는 농담 같은 것입니다. 나는 아테네의 아크로폴리스를 방문했습니다! 그곳에서 감동으로 충만하여, 극도의 정밀함과 엄청난 높이, **초인적인 창안물**에 압도된 채 한 달을 보냈습니다. 여러분도 알다시피, 나는 타당한 이유로 그리스 예술에 경의를 표합니다. 하지만 비뇰라의 잘난 체하는 독창력의 결과로 생겨난 모험에서 무엇인가를 이해하려는 일은 단념합니다. 모든 사람이 내가 틀렸다고 생각하리라는 걸 잘 압니다. 또한 나 한 사람의 항의가 수적으로 열세라는 것도 잘 압니다. 지성적이고 정열적인 고대 그리스 학자 사르 펠라단Sâar Péladan은 나에게 이렇게 말했습니다. "나는 왕이 되고 싶다. 나는 오늘날 감히 그리스식 엔타블레이처^{역주26}를 그리고 만드는 모든 사람의 목을 벨 것이다!"

나의 항의는 순전히 이론적입니다. 왜냐하면 비뇰라는 이미 대중과 정부, (국제연맹에서처럼) 국제적인 도덕의 일부가 되었기 때문입니다. 미국의 (도리아식) 가스등에서부터 유럽의 (코린트식) 가스등까지, 극장과 의사당, 국제연맹 청사, 대양횡

단 여객선의 장식, 약간 자제했지만 매춘부의 방에 꾸며진 가구에 이르기까지 모든 것이 그리스풍으로 만들어졌습니다. 사람들은 이 예술을 다시 치장하여 루이 16세 양식[역주27]이라고 불렀습니다. 맙소사, 정당한 소송절차를 거쳐 참수된 이 왕이 얼마나 장수를 누리는가! 한편으로는 루이 16세 양식이 아름답고 두드러지며, 18세기 말엽 문화의 높은 수준을 보여 준다는 점에 동의합니다. 나는 수다를 떠는 겁니다! 그러나 한마디만 더 하겠습니다. 1월에 보자르Ecole des Beaux-Arts de Paris의 교수가 제네바에서 **우리의**(그와 나의…… 매우 다른 이유로) 작품을 낙선시키는 것에 대해 말하려고 나를 찾아온 적이 있습니다. 그는 이렇게 말했습니다. "당신과 몇 마디를 나누게 되어 정말 기쁩니다. 아니, 우리는 보기보다 훨씬 더 가까운 사이입니다. 나 역시 규율을 준수합니다. 나는 보자르에서 초보자들에게 '**주범**'을 가르치는 것부터 시작합니다. 첫해에는 '도리아식'[역주28]을 가르치는데, 도리아식이 단순하기 때문입니다. 어느 정도 익숙해지면 소용돌이 형상 때문에 훨씬 더 어려운 '이오니아식'[역주29]을 가르칩니다. 마지막에 '코린트식'[역주30]을 가르치는데, 여기서는 모든 것이 어렵기 때문입니다. 나는 규율을 믿습니다!" 오, 피디아스, 초보자처럼 어리석게도 파르테논의 도리아식에서 멈춰 버린 자여! 이 모든 점에서, 사람들은 학생들이 기계시대의 문제들에 맞설 준비를 잘 하고 있다고 여깁니다.

비뇰라는 창문에는 관심이 없고 '창문 사이(벽기둥과 기둥)'에만 관심을 기울였습니다. 나는 '**건축은 밝게 비치는 바닥**'이라는 주장을 가지고 비뇰라화에서 벗어나고자 합니다.

시대를 망라한 창문의 역사로 건축의 역사를 보여 주는 일련의 작은 그림들로 이 주장을 설명하겠습니다. 앞서 말한 것처럼, 내부를 밝히기 위해 창문을 뚫은 벽으로 바닥을 지탱하는 것이 목적입니다. 이 모순된 책무(**벽으로 바닥판을 지탱해야 하는데 그 벽에 구멍을 뚫어야 하는**)는 수세기 동안 건설자가 기울인 모든 노고를 나타내며 건축을 규정합니다.

여기에 작고 고전적인 창문이 있습니다(그림 24). 다음에는 유리를 끼우지 않아 아무것도 달을 게 없는 폼페이의 큰 개구부가 있고, 예쁜 로마네스크 창문이 있습니다. 또 홍예받침대와 대담한 창문 사이벽과 작은 뾰족탑, 부벽[역주31], 부연[역주32] 벽받이의 평형 체계가 있는 **뾰족 아치**로 마감된, 빛을 향한 거대한 고딕 역작 등이 있습니다. 그러나 나는 중세 사람들이 좁은 길로 돌출된 작은 목조 주택을 지을 때 모든 목재 자원을 사용하면서 **가능한 한 모든 것을 유리로 덮은** 점에 주목합니다. 그리고 강Gend과 루뱅Louvain, 브뤼셀 대광장Grande Place de Bruxelles을 만든 솜씨 좋은 플랑드르 사람들이 그 전통을 바탕에 두고 우리가 여전히 숭배하는 석재 지주支柱로 놀랄 만한 유리 파사드를 만든 사실도 충분히 인정합니다. 다음에는 한창 융성하던 자국의 예술품들을 잘 비추려고 가능한 한 석재 창살대를 크게 만든 르네상스식[역주33] 창문이 있습니다. 그리고 태양왕으로서 자신의 영화를 드러내기 위해 자신의 후원자인 태양을 집 안으로 끌어들인 루이 14세 양식[역주34]이 있습니다. 이때 석조 건축이 최종적으로 공식화되었습니다. 위대한 왕인 루이 14세의 거창한 겉치레는 루이 15세와 루이 16세의 통치기 동안에는 규모가 축소되고 인간다워집니다. 사람들은 간섭을 받지 않고 안락하게 살고 싶어합니다. 건축이 더는 진화하지 않습니다. 창문은 고정되었고, 이것으로 끝입니다. 그런데도 오스만의 파리 도시계획에서 철공소장들이 막 각광을 받을 때, 임대주택은 '사업'이 됩니다. 건물의 1제곱미터도 잘 활용해야 합니다. 각 파사드상에 최대한 많은 침실을 배치해야 하지만 결국 한계에 도달합니다. 구멍을 더 뚫었다가는 건물이 붕괴되고 말 테니까요. 이것이 마지막 한계입니다. 그러나 나는 궁극적인 해결책으로서 바닥 공간을 마음대로 활용하도록 옆 창문과 붙은 듯한 수직 창문을 마음속에 간직합니다. **문제가 제기되었습니다.** 해결책은 새로운 기술에서 나올 것입니다.

루이 양식이나 오스만 양식의 석조 파사드 외관, 이 건축이 멈춰 버린 외관을 잠깐 생각해 보십시오. 이것은 가능한 한 서로 가깝게 규칙적으로 구멍을 뚫은 외관입니다. 디자인은 단조로워 보입니다. **여기에 구조체계의 순수한 표현인 돌의 건축이 있습니다**(그림 25).

이제부터는 좀더 빨리 진행합니다. 첫 계획안에서 내가 그린 단면도를 보십시오. 이것은 철이나 철근 콘크리트로 지은 건물입니다. 나는 **길게 이어진 창인 수평창**들을 그립니다. **이 창들은 아무 제한 없이**, 10, 100, 1,000미터의 길이로 이어집니다. 기둥들은 입면 뒤쪽의 실내에 1.25, 2.5, 3미터의 거리를 두고 떨어졌습니다. 수평으로 미끄러지며 열고 닫히는 창문틀로 마감할 이 연속적인 개구부 뒤쪽에, 방을 나누는 칸막이 벽을 바깥에서 보이지 않게 설치하는 일은 아주 쉽습니다. 이런 장치들은 층마다 겹칠 필요가 없습니다. 나는 이 의견에 의혹을 품는 어떤 시선도 용납하지 않습니다(그림 26).

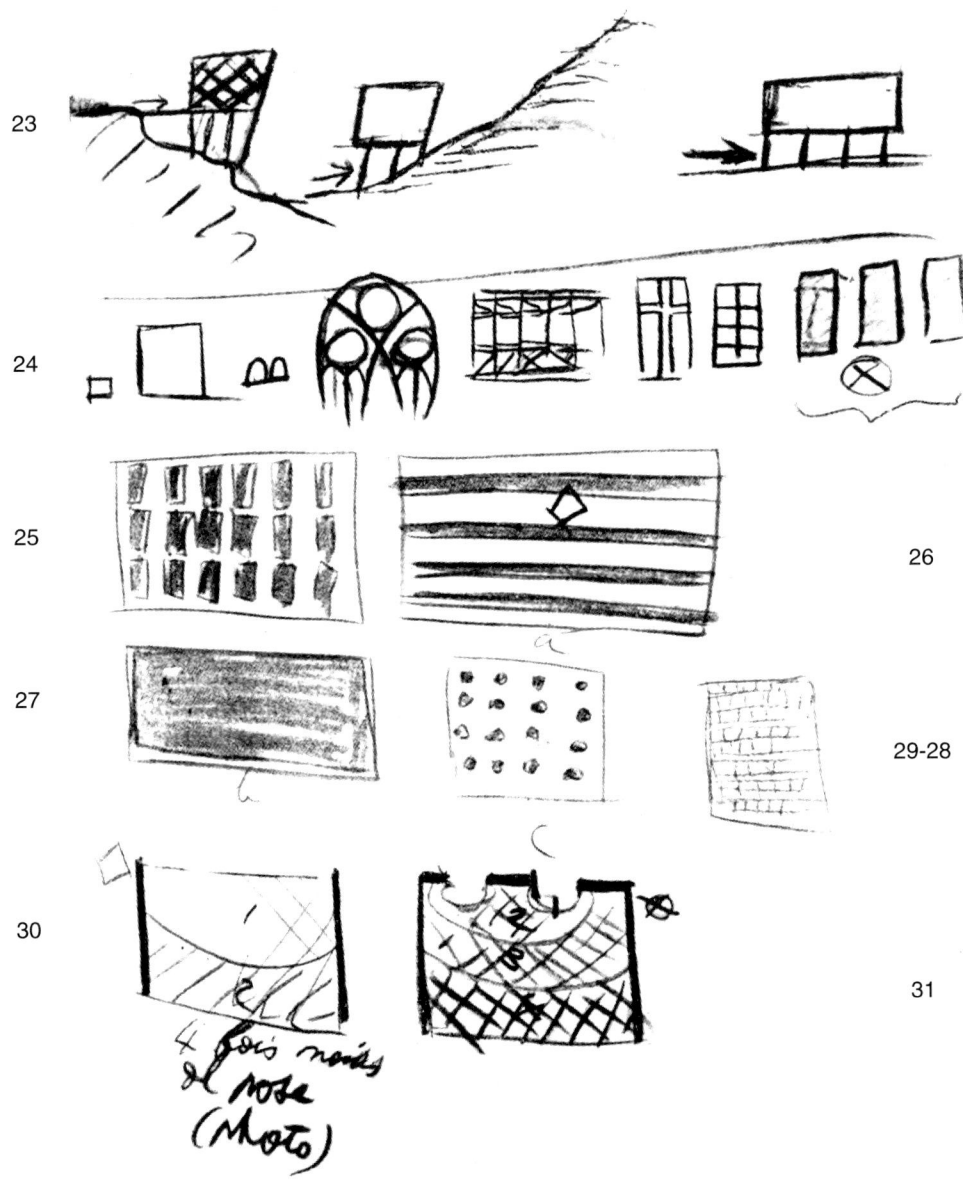

30 네 배 더 빠른 속도(사진) 4 fois moins de pose(photo)

층별로 긴 수평창을 분리하면서 창문의 받침대이자 상인방이 되는, 창문 앞의 석조 띠는 **바닥판으로 지지합니다!** 이것은 앞에서 이미 언급했습니다.

여러분은 이러한 개혁이 경제적인 효과 면에서 감탄할 만하며 미학적인 측면에서는 획기적이라는 사실을 인정해야 합니다. 수세기 동안의 전통에 익숙해진 건축의 풍경에서는 이제 아무것도 계승할 게 없습니다. 인습적 규범이라는 명목 때문에, 실내에 최상의 빛을 들어오게 하고 층별로 모든 구획을 나눌 수 있는 수평창이 지닌 막대한 이점을 포기하겠습니까?

지금은 이것을 좀더 살펴봅시다. 아직 끝난 게 아닙니다.

내가 현대 건축 혁명의 **상징적인 단면**이라고 일컬은 이 첫 단면의 연구는 새로운 혁신으로 나를 이끕니다. 연관된 생각들이 정신을 맹렬하게 자극합니다. 나는 많은 '수평창'을 건설하면서 아직까지 나에게 진실해 보이지 않는 창문턱과 비싸게 여겨지는 상인방에 관심을 기울였습니다. 비슷한 정도의 집이라면 우리가 지은 집들이 전통적인 집들보다는 훨씬 저렴하지만, 아직까지는 집값이 너무 비싸기 때문입니다. 나는 지갑의 형편을 넘어서 의미를 가지는 경제성의 법칙에 사로잡혔습니다. 동료인 피에르 잔느레 Pierre Jeanneret는 경제성의 문제에 나보다 더 열중합니다. 그는 절약을 추구함과 동시에 안락을 주고 싶어합니다. 그는 포드 Henry Ford의 전기를 읽었습니다. 포드광이거든요!

어느 날 다음과 같은 사실이 분명해졌습니다. 창문은 **환기가 아니라** 빛을 위해 만든다는 것 말입니다. 환기를 위해서라면 환기장치를 사용해야 합니다. 그것은 기계학이며 물리학입니다. 더 나아가서, 창문은 집에서 가장 비싼 부분입니다. 창문틀 주위는 아주 비싸게 마감처리를 합니다. 대개 창문을 철골이나 나무로 만드는데, 이것은 극도로 섬세하게 주의를 기울여 만드는 것을 뜻합니다. 이렇게 값비싼 창문들을 간단하게 거부하면서도 변함없이 바닥을 밝게 비출 수 있다면?

나의 상징적인 단면을 검토해 보면 30센티미터 높이의 콘크리트로 만든 창문 앞의 띠들로 이루어진 **파사드**가 보입니다. 설명을 약간 건너뛰겠습니다. **서둘러야 합니다.** 우리는 콘크리트로 된 창문 앞의 가는 띠 25센티미터 앞에 까치발로 잘 조정한 수직 철제 조립품을 달아매려고 합니다. 그런 다음, 수직 철제 조립품을 가로질러 안쪽과 바깥쪽에, 시장에서 구할 수 있는 유리나 판유리의 치수만큼 거리를 두고 수평으로 된 철제 조립품을 답니다. 이렇게 하여 건물의 전면에 '**유리벽**'이 만들어집니다. 파사드가 바로 유리벽이 되는 겁니다. 그러나 건물 네 면이 모두 유리일 필요는 없습니다. 그러므로 나는 유리벽(그림 27)과 석재(합판, 벽돌, 인공 시멘트 패널 또는 다른 재료들의, 그림 28) 피복과 혼합된 벽(작은 창문들이나 석재 피복의 현창[역주35]처럼 흩어진 창유리, 그림 29)을 세울 것입니다.

이러한 생각은 원래 1925년의 에스프리 누보관[역주36]에서부터 발전되었습니다. 우리는 1926년에서 1927년까지, 사무실에는 두 줄로 된 수평창이 있고 복도에는 한 줄의 수평창이 있는 국제연맹 사무국을 설계하였습니다. 대의사당의 벽들은 이미 (두꺼운 유리판으로 된) 유리벽이었습니다. 1928년에 모스크바에서 우리는 기온이라는 피할 수 없는 문제에 부닥쳤습니다. 영하 42도의 강추위와 바람이 휘파람소리를 내며 슬금슬금 들어오는 창문 뒤편에서 일하는 2,500명의 직원들을 생각해 보십시오. 창문은 필요치 않습니다. 이음매를 밀폐한 **유리벽**이 필요합니다. 환기는 나중에 살펴보겠습니다.

나는 이러한 논리 행로의 결론에 이르렀으며, 진리의 본질을 발견했다고 생각합니다. 건축가는 새로운 표현을 준비하고, 우리는 그것을 보게 될 겁니다![1]

나는 어떤 일이 있어도 여러분이 의혹을 느끼는 상태로 내버려두고 떠나지는 않을 겁니다. 나는 (유리벽보다 앞선) 수평창이 수직창보다 더 많은 빛을 비춘다는 것을 확신합니다. 이것은 실제 관찰을 통해 알게 된 사실입니다. 그렇지만 격렬하게 반대하는 사람들을 만났습니다. 그들은 '창은 서 있는 사람'이라고 나에게 쏘아댔습니다. 말싸움을 하고 싶다면, 좋습니다. 그러나 나는 최근에 어느 사진가가 한 카메라 노출에 관한 교육에서 다음 두 가지 명백한 도식을 발견했습니다. 그것은 내가 더는 개인적 관찰의 근사치에서 헤매지 않고 빛에 반응하는 민감한 사진 필름을 직시한다는 것입니다.

일람표는 다음을 알려 줍니다. 똑같은 유리 면적을 가지고 맞은편 두 벽에 만든 수평창(모든 문제의 핵심은 빛 파장의 굴절에 있습니다.)으로 밝아진 방에는 조명 구역이 두 곳 생깁니다. 아주 밝은 1구역과 밝은 2구역입니다(그림 30). 반대로, 벽을 사이에 둔 두 개의 수직창으로 조명되는 방에는 조명 구역이 네 곳 생깁니다. 아주 밝은 1구역(두 곳의 아주 좁은 부분), 밝은 2구역(좁은 부분), 별로 밝지 않은 3구역(넓은 부분), 어둑어둑한 4구역(넓은 부분)으로 나뉩니다(그림 31). 일람표에는 '첫

---

1. 또한 이러한 표현은 19세기에 철을 사용한 프랑스 건설업자들이 아름다운 양식으로 이미 선호했고, 1914년 쾰른에서 그로피우스는 이것을 근대건축의 언어에 다시 적용했다.

번째 방에서는 감광판을 1/4만 노출시켜야 한다' 고 덧붙여 놓았습니다.

민감한 사진 필름이 말해 주듯 이 모든 것은 사실입니다!

건축과 도시계획의 지도에 관한 우리의 입장을 한번 읽어 보기 바랍니다.

우리는 학교나 학회의 '비뇰라화된' 육지를 떠났습니다. 우리는 항해 중입니다. 요점을 파악하기 전에는 헤어지지 맙시다.

먼저 건축을 살펴보겠습니다.

필로티는 대지 위로 공중에 높이 떠 있는 집의 상당한 무게를 지탱합니다. 집에서 보는 경치는 땅과 상관없이 한계가 정해집니다. 그래서 여러분은 비례가 갖는 중요성과 필로티 위에 얹힌 입방체가 가진 중요성을 이해하게 됩니다. 건축물 구성의 무게 중심은 높아졌습니다(그림 32). 이것은 이제 땅과 어떤 시각적인 관계를 가진 옛날 석조 건축의 무게 중심이 아닙니다(그림 33).

옥상 정원은 매력적인 용도를 지닌 새로운 도구입니다. 집 내부에 있는 방들의 목적은 뒤바뀔 수 있습니다. 새로운 즐거움이 거주자를 반갑게 맞이합니다. 수평창과 '유리벽'은 과거와는 아무 공통점도 없는 지점으로 우리를 데려왔습니다. **유리벽과 함께 건축의 척도가 바뀌었습니다.** 구성 방법이 무척 새롭고, 사실은 아무것도 없는 것처럼 보일 정도로 아주 축소되었으므로, 사람들은 두려워하며 묻습니다. "건축은 어디를 향해 가는가?"

우리가 거부할 수 없는 이 새로운 기술들이 우리에게 새로운 표현을 가져다 주고, 우리의 상상력을 자극합니다(그림 33').

모스크바의 문제에 부닥쳤을 때 건축을 어떻게 했을까요? 우리는 당시 모든 기술의 결과물들을 적용했습니다. 우리는 기능적 관점에서 기술의 결과물들을 바탕으로 건물의 정수를 그렸습니다. 이것이 우리가 건축의 새로운 표현으로 실행한 결과물입니다.

사무실의 첫 번째 중앙부 한 채를 그립니다(그림 34). 깊숙이 들어간 곳은 완벽한 일광을 위해 선택한 것입니다. 이 사무실 동에는 공동작업을 위한 큰 방들이 있고 양편에 유리벽이 있습니다. 측벽은 불투명한데, 얇은 화산석 두 장을 겹쳐 쌓아서 만들었습니다. 유리 사이에 끼인 공간을 공기가 어떻게 순환하는지 나중에 설명하겠습니다.

마찬가지로 다른 사무실 두 채를 그립니다. 한쪽은 유리벽이고, 복도 쪽은 (석재와 유리로 된) 혼합벽입니다. 마지막으로 벽 전체를 앞의 것과 똑같이 석재로 마

32

33

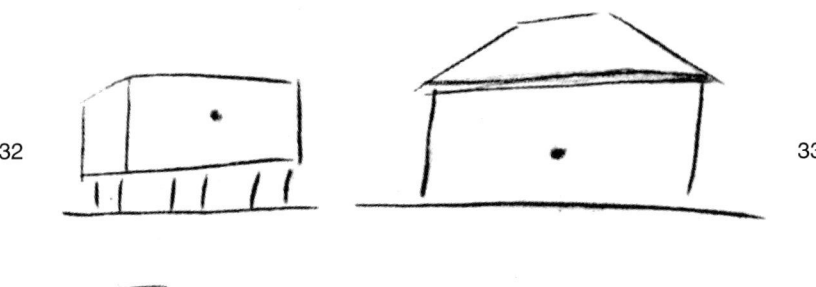

34

35

33´ 유리벽 le pan de verre / 수평창 le fenêtre en longueur / 각양각색의 벽 le mur mixte / 석조 벽 le pan de pierre / 구성: 기하학 + 자연 = 인간 composition: géometrie + nature = humain

감합니다.

건축 구성의 본질은 세 프리즘의 크기에 있습니다. 그것들은 평면과 단면에서, 여기서는 경사가 급하고 깎아지른 듯하며 저기서는 평탄한 분지인 두 국면을 창조할 목적으로 설계되었습니다. 가운데 한 채는 양편의 두 채보다 한 층만큼 낮은데, 이것이 중요합니다.

전체 건물은 필로티 위로 들어올려져 땅과 분리되었습니다.

여러분은 건축에서 중요한, 완전히 새로운 가치를 깨달아야 합니다. 그것은 다름 아닌 **건물 밑면의 완전무결한 선**입니다. 건물이 진열장 받침대 위에 있는 전시품처럼 드러나서 **아주** 쉽게 파악됩니다.

필로티는 원기둥의 풍부함을, 그늘이나 약간 응달에서는 빛의 풍부함을, 정신을 위해서는 뚜렷한 긴장감을 가져옵니다. 아래에서는 빛의 움직임이 지극히 환상적인 효과를 거둡니다. 하늘에는 옥상 정원 난간이 화산석으로 둘러싸인 수정 프리즘의 완전무결한 가장자리가 있습니다. 이 깨끗한 윤곽은 현대 기술이 거둔 수확물에서 가장 감탄할 만한 것입니다(지붕과 코니스^{역주37}의 제거).

이제 건축 교향곡을 마무리짓겠습니다. 도로를 따라 건물 앞으로 길 위까지 튀어나와, 우리 키에 알맞아 친밀감을 주는 것은 석재를 씌운 콘크리트 차양으로 자동차에 오르내릴 때 비를 피하는 곳입니다. 넓이와 높이에서 멋진 공간적 관계를 창조하는 몇 가지 오브제들이 있습니다. 주철이나 청동으로 된 협동조합의 문장紋章을 지탱할 돛대와 내가 보기에는 건축 교향곡에서 눈부신 역할을 수행할 (립시츠^{역주38}, 브랑쿠시^{역주39}, 로랑^{역주40}의 작품 같은) 현대적 조각물을 떠받칠 받침대가 그것입니다. 구성의 중심 같은 수학적인 지점들이 있습니다. 이러한 지점들은 공간을 지배합니다. 망사르^{역주41} 시대와 달리, '이 삼각형의 박공면에 어떤 기념물들을 새기는 사람이 더는 조각가가 아닙니다.' 불타는 별이나 등대를 닮은 자신의 작품을 통해 적당한 거리를 두고 수정이나 석재로 만든 거대하고 순수하며 고요한 프리즘에 경의를 표하는 사람은 조형예술가입니다.

우리는 이번 겨울에 크고 투명한 파사드 앞에 나무를 몇 그루 심을 겁니다. 이 나무들의 아라베스크식^{역주42} 의장은 우리의 구성을 풍부하게 하며, 나무들의 존재는 우리가 건축과 도시계획을 연구할수록 우리를 반기는 듯합니다. 철이나 시멘트로 된 현대 건축이 시민들로부터 환영받을 만한 이유는 나무를 도시의 조경에 들여왔다는 점입니다. 나무는 인류의 사랑을 받는 놀라운 존재입니다.

내 눈은 다시 (언제나 그랬듯) 자연을 향합니다. 여기에 제네바 청사를 환기시키는 조화로운 그림을 그립니다. 여기는 호수의 수면입니다. 여기는 언덕의 굴곡이고, 여기는 하늘을 배경으로 한 산들의 선입니다. 다음으로 우리의 작품이자 인간의 작품인 기하학이 있습니다. 기하학. 기하학은 피타고라스의 정신으로 다소 고무되었습니다. 정신의 기쁨이자 비례입니다! 여기에 얇고 수직적인 표면, 손상되지 않은 표면이 있습니다. 이 표면들은 수면에서 반사됩니다. 건축적인 감흥을 주는 원리는 이런 것들 속에 있습니다(그림 35).

장식가들의 상품목록을 가지고 우리가 무엇을 억지로 할 수 있습니까? 위대한 예술 작품은 간단한 수단을 이용합니다. 그러나 거기에 모든 승부를 겁니다. 무無에서 기적을 만드는 겁니다!

이제는 도시계획을 살펴봅시다.

여기에는 전통적인 도로와 '육지'역주43가 있고, 여기에는 땅에 단단히 부착된 집들이 있습니다(그림 36).

현대의 교통 문제를 생각해 봅시다. 여러분은 실패했습니다.

그러나 여기 기초로 세운 기둥 위에 얹힌, 철이나 철근 콘크리트로 된 현대 건물들이 있습니다. 다섯 개, 열 개, 스무 개, 쉰 개의 바닥판이 포개졌습니다. 위에는 산책과 건강을 위한 정원이 있고, 아래에는 필로티가 있습니다. 대지 전체가 모든 방향으로 자유롭게 펼쳐졌습니다! 더욱이 필로티 위에 있는 집마다 앞면에는 발코니가 튀어나왔습니다. 발코니 앞에서 이웃과 만나고, 이 발코니를 옆으로 연결할 수도 있습니다. 이런 발코니는 보행자나 작은 수레를 위한 보조 도로가 됩니다. 대형차들은 그 아래에 있습니다. 가까운 곳에 도시의 운하運河(도로를 운하에 비유하여)가 보이므로 쉽게 알 수 있습니다(그림 37).

그런데 여기에 뭔가 다른 것이 있습니다. 200미터 높이의 거대한 마천루들입니다(그림 38). 바닥이 열려 있어서 통행이 가능합니다. 마천루들은 건축과 마찬가지로 기능적으로 정돈되도록 규칙적으로 400미터 간격으로 배치됩니다. 마천루들은 인상적인 크기의 공간과 빛 안에서 감동적인 위엄을 지닌 채 솟아 있습니다. 도로 말입니까? 정확히 말하면 그것은 이제 도로가 아니라 우리의 연구가 주장하는 것처럼 모든 곳을 흐르는 순환의 강입니다. 길들은 가지를 뻗어 나가고, 마천루의 아래에 주차를 위한 항구가 있습니다. 게다가 어느 곳에나 나무들이 심겼습니다(그림 39).

36 도시 la ville / 시대에 뒤진 도로와 오늘날의 도로!! 부식된 도관! 소음, 혼잡 la rue préhistorique······ et d'aujourd'hui!! canalisations rongées! bruit congestion

37 위생, 40% 회복된 땅 hygiène 40% terrain gagné / 두 종류의 거리 분류 rue double-classement / 도로 = 나란히 있는 공장 rue = usine en longueur / 보존된 배수관 canalisations sauvées/ 100% 공터 100% terrain libre / 푸른 도시 ville verte/순환은 일종의 강이자 길가의 부두다 la circulation est 1 fleuve + ports d'accostement

38 순환 + 위생 circulation + hygiène / 100% 대지 100% terrain

나는 도시계획에 관한 놀라운 발표를 할 겁니다. 이는 곧 상세하게 설명하겠습니다. **수평면에서 이루어지는 교통 순환은 상부와 아무 관련이 없습니다. 도로는 건물로부터 독립적입니다.** 도로가 건물로부터 독립하였다는 말을 곰곰이 생각해 보십시오.

생각을 계속 발전시켜 보겠습니다. 절박한 현실이 생각납니다. 여기에 콩코르드 광장에 있는 두 청사 사이에 놓인 여객선의 단면이 있습니다(그림 40).

다른 방향에서 여객선을 그립니다. 더 자세히 살펴보려고 꼭대기에서부터 바닥까지 방문하고 싶습니다. 이 배에는 2,000~2,500명의 사람들이 있습니다. 이것은 거대한 집입니다. 여기에 혼란은 없으며, 완벽한 질서만 있습니다. 여기서 먹고 잠자고 춤추고 명상하며 산책합니다. 지상에 사는 사람들은 누구나 예외 없이 이 여객선을 깊이 동경합니다. **우리는 주거에서 새로운 차원을 맞이하였습니다**(그림 41).

나는 필로티 위에 놓인 국제연맹 사무국을 그립니다. 내부는 채광이 잘 되며, 사람들은 그 안을 잘 돌아다닙니다(그림 42).

미국식 마천루도 그립니다. 우리는 건물의 새로운 척도에 직면했습니다(그림 43).

그러므로 결정을 내려야 합니다.

여러분에게 모든 창문을 밀폐하는 것을 말했습니다. 우리는 다른 것들에 대해서도 이야기할 것입니다. 예를 들면 현대 가정생활을 계획하는 것, 우리의 지갑을 얄팍하게 만들고 시간을 빼앗고 우리를 슬프게 하는 지긋지긋하고 어리석은 고통으로부터 우리를 구하는 것을 이야기할 것입니다. 기계시대의 생활 때문에 근무일에 비해 쉬는 날이 충분치 않다는 것을 말하고 싶습니다.

기술로 가득 찬 접시 네 개(재료의 저항: 우리는 막 새로운 여정의 단계에 접어들었음. 물리학과 화학: 여러분에게 곧 희망을 알리겠음. 사회학: 우리는 큰 혼란과 임박한 혁명에 부닥칠 것임. 경제학: 우리는 비용을 줄여야 함.)는 우리가 풍요한 자원과 그 자원이 주는 풍부한 해결책으로 건설산업에 근본적인 변화를 가져올 다음 결정을 내리도록 이끕니다. 이러한 척도의 변화는 **위대한 작품들의 시작을 의미합니다.** 지금까지 집은 10, 20, 30미터 길이의 파사드를 가졌습니다. 이 집은 누군가의 소유입니다. 앞으로 주거 길이는 1, 2, 5킬로미터에 이를 것입니다. 이것이 지금 너무 크게 여겨져도 도시계획의 문제가 너무 시급하기 때문입니다. 공공의 기능에 적합한 계획이 필요합니다. 속력은 다른 것, 새로운 것입니다. 위대한 작품이 시작

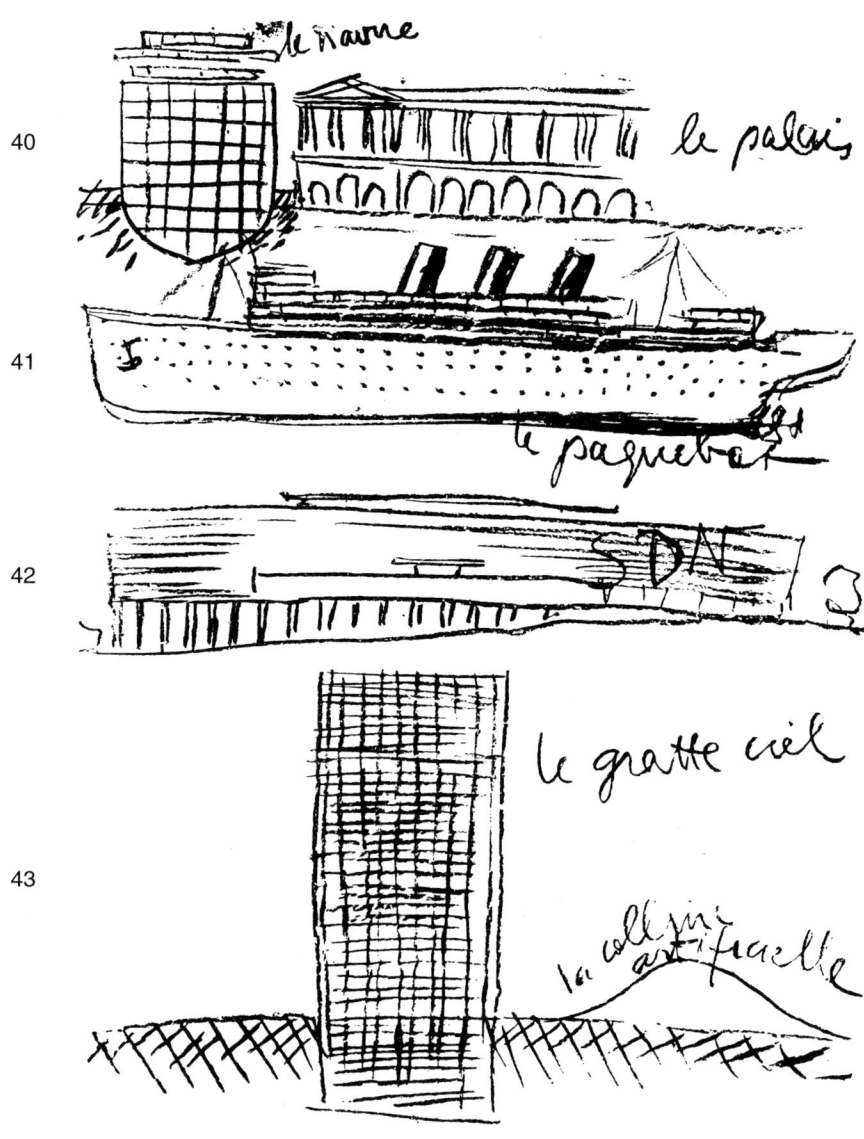

40 선박 le navire / 궁전 le palais
41 여객선 le paquebot
42 국제연맹 SDN
43 마천루 le gratte ciel / 인공으로 만든 언덕 la colline artificielle

됨과 동시에 순환, 자유로운 가정생활, 적은 비용, 아름다움과 영적 조화 등 모든 것이 조용하고 순리적으로 해결될 것입니다.

이러한 가까운 현실을 이해하기 위해, 이미 여러분에게 말한 '어떻게'와 '왜'에 대한 아주 간단하고 뜻하지 않은 답이 여기에 있습니다.

주택은 햇볕이 잘 드는 바닥입니다.

무엇을 위하여? 그 위에서 살기 위하여.

생명의 기초는 무엇인가? **호흡하는 것입니다.**

무엇을 호흡하는가? 뜨거운 것, 차가운 것, 건조한 것, 습한 것?

일정한 온도와 알맞은 습도에서 깨끗한 공기를 호흡합니다.

그러나 계절에 따라 덥거나 춥기도 하고 건조하거나 습도가 높기도 합니다. 기후가 온화한 나라도 있고 얼음같이 차가운 나라도 있고 열대처럼 더운 나라도 있습니다. 여기서는 '벌거벗은 사람'(런던의 양복 상의가 나오기 전에)이 모피를 둘렀고, 저기서는 벌거벗은 채 걸어다닙니다.

한 가지 더 자세히 살펴봅시다. 테일러식 공장에서 과학적 관리법역주44(무자비하지 않은, 아주 관대한 작업)의 기본 원칙은 조업과 관련된 요소들을 일정하게 유지하는 일입니다. 경험에 비추어 볼 때, 사람들이 더위나 추위에 시달리면 생산성이 떨어지고, 기후가 맞지 않으면 쉽게 피곤해지고 빨리 지친다는 사실은 분명합니다.

모든 나라가 기후에 맞게 집을 짓습니다.

이 총체적인 (사상적) 상호교류의 시기며 국제적인 과학 기술 시대에, 나는 모든 국가와 모든 기후를 위한 단 하나의 주택, **정확한 호흡을 가진** 집을 제안합니다.

나는 각 층의 횡단면(그림 44)과 종단면(그림 45)을 그리고, **공기정화를 위한 공장**을 세웁니다. 이것은 규모가 작은 시설이며, 좁은 공간입니다. 계절에 따라 필요하면 습도가 있는 18도의 공기를 생산합니다. 통풍장치를 사용하여 주의 깊게 설비된 관을 통해 이 공기를 불어넣습니다. 이 공기의 이동 수단은 공기의 흐름을 없애도록 창안되었습니다. 공기는 발산됩니다. 섭씨 18도의 이 체계는 동맥과 같습니다. 나는 정맥 체계도 설비했습니다. 두 번째의 통풍장치를 이용하여 같은 양의 공기를 받아들입니다. 하나의 회로가 만들어집니다. 들이마시고 내뱉은 공기가 공장으로 되돌아갑니다. 거기서 공기는 칼륨 전해조를 지나며 탄소가 제거됨

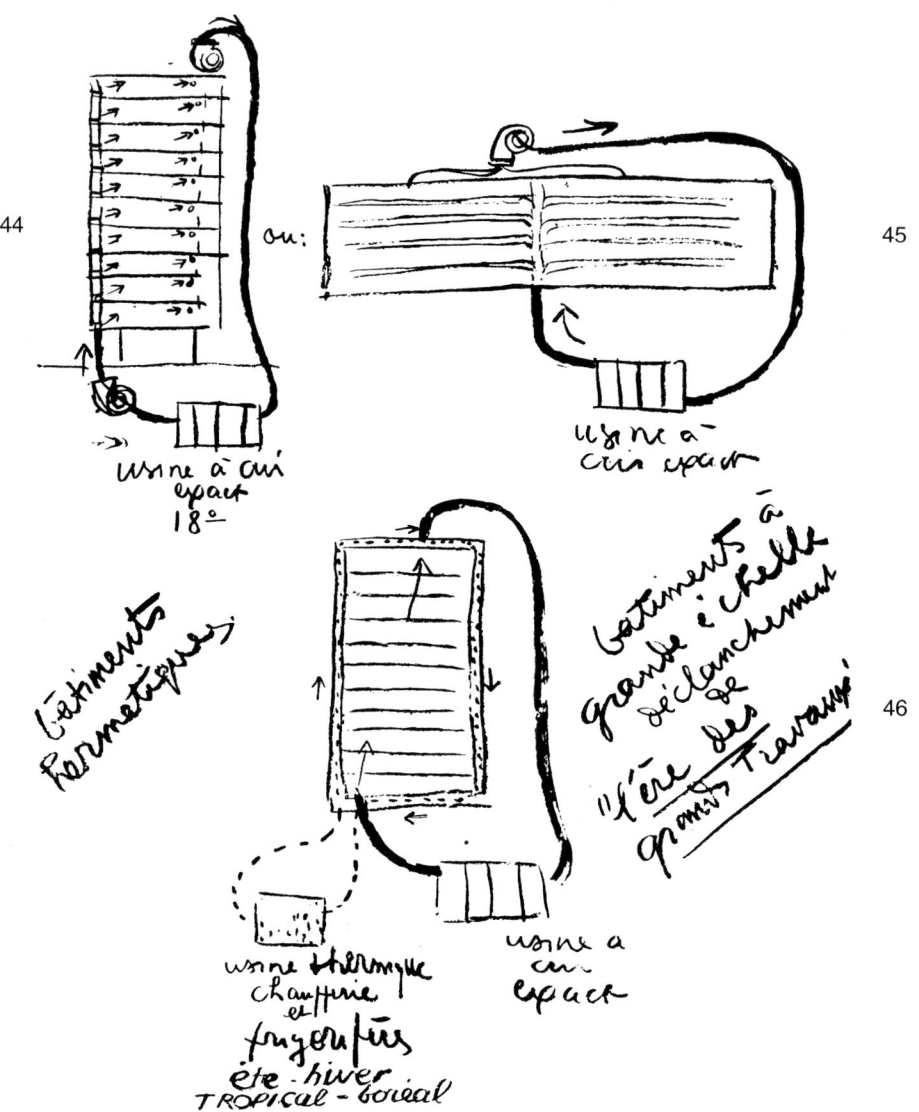

44 공기정화장치 usine à air exact
45 또는 ou / 공기정화장치 usine à air exact
46 밀폐된 건물 bâtiments hermétiques / 큰 규모의 건물들, '대규모 사업의 시대' 시작 bâtiments à grand échelle, déclanchement de "l'ère des grands travaux" / 냉·난방장치, 여름, 겨울, 열대의, 북극의 usine thermique, chaufferie et frigorifère, été, hiver, tropical, boréal / 공기정화장치 usine à air exact

니다. 이어서 공기를 재생하는 오존살균기를 통과합니다. 공기가 거주자의 호흡기에서 너무 데워졌다면, 공기를 차게 하는 압축기를 통과합니다.

더는 집을 난방하지 않습니다. 하지만 1인당 1분에 80리터의 비율로 깨끗한 공기가 규칙적으로 끊임없이 순환합니다.

여기에 작업의 두 번째 단계가 있습니다.

만일 바깥 온도가 영하 40도나 영상 40도라면, **공장**에서 나오는 섭씨 18도의 공기가 방으로 퍼져 나가는 동안에 어떻게 온도가 유지되는지 궁금할 겁니다.

대답은 이렇습니다. 이 18도의 공기를 다른 영향으로부터 차단하는 것은 (우리의 발명품인) **중화벽**입니다. 우리는 중화벽을 유리나 석재로, 또는 이 둘 모두를 사용하여 만들었습니다. 이 벽들은 사이에 몇 센티미터 공간을 띄운 두 개의 막으로 만듭니다. 나는 세 번째 그림에 필로티 아래에서, 건물 파사드 앞에서, 옥상 테라스에서 집들을 에워싸는 빈틈을 그립니다(그림 46).

난방기와 압축기를 갖춘 또 다른 작은 난방공장이 건설되었습니다. 통풍설비가 두 개 있는데, 하나는 공기를 내뿜는 장치고 다른 하나는 공기를 빨아들이는 장치입니다. 두 개의 막 사이에 있는 좁은 틈에서는 모스크바에서라면 더운 공기가, 다카르에서라면 시원한 공기가 순환됩니다. 결과적으로 내부 표면과 내부 막이 18도로 유지되도록 조절하는 방법입니다.

러시아와 파리의 주택, 수에즈나 부에노스아이레스의 주택, 적도를 넘나드는 호화스러운 여객선은 밀폐됩니다. 내부가 겨울에는 따뜻하며 여름에는 시원합니다. 내부에 **언제나 정확하게 18도인 깨끗한 공기**가 있기 때문입니다.

집은 단단히 봉해집니다! 먼지가 안으로 들어갈 수 없습니다. 파리나 모기도 마찬가집니다. 소음도 전혀 없습니다!

새로운 기술이 우리에게 가져다 준 것이 여기에 있습니다. 여러분은 목탄과 크레용으로 그린 내 그림에 대단한 시적 감흥이 감돈다고 생각지 않습니까? 현대의 서정미가 느껴지지 않습니까?

세 번째 강연

1929년 10월 8일 화요일

정밀과학회

모든 것이 건축, 모든 것이 도시계획

이 자리에는 건축을 공부하는 학생들이 많습니다.

나는 아주 정확한 용어를 사용하고 건축을 아는 데 기초가 될 토론 소재들을 선택하겠습니다. 앞에서 구조적 유기체의 성장에 주의를 기울였습니다. 오늘은 조형적 유기체를 언급하고 생물학상의 유가체도 살펴보겠습니다.

내가 말하는 내용이 자기 세대의 고민거리 속에서 표류하는 젊은이들에게 강한 인상을 줄 수도 있습니다. 내 경우에도 스무 살 때 들은 어떤 말들이 뚜렷한 인상으로 남았습니다.

아, 몇몇 학생들의 마음을 심히 어지럽힐지도 모르는데, 이런 나를 대학에서 원망하지나 않을지 모르겠습니다.

강연 주제를 정확하게 정의해 보겠습니다. 첫 강연에서 개괄적인 설명을 한 후 엄밀하게 객관적이 될 거라고 약속했습니다. 객관성의 목적이 오로지 기계적이거나 실용적이거나 공리적인 것만은 아닙니다. 감수성이 아주 예민한 내 가슴 속에는 건축이 있습니다. 궁극적으로 나는 진정한 행복을 가져오는 아름다움만을 믿습니다.

'이성 – 감성' 방정식의 산물인 예술이 나에게는 인간의 행복을 위한 현장입니다.

예술이란 무엇입니까? 창의력이 없이 능란하기만 한 기교가 주위에 만연하고, 그것이 우리를 옭아맵니다. 나는 인위적인 수단을 참을 수 없습니다. 어리석음, 게으름, 탐욕을 감추고 있기 때문입니다.

흔히 알려진 것들을 그려 보겠습니다. 두 벽기둥과 오목하게 들어간 박공벽^{역주45} 아래 처마도리로 보호되는 르네상스 창문, 그리스 사원, 도리아식의 엔타블레이처를 그립니다. 다른 두 가지 엔타블레이처에서 하나는 이오니아식이고 다른 것은 코린트식입니다. 잘 알듯이 오래 전부터 모든 나라에서 통용되는, 코린트식과 이오니아식이 섞인 '혼합양식composite'이 있습니다(그림 47).

빨간 분필로 커다란 X자를 그립니다. 이것들을 공구함에서 꺼내 버립니다. 사용하지 않는 것들로 더는 작업대를 어지럽히지 않습니다.

나는 확고하게 '이것은 건축이 아니다'라고 씁니다. **이것은 양식樣式들입니다.**

이 말이 악용되지 않도록, 의도하지 않은 바를 말한 것처럼 오해받지 않도록 다시 씁니다.

원래는 생기가 넘치고 훌륭했지만,
오늘날에는 단지 시체거나
밀랍으로 된 여인일 뿐이다!

건축은 깨달음을 얻은 의지력의 행위입니다.
건축은 **'정돈하는 것입니다.'**

무엇을 정돈하는 겁니까? 기능과 대상입니다. 건물과 도로로 공간을 채우는 겁니다. 건축은 사람을 머물게 하는 그릇을 만드는 일이며, 그곳으로 가는 유용한 운송수단을 창조하는 일입니다. 빈틈없는 해결책을 가지고 우리의 정신에 작용하며, 눈으로 보는 형태들과 어쩔 수 없이 걸어야 하는 거리를 통해 우리의 감각에 작용하는 일입니다. 민감한 지각의 놀이를 통해 감동을 주는 일입니다. 공간, 치수와 형태, 내부 공간과 내부 형태, 내부 경로와 외부 형태, 외부 공간(양, 무게, 거리, 환경), 이 모든 것 속에서 우리가 활동합니다. 모두가 어우러진 결과입니다.

그러므로 나는 건축과 도시계획을 일치된 개념으로 여깁니다. 모든 것이 건축이고, 모든 것이 도시계획입니다.

이런 의지력의 행위는 도시의 창조에서 나타납니다. 특히 사람들이 **오게** 되고, 일단 오면 **행동하게** 되는 아메리카 대륙에서는 도시가 기하학적으로 창조되었습

47 이것은 건축이 아니다 ceci n'est pas l'architecture / 이것은 양식들이다 ce sont les styles / 원래는 생기가 넘치고 훌륭했지만, 이제는 단지 시체일 뿐이다 vivants et magnifiques à leur origine, ce ne sont plus que des cadavres

니다. 왜냐하면 기하학은 인간 고유의 것이기 때문입니다(그림 48).

건축적 감흥이 어떻게 일어나는지 여러분에게 보여 주고 싶습니다. 바로 기하학적인 대상들에 대한 반작용으로 말입니다.

긴 각기둥을 그립니다(그림 49).

하나는 입방체로 그립니다(그림 50).

여기에 건축적 감흥의 기초가 있다고 확언합니다. 충격이 생겨납니다. 여러분은 각기둥을 비례대로 공간에 일으켜 세우며 말했습니다. "자, 나처럼 이렇게 서 있다."

만일 입방체의 각기둥이 더 가늘어지고 높이 솟아오르거나 길어진 각기둥이 납작해지고 펼쳐진다면, 충격을 더욱 분명하게 느낄 겁니다. 여러분은 **사물의 특성**을 보며, 그 특성을 창조합니다(그림 51).

여러분이 섬세하거나 거칠게, 복잡하거나 명쾌하게 이 작품에 무엇을 덧붙이든 상관없이 여기에 있는 모든 것은 이미 확정되었습니다. 처음의 감흥은 바뀌지 않을 겁니다.

이 감명 깊은 진리를 몸소 느끼려고 애쓸 가치가 있습니다. 모든 시대의 양식들 중에서 우리가 좋아하는 것을 연필로 그리기 전에 '**나는 내 작품을 결정하였다**'고 거듭 말합시다. 더 나아가기 전에 증명하고 숙고하고 평가하고 정의합시다.

이제 건축적 감흥이 우리의 정신과 마음에 어떻게 계속해서 작용하는지 보겠습니다.

문과 창, 또 다른 창을 하나씩 그립니다(그림 52).

무슨 일이 일어났습니까? 문과 창을 내는 일은 의무이자 실제적인 문제였습니다. 하지만 건축적으로는 무슨 일이 일어났습니까? 우리는 기하학적인 장소를 창조했고 방정식의 항을 제의했습니다. 조심하십시오! 우리의 방정식이 잘못되어 풀리지 않는다면, 창과 문을 잘못 배치해서 아무것도 올바르지 않다면, 즉 아무것도 수학적으로 정확하지 않다면, 이 구멍들과 이 구멍들로 규정된 벽들의 서로 다른 표면들 사이에 무엇이 더 존재할 수 있단 말입니까?

로마의 케피톨리누스 언덕에 있는, 미켈란젤로가 설계한 주피터 신전을 봅시다(그림 53). 처음에는 입방체를 느낍니다. 그 다음에 양쪽 끝의 별관, 중심과 계단을 느낍니다. 다음에는 **이 다양한 요소들이 조화를 이루는 것**을 깨닫습니다. 조화는 관계성, 곧 **통일성**을 말합니다. 획일성이 아니라 대비에 따른 수학적 통

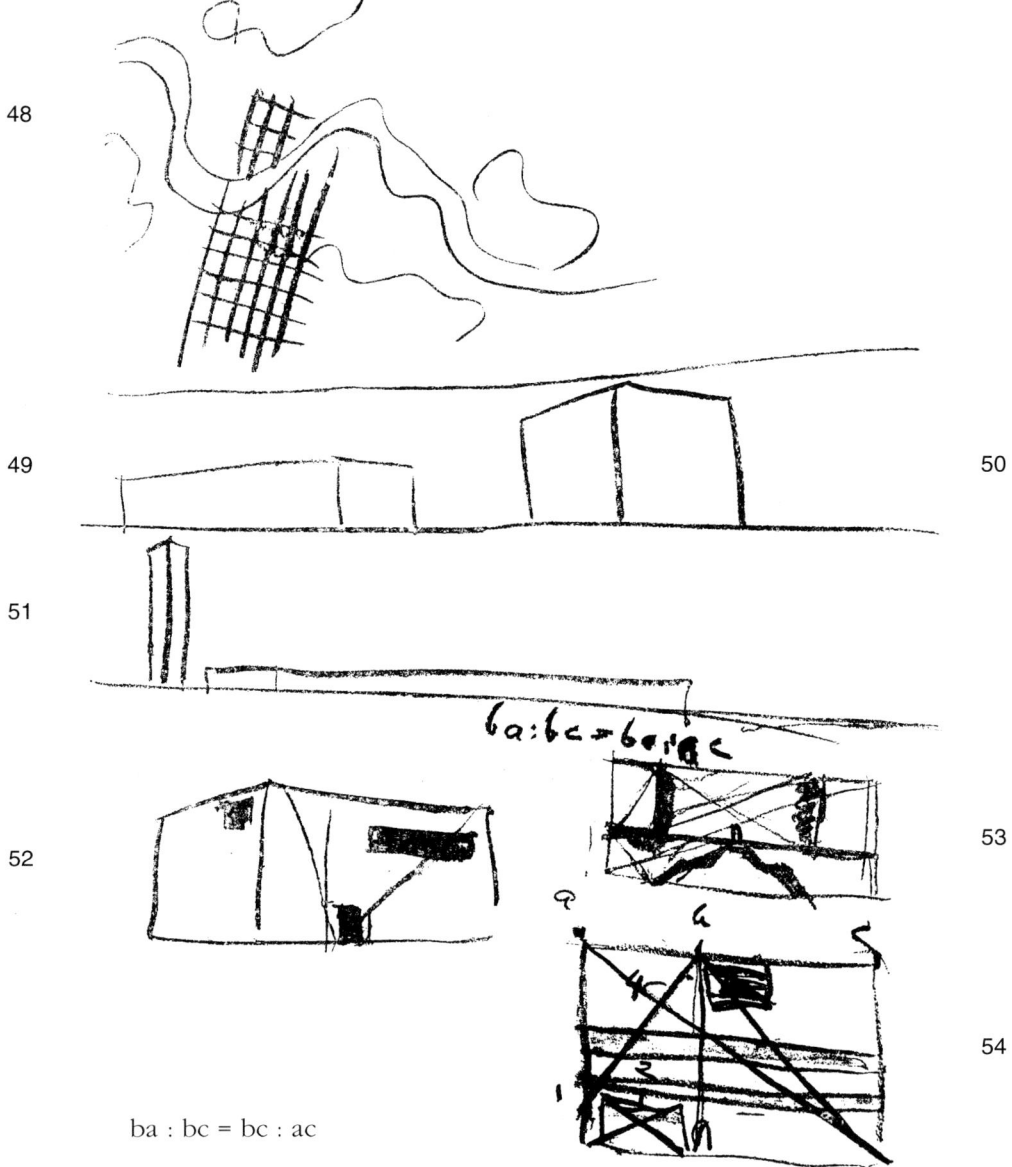

ba : bc = bc : ac

일성입니다. 이것이 바로 **케피톨리누스** 언덕에 있는 주피터 신전이 걸작인 이유입니다.

나는 건축적 감흥을 일깨우는 근본 요소들을 실행하고자 열정을 다했습니다. 가르슈 저택역주46의 비율을 정의하는 도해를 보십시오(그림 54). **비율의 발명**, 채움과 비움의 선택, 해당 부지에 적용되는 법규에 따라 폭을 고려한 높이 결정으로 시적인 창조물을 만들었습니다. **이 창조물은 지식이나 경험, 개인적인 창조력의 어디에서 비롯되었는지 알 수 없는 깊은 근원에서 솟아나오는 작품입니다.** 하지만 강한 호기심과 열성적인 정신으로 작품의 운명이 이미 결정되어 새겨진, 가공되지 않은 계획의 핵심을 곧바로 읽으려 애씁니다. 이를 해독하고 수정한 결과는 '황금분할'에 기초를 둔 정돈입니다. 서로 직각을 이루며 만나는 대각선들의 놀이, 수평선들 사이에 1, 2, 4와 같은 산술적인 질서 관계에 기초를 둔 수학적인(산술적인 또는 기하학적인) 정돈입니다. 그래서 이 파사드는 전체를 이루는 모든 부분과 조화를 이룹니다. 정확성은 결정적이며 명확하면서도 진실한, 변하지 않고 영속적인 것, 곧 **건축적 순간**을 창조했습니다. 건축적 순간은 우리의 주의를 끌어내고, 정신을 정복하고 지배하고 강제하고 복종시킵니다. 이것이 건축의 논증술입니다. 주의를 일깨우기 위해, 공간을 강력하게 점유하기 위해 먼저 완벽한 형태의 첫 번째 표면이 필요했습니다. 다음에는 전진과 후퇴의 움직임을 만드는 튀어나오거나 들어간 부분들을 덧붙여서 표면의 평탄함을 돋보이게 했습니다. 그런 다음, 창문을 뚫자(창문으로 만들어진 구멍은 건축 작품을 이해하는 데 필수 요소임.) 건축에 율동, 크기, 박자가 생기면서 두번째 표면들의 중요한 놀이가 시작되었습니다.

건축의 율동, 크기, 박자, 주택의 내부와 외부.

직업에 충실하고자 우리는 주택의 내부에 온갖 정성을 기울입니다. 사람들은 안으로 들어가서 첫 번째 감정인 충격을 받습니다. 여기서 크기가 다른 방을 잇는 방의 크기와, 형태가 다른 방을 잇는 방의 형태에 깊은 인상을 받습니다(그림 55). 이것이 건축입니다!

여러분이 방으로 들어가는 방법에 따라, 달리 말하면 실내 벽에 있는 문의 위치에 따라 느낌이 달라질 것입니다. 이것이 건축입니다!

어떻게 건축적 감흥을 받게 되는 걸까요? 그것은 여러분이 지각하는 관계들에서 영향을 받습니다. 그 관계들은 무엇을 통해 맺어지겠습니까? 그것은 **빛** 아래에서 여러분이 보는 사물들을 통해서, 여러분이 보는 표면들을 통해서입니다. 더 나아가서 햇빛이, 종種의 근원에 작용한 효과로 인간이라는 동물에 영향을 미칩니다(그림 56).

다음에는 창문을 어디에 만들 건지 장소의 중요성을 고찰해 보십시오. 방의 벽을 통해 빛을 받아들이는 방법을 연구해 보십시오(그림 57). 사실은 벽을 통해 빛을 받아들이는 방법에서 중요한 건축적 놀이가 실행되었으며, 그 방법에 따라 건축적 감흥이 결정적으로 좌우됩니다. 이제 빛을 받아들이는 방법이 양식이나 장식의 문제가 아님을 알게 됩니다. 바람을 따라 밀려온 구름이 하늘을 가득 채운 초봄의 어느 날을 생각해 보십시오. 여러분이 실내에 있다고 합시다. 구름이 하늘을 가리면 얼마나 슬픈지! 바람이 구름을 몰아가고 창문을 통해 햇빛이 들어오면 얼마나 행복한지! 새로운 구름이 여러분을 그늘로 가리면 여러분은 여름이 되기를, 그리하여 빛이 언제나 밝게 비치기를 얼마나 간절하게 바랄지!

물체 위에 비치는 빛, 빛의 정확한 강도, 연속되는 볼륨은, 과학자들이 묘사하고 분류하고 상술한 것처럼, 우리 자신의 민감한 존재에 작용하며 육체적이고 생리적인 감각을 자극합니다. 수평선이나 수직선, 심하게 부서진 톱날이나 부드러운 파동, 원이나 정사각형의 폐쇄적이면서도 동심원적인 형태, 바로 이것들이 우리에게 아주 깊이 작용하고 우리의 디자인에 영향을 미치며 우리의 감정을 결정합니다. 율동(그림 58), 다양성이나 단조로움, 일관성이나 불일치, 놀랍거나 실망스러운 사건, 빛의 유쾌한 충격 또는 어둠의 으스스함, 양지바른 침실의 고요함 또는 어두운 구석에 가득한 방의 고뇌, 열광이나 의기소침, 이런 것들이 아무도 피할 수 없는 일련의 느낌에 따라 우리의 감수성에 영향을 미치는, 내가 조금 전에 그린 것들의 결과입니다.

선이 지닌 아주 강력하고 거침없는 표현의 진가를 여러분이 인정하기를 진심으로 바랍니다. 이제부터 여러분이 사소한 장식적 결과에서 벗어나 정신적으로 자유로움을 느끼고, 특히 여러분이 미래의 건축을 설계할 때 진정한 연대기를, 본질적인 것을 분명하게 하는 **체계**를 설정하는 데 필요하기 때문입니다. 건축의 본질은 여러분이 행하는 선택의 질과 정신력에 달려 있지, 값비싼 재료나 대리석, 희귀한 목재에 있지 않으며 그저 마지막 수단으로 덧붙이는 장식에 있지 않음을, 다시 말해 장식이 궁극적으로는 별로 쓸모없음을 진심으로 깨닫기를 바랍니다.

최고의 순간에 인간의 전문 지식이 표현되는 숭고함을 여러분이 느끼도록 이끌

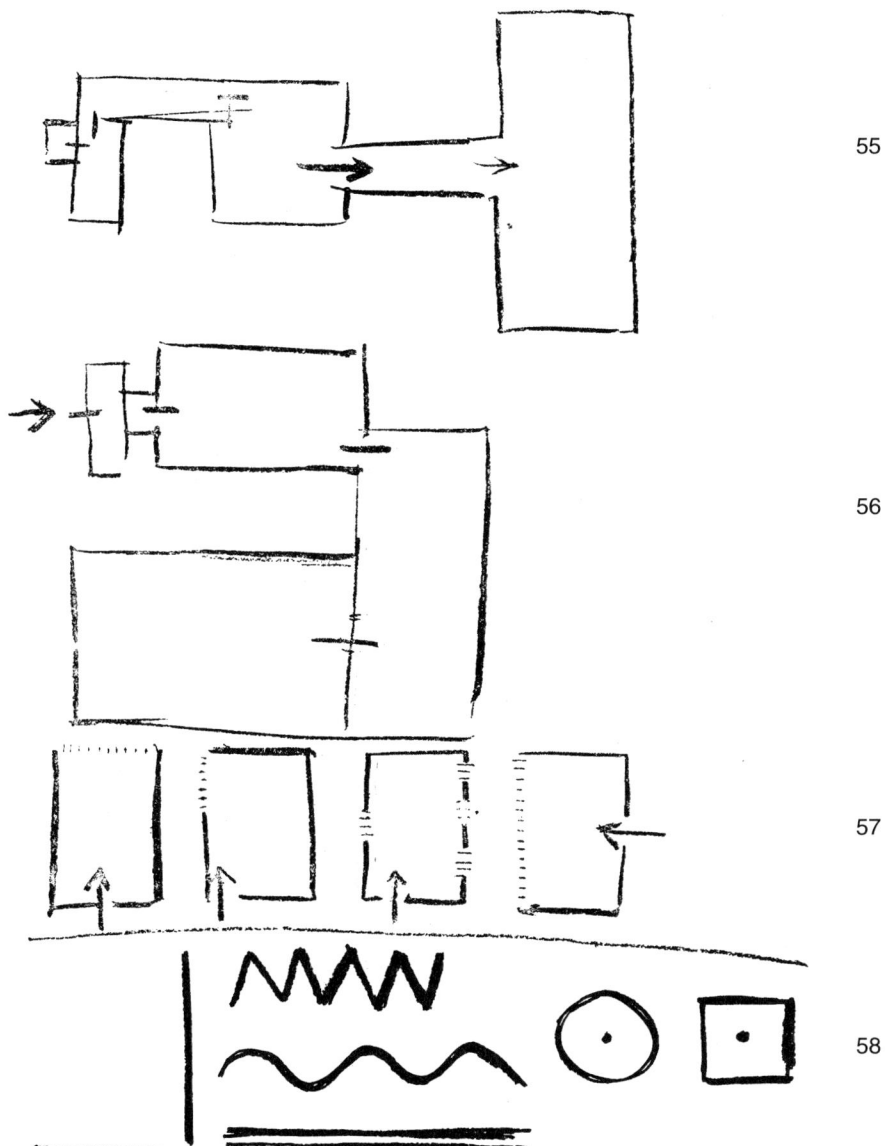

고 싶습니다. 나는 이것을 '**모든 치수의 장場**'이라고 부릅니다. 자, 다음을 보십시오.

나는 브르타뉴 지방에 있습니다. 바다와 하늘의 경계는 단순한 선입니다. 드넓은 수면이 나를 향해 펼쳐졌습니다(그림 59). 나는 더할 나위 없는 평온이 주는 즐거움을 감상합니다. 오른쪽에 바위가 있습니다. 마치 수면 위의 부드러운 파동 같은 모래 해변의 구불구불함이 나를 기쁘게 합니다. 나는 걷다가 갑자기 멈춰 섰습니다. 내 눈과 수평선 사이에서 깜짝 놀랄 만한 사건이 일어났습니다. 화강암으로 된 수직 바위가 선돌처럼 그곳에 서 있습니다. 바위의 수직성은 수평선과 직각을 이룹니다. 결정화, 곧 대지에 고착된 것입니다. 이곳에서 멈추는 이유는 여기에 완전한 교향곡과 훌륭한 관계성, 고상함이 있기 때문입니다. 수직선이 수평선의 의미를 확실하게 합니다. 하나가 다른 것을 계기로 살아납니다. 이것이 통합의 능력입니다.

나는 곰곰이 생각합니다. 어째서 그토록 충격을 받았을까? 왜 이 감흥이 다른 환경에서 또 다른 형태로 내 삶 속에 생겨났는가?

나는 파르테논 신전의 압도적인 힘을 지닌 장엄한 엔타블레이처를 떠올립니다(그림 60). 이와는 대조적으로, 감수성은 비교적 풍부하지만 마치 발육부진인 듯한 미완성 작품들을 생각합니다. 아크로폴리스 언덕 위 파르테논 신전에 쓰인 기막힌 작은 홍예의 영광에 이르지도 못한 어설픈 천재들이 만든 루앙의 뵈르 탑^{역주47}(그림 61)과 화염양식의 궁륭(그림 62)들을 말입니다.

나는 선 두 개로 **모든 치수의 장**을 그리고, 마음속으로 인간이 만든 작품의 숫자를 비교해 본 뒤 말합니다. "자, 이것으로 충분해."

얼마나 빈약하고, 얼마나 하찮으며, 얼마나 터무니없는 한계입니까! 모든 것이, 건축적 시학의 핵심이 이 안에 있습니다. 넓이와 높이, 이것으로 충분합니다(그림 63).

내 생각을 잘 이해했는지 궁금합니다.

넓이와 높이! 여기서 나는 더욱 위대한 건축의 진리를 찾습니다. 나는 우리가 설계하는 작품이 고립되거나 동떨어지지 않음을 깨닫습니다. 칸막이 벽들, 바닥들, 천장들이 주위 환경의 구성요소임을, 브르타뉴 지방의 바위 앞에서 나를 딱 멈추게 한 조화가 언제 어디서나 늘 존재함을 깨닫습니다. 작품은 저절로 만들어지지 않습니다. 외부는 존재합니다. 외부는 방 안에 있는 것처럼 전체 안에 나를

63 모든 치수의 장 le lieu de toutes les mesures

가둡니다. 조화는 멀리서 어디서나 모든 것 안에서 근원을 받아들입니다. 우리는 '양식들'으로부터, 종이 위의 예쁜 그림으로부터 얼마나 멀리 있습니까!

여러분은 똑같은 주택, 단순한 직사각형의 프리즘을 봅니다.

우리는 평원 위에, 평탄한 대지 위에 있습니다. 내가 대지를 어떻게 구성하는지 보시겠습니까(그림 64)?

우리는 나무가 우거진 투렌 지방의 작은 언덕에 있습니다. 똑같은 주택이 다르게 보입니다(그림 65).

여기, 알프스 산맥의 거친 윤곽이 분명하게 드러나는 곳에 집이 있습니다(그림 66)!

우리의 예민한 심장은 번번이 온갖 보물들을 포착하지 않았습니까!

건축의 환경을 결정하는 원래 그대로의 현실은, 그것을 보는 법을 알고 그것으로부터 풍부한 이익을 얻고 싶어하는 이를 위해 늘 존재합니다.

직사각형의 프리즘인 똑같은 주택이 여기서는 교차로에 자리 잡아 주변 건물의 영향을 받습니다(그림 67).

여기서는 주택이 미루나무 길 끝에 놓여 장엄한 분위기로 약간 감동에 젖어듭니다(그림 68).

여기에는 가로수가 없는 도로의 끝, 좌우로 작은 숲이 늘어선 곳에 주택이 있습니다(그림 69).

마지막으로, 도로의 끝에서 갑작스럽게 주택이 나타납니다. 지나가는 남자의 모습은 파사드를 정돈하는 '인간의 척도'와 긴밀하게 연관되어 무대 위 배우의 몸짓처럼 명확하게 윤곽을 그립니다(그림 70).

건축에 대한 탐구를 시작하여 지금 우리는 단순성의 영역에 이르렀습니다. 위대한 예술은 단순한 방법으로 만들어집니다. 이것을 끊임없이 되풀이해서 말하려 합니다.

역사는 단순성을 향하는 정신의 경향을 보여 줍니다. 단순성은 판단과 선택의 결과입니다. 숙달된 기량의 징표이기도 합니다. 사람들은 복잡성에서 멀어지면서 의식의 상태를 보여 주는 수단을 창안합니다. 정신적인 체계는 확실한 형태 놀이

64 외부는 언제나 하나의 내부다 le dehors est toujours un dedans

68

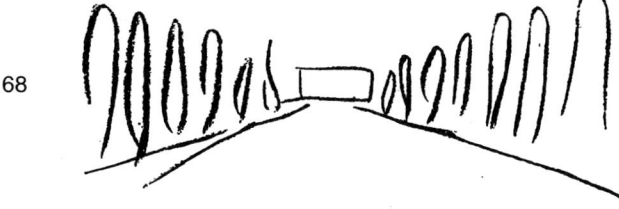
69

70

를 통해 분명하게 드러납니다. 이것은 **확언**이나 마찬가집니다. 혼동에서 기하학적 명료성으로 이끄는 걸음이 될 겁니다. 근대의 여명기에 중세 이후 사람들이 사회적·정치적 형식을 안정시켰을 때, 적당한 평정이 정신의 명료성을 자극하는 왕성한 욕구를 북돋웠답니다. 르네상스의 큼직한 코니스는 땅에 기초를 두고 하늘을 배경으로 확고한 비례의 놀이를 보여 줍니다(그림 71). 경사지붕의 사선은 받아들이지 않았습니다(그림 72). 루이 왕들과 나폴레옹의 치하에서 '관계들의 장'을 명백하게 하려는 의지가 더 강하게 느껴집니다(그림 73).

이것은 지적 쾌락주의자들이 강하게 보완한 고전주의 시대입니다. 건축의 외적 표식역주48에 몰두하여 활기찬 고딕의 충실함에서 멀어진 셈입니다. 평면과 단면은 보기에 나빠졌습니다. 막다른 골목에 가까워졌습니다. 우리는 아카데미즘에 채여 비틀거립니다.

철근 콘크리트는 내부의 빗물 배관과 함께(다른 많은 구조적인 혁신과 함께) 옥상 테라스(그림 74)를 가져왔습니다. 이제는 정말 더는 코니스를 그릴 수 없습니다. 코니스가 사라진 것은 건축의 실재입니다. 그 기능은 이제 필요없습니다. 코니스 대신에 하늘을 배경으로 윤곽을 그리는 건물 윗면의 날카롭고 단순한 선이 드러납니다.

마침내 여기에 조형예술가들이 잘 아는 쓸모 있는 장치인 필로티가 생겨났습니다. 필로티는 사방에서 볼 때 공중에서 무엇인가를 떠받치는 놀라운 수단이자 **'관계들의 장'**, **'모든 치수의 장'**입니다. 지금까지 결코 명료하지 않던 것을 해석하고 측정하게 한, 공중에 떠 있는 프리즘입니다. 철근 콘크리트나 철 덕분에 가능해진 일입니다(그림 75).

단순성은 빈곤이 아니라 선택이자 구별이며, 순수성을 목표로 한 결정체입니다. 단순성은 일종의 집중입니다.

입방체들도 더는 마구잡이로 쌓아 방치한 현상이 아니라 조직적이며 분명히 의식적인 행위이자 정신성의 현상입니다.

가끔 상상력이 넘치지만 실상은 조랑말이 무작스럽게 걷어차는 듯한 비약을 정돈하고자 한마디만 더 하겠습니다. 나는 연구 여행을 하면서 본 아름다운 마을 풍경을 그립니다(그림 76). 여기에는 둥근 지붕이, 저기에는 종루나 종탑이, 이쪽에는 통치자가 사는 정사각형 궁전이 있습니다. **도시의 윤곽**을 표현한 것입니다. 비례가 없고 결과도 모르니 도시의 윤곽을 그린 것처럼 (유행에 따라) 주택의 윤곽을

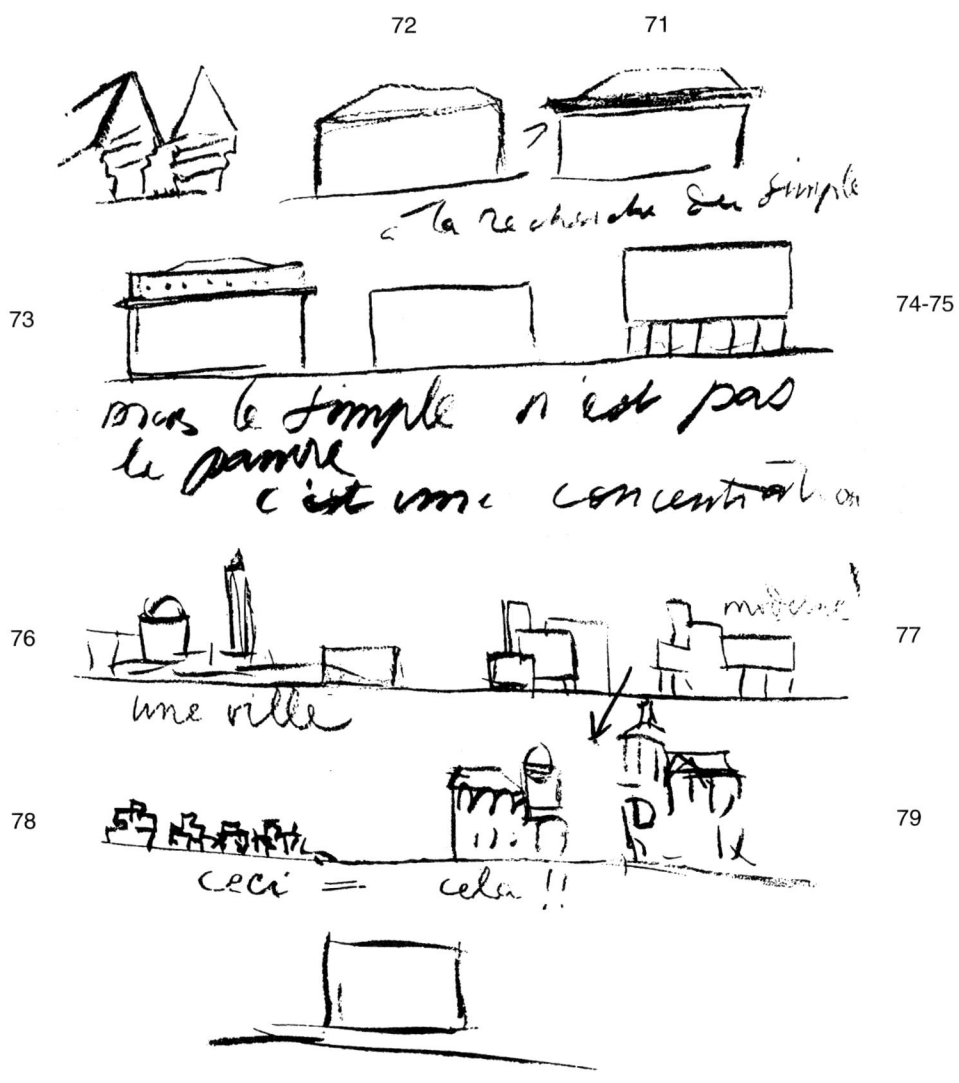

71, 72 단순성의 탐구 à la recherche du simple
73 그러나 단순성은 빈곤이 아니라 집중이다 mais le simple n'est le pauvre, c'est une concentration
76 도시 une ville
77 근대적인 moderne
78, 79 이것 = 저것! ceci = cela!!

그릴 겁니까(그림 77)? 만일 도로나 도시에서 이렇게 변형된 주택들이 늘어난다면 결과는 비참할 것입니다. 소란스럽고 들쭉날쭉하고 불협화음을 일으킬 겁니다(그림 78). 그러면 비록 능숙하진 않지만 의도만큼은 훌륭한 결과와, 유럽의 많은 도시처럼 부에노스아이레스에 우글우글한 도로들의 외관(나태와 인습적인 겉치레로 가득 찬 끔찍이도 진부한 상점가) 사이에 무슨 차이가 있습니까(그림 79)?

※※

도시의 교향곡을 준비하기 위해, 우리의 지성에 꼭 필요한 다양성을 아껴 둡시다. 도시계획과 건축에 관한 현대의 많은 문제들은 넓이와 높이에서 규모가 새로운 요소들을 도시에 가져올 것입니다. 통일성은 세부에서 나타납니다. 곳곳에서 아우성이 일어날 겁니다.

※※

나는 주택 주위에 공간을 들여왔습니다. 공간의 넓이와 그 위에 세워지는 것의 크기, 시간, 기간, 볼륨, 율동, 양을 고려했습니다. 도시계획과 건축.

모든 것이 도시계획이며 모든 것이 건축입니다. 이성과 열정, 이것들이 모여 영감이 반영된 작품을 낳습니다.

이성은 방법을 찾습니다.

열정은 수단을 보여 줍니다.

살기 위한 기계인 도시나 주택의 계획에서부터 건축 작품은 감수성의 단계로 들어갑니다.

우리는 감동받았습니다.

최근에 쓴 『**주택 – 궁전**』을 인용하며 결론을 맺겠습니다.

건축은 아이디어를 고양합니다. 건축은, 구조의 단단함을 보장하고 편안함을 추구하는 욕구를 충족시키는 데 몰두한 정신이 단지 유용함이 아닌 더 고상한 의도에 자극받아, 우리에게 활기와 기쁨을 주는 시적인 힘을 드러내는 창조의 순간에 나타나는 사건이기 때문입니다.

네 번째 강연
1929년 10월 10일 목요일
정밀과학회

사람의 몸을 기준으로 한 주거 단위

어느 나라나 산업혁명으로 대도시에 몰려든 사람들이 살 주택 건설이 시급한 문제입니다. 이 문제는 엄연한 사실이니 여기서 상세히 말할 필요는 없을 겁니다. 주택의 양이 문제입니다. 더욱이 엄밀한 경제성이 필요한데, 그 이유도 이미 알고 있습니다.

건축만이 기계화의 방식에서 여전히 동떨어졌습니다. 그 이유는 건축 교육이 아카데미를 추종하는 여러 대학에서 이루어졌기 때문입니다. 그들은 현재가 아닌 과거를 가르칩니다. 정부는 지금까지 현재의 신조를 검증하기보다는 다른 관심거리에 몰두한 여론에 건축에 대한 아주 낡은 개념과 그들의 졸업증서를 공식적으로 떠맡겼습니다. 여론은 이를 받아들이거나 적어도 너그럽게 봐줍니다. 건축가들은 건물을 짓습니다. 여러 직업이 이를 통해 살아갑니다. 그들의 로비는 국회와 장관들에게 큰 영향력을 행사합니다. 장관들은 (불가침의 권위를 지닌) 협회의 힘을 빌어 시청과 도청, 학교 및 모든 곳에서 건축의 가치와 표준 및 정론을 결정할 공적인 발주를 할당합니다. 이것은 분명 여러분에게는 놀라운 일이 아닐 겁니다. 부도덕한 고리가 단단히 얽혔습니다. 부처는 자신의 배꼽만 주시할 뿐입니다.^{역주49}

아, 실례되는 말이지만, 이런 건축적 교리와 악습으로는 **나라의 경제력에 적합한 비용으로 주택을 지을 수 없으므로**, 사람들에게 집을 주지 못합니다! 우겨도 소용없습니다.

전반적인 경제 상황은 협회들에게 이렇게 대답합니다. "아니오, 여러분에게 줄 비자금이란 터무니없으며, 그런 자금을 갖고 있지도 않습니다."

우리는 막다른 골목에 있으니, 여기서 나가야 합니다. 그렇지 못하면? 혁명이 일어날 것입니다.

건축의 혁명 말입니다!

✻ ✻ ✻

이것은 사실상 인간에게 집을 주는 일입니다. 대체로 집안일과 연관됩니다. 누군가에게 주택을 제공한다는 것은, 르네상스 시대의 비뇰라와 그리스 사람들, 노르망디 지방 사람들과는 아무런 법률적 관계가 없이 지극히 중요한 요소들을 보장한다는 의미입니다. 다음을 보장합니다.

      a) 양지 바른 바닥
      b) 사람, 추위, 더위 따위의 침입에서 보호
      c) 아파트의 서로 다른 부분들 사이에서 가장 빠른 동선
      d) 현시대에 알맞은 주거용 물품 선택

서로 다른 요소들은 1921년에 발행한 『에스프리 누보』에서 '살기 위한 기계'라고 부른 물질적 유기체를 구성합니다. 이 말이 바로 유행되어 오늘날 두 가지 논쟁의 장에서 나를 괴롭힙니다. 물론 **아카데미 회원들**의 비난(두렵다. 친애하는 동료여, 그것은 공포와 혐오다.)과 (오해로, 왜냐하면 자신의 억설에 이상하게 빠진 비난을 발견하기 때문에) 전위대들의 비난입니다(이 사람은 서정성에 빠져 살기 위한 기계를 배반하였다). 신경 쓸 필요는 없습니다. 별로 중요치 않은 일이니까요.

이 표현이 격렬한 분노를 일으켰다면, 그것은 모든 이의 마음속에 명백하게 기능 · 효율 · 작업 · 생산의 개념을 상징하는 '기계'라는 낱말이 포함되었기 때문일 겁니다. '살기 위한'이라는 말도 아주 뚜렷한 의견 차이를 보이는 윤리에 대한, 사회적 신분에 대한, 존재의 조직화에 대한 개념을 명백하게 뜻하기 때문입니다.

세상의 여러 계층들 속에서 중요한 지적 논점이 일치되지 않는 것은 바로 **사는 이유**입니다.

어떻게 하면 이 주제를 제한된 강연 시간 안에 다룰 수 있을까요? 그것은 불가능합니다. 하지만 이것은 가장 아름다운 주제입니다. 앞서 행한 여러 강연들에서 이 주제를 언급했습니다(앞으로도 그럴 겁니다). 열 번의 강연이 끝나면, 여러분은 이 주제에 관한 내 생각을 알게 될 겁니다.

오늘은 사람의 몸을 기준으로 한 주거 단위를 체계적으로 탐구하는 몇 가지 경우를 분석하겠습니다. 여기서 하나의 지침을 끌어낼 수도 있을 겁니다.

먼저 여객선의 생활에 관한 낱말들을 몇 가지 생각해 봅시다. 보르도와 부에노스아이레스 사이를 항해하는 보름 동안 나는 세계의 휴양지에서, 이발사와 세탁부에게서, 빵장수와 청과상과 정육점 주인에게서 멀리 있었습니다. 나는 예약한 선실에서 큰 여행용 가방을 열어 짐을 풀었습니다. 작은 집에 세든 신사의 처지가 된 셈입니다.

높은 곳에 놓인, 팔걸이나 등받이가 없는 긴 의자를 닮은 침대가 있습니다. 나는 이 침대에서 잠을 잘 테고, 적도를 지날 때는 잠깐 낮잠을 자기도 할 겁니다. 또 다른 침대가 있지만, 나는 혼자입니다. 거울이 달린 옷장이 있습니다(비놀라의 아카데미 생활과 마찬가지로 사람들의 삶에 들어온 가구 한 점입니다. 이것도 시대에 뒤떨어진 물건입니다. 그러나 바다 위에 있기 때문에 '포부르Faubourg' 제작자는 일정한 크기를 지켜야 했습니다. …… 그리고 방은 비쌉니다). 이 옷장은 더 좋게 고안될 수 있지만 그대로도 꽤 쓸모 있습니다. 옷장을 마주 보고 장식 서랍 세 개가 있는 책상(부인용 소형 경대로도 쓸 만한)이 두 침대 사이에 있습니다. 맨발에 기분 좋게 닿는 양탄자가 깔려 있습니다(맨발이 얼마나 즐거운지)! 작은 문을 통해 나가면 큰 세면기, 속옷을 넣는 벽장, 화장품을 넣어 두는 서랍, 거울, 많은 고리들, 환한 전기 불빛이 있습니다.

두 번째 문을 통과하면 욕조, 비데, 변기, 샤워 시설이 있고, 바닥에는 배수 시설이 있습니다.

침대나 책상에서 손이 닿는 곳에 전화기가 있습니다.

이것이 전부입니다. 침실 크기는 가로 3미터 세로 3.1미터고 전체 넓이는 가로 5.25미터 세로 3미터, 즉 15.75제곱미터입니다. 이 숫자를 기억하십시오.

이것이 바로 지체 높은 신사가 안에서 편히 여행할 수 있도록 배려한 '호사스러운' 숙소입니다.

그는 행복해하며 15제곱미터 안에서 자고 씻고 쓰고 읽고, 친구를 초대하는 등 집 안에서 이루어지는 모든 일상생활을 합니다.

여러분은 이런 질문을 하며 내 말을 가로막을 겁니다. "그러면 먹는 것은? 부엌은? 요리사나 방청소를 하는 남녀 하인은?" 나는 여러분의 질문을 기다렸습니다! 여러분이 이런 질문을 하도록 유도한 겁니다.

나는 **음식**에는 관여하지 않습니다. 음식은 냉장고, 부엌, 조리기, 식기세척기 등을 사용하며 종업원들이 활동하는 식당에서 만들기 때문입니다. 이 배에는

1,500~2,000명 정도의 여행객이 탔습니다. 부엌에서 50명이 일한다면, 나만을 위한 집안일을 하는 데 1/40(=50/2,000)의 요리사만 고용한 셈입니다. 1/40의 요리사만으로 내 마음대로 할 수 있는 비법을 발견했습니다. 하지만 하인들은? 여러분은 어떻게 편히 지냅니까! 미안하지만, 이것이 전부가 아닙니다. **나는 요리에 관여하지 않으며, 요리사와 아무 상관이 없고, 장을 보라고 명령하거나 돈을 주지도 않습니다.** 심지어 여러분이 동의한다면, 여러분 모두를 강연이 끝난 뒤 저녁식사에 초대할 수도 있습니다. 여러분은 모스크바 캐비아, 아르헨티나 푸체로, 프랑스 브레스 지방의 닭고기를 먹을 수 있고, 독한 흑맥주나 뮌헨 맥주를 마시거나 베브 클리코 샴페인을 터뜨릴 수도 있습니다. 이런 일들이 나를 전혀 성가시게 하지 않습니다!

아침 7시가 되면 내 방 담당 사환이 아주 정중하게 나를 깨우고 블라인드와 창문을 엽니다. 그는 나에게 초콜릿을 가져다 줍니다. 그런 다음, 나는 글을 쓰고 책을 읽습니다. 산책하러 나가기도 합니다. 사환은 방과 화장실, 목욕실을 청소합니다. 오후에는 차와 함께 최근 뉴스가 실린 선박신문을 가져다 줍니다. 저녁 7시에 그는 신중하게 내 만찬 의상을 준비해 놓습니다. 밤에 돌아오면 침대는 정돈되었고 야간등이 켜져 있습니다. 얼마나 안락한 삶입니까.

내 방 담당 사환은 이런 식으로 약 스무 명의 여행객을 돌봅니다. 나는 1/20의 **사환**을 마음대로 할 수 있습니다. 생활비가 얼마나 줄어드는지! 우리는 실제로 이런 조건으로 사환을 채용할 수 있습니다. 지금까지 나는 1/40의 요리사와 1/20의 사환만 고용했으니 총 3/40의 일꾼만을 고용한 셈입니다! 얼마나 생활비가 절약되는지 거듭 말합니다. 사태를 숙고하며 콜럼버스 달걀[역주50]의 희고 둥근 부분이 느껴질 때까지 이 말을 되뇝니다.

발견을 계속해 봅시다. 나는 이렇게 말합니다. "존, 여기 세탁물이 있어요. 이걸 모레까지 세탁하고 바지는 내가 이발소에 있는 동안 다림질해 줘요."

이런 예는 얼마든지 있습니다. 나머지는 여러분이 생각해 보면 되겠지만, 내가 계산한 것은 이렇습니다.

선박회사의 특별한 배려에 만족하는 '디럭스' 고객인 나는 15제곱미터를 차지합니다. 나는 3/40의 일꾼을 고용합니다. 나는 그의 개인적인 일에는 아무 상관도 하지 않습니다. 존이 담배를 피우는지, 소설을 읽는지, 극장에 가고 싶어하는지 알 필요가 없습니다. 나는 새벽 2시에 존을 전화로 부릅니다. "존은 자니, 다른 사람을 보내 드리겠습니다." 이 사람은 폴입니다. "폴, ……씨를 친절히 모셔야 합니다."

냉장고가 있고, 부엌이 있으며, 난방도 됩니다. 냉·온수도 충분합니다. **항온저장고**'에는 시원한 물이 들어 있습니다. 정장을 하고 가는 화려한 식당이 있습니다. 그 식당은 나를 따분하게 하므로, 심술궂은 사람들이 많은 작은 식당에서 식사합니다. 마치 여러분이 새신랑인 것처럼 비위를 맞춰 주는 호텔 지배인, 웨이터, 술시중을 드는 사람도 많습니다. 세탁소와 다림질하는 방도 있습니다. 모든 요구에 응답하고 직원을 보내 주는 전화교환소도 있습니다. 우체국과 전신국도 있습니다.

2,000명의 여행객을 7층에서 10층까지 태운 이 여객선 안에서 나는 다른 중요한 것에 주목합니다. 앞에서 말한 크고 훌륭한 방에서 나와 작은 복도를 지나면 **대로 같은** 큰 산책길인 '갑판'에 도착합니다.

마치 '대로'에서처럼 또 여러분 나라의 '플로리다' 도로에서처럼, 갑판에서 군중을 만납니다(그림 89). 거대한 옥상 테라스가 도시의 건물 위에 있는 것과 마찬가지로 또 다른 대로(구명보트로 막힌, 이건 사실입니다.)가 여객선의 높은 곳에 있습니다. 여객선 내부에는 도시 어디나 모든 집 위에 있는 것처럼 선실의 문마다 번호가 붙고 층마다 두 개씩 리우, 부에노스아이레스, 몬테비데오 등으로 이름을 붙인 수많은 도로가 있습니다. '**땅 위에**' 있지 않은 이 도로들이 나를 놀라게 합니다. 내가 새로운 사고의 흐름으로 '**공중 도로**'를 창조한 것과 비슷한 결과입니다.

내가 여러분에게 말하는 내용은 지극히 평범하며 지상과 해상의 모든 호텔에서 일상적인 일입니다. 그러나 **놀라운 점은**, 가정생활을 떠올린다는 겁니다. 산업화 시대 이전에 지은 집에 갇혀 사는 현대인이 겪는 일상생활의 고난 속에 앞에서 말한 것들을 통합하려고 꿈꾸는 일은 얼마나 오만해 보이는지.

이렇듯 노예인 우리에게 **자유가 생깁니다**. 해법은 아주 가까운 곳에 있습니다. 경제학, 사회학, 정치학, 도시계획, 건축이 해결책을 향해 우리를 끌고 갑니다. 그러나 이런 제안들에 분개하며 심각한 표정을 짓는 바보(난 이 단어를 고집합니다.)들이 있습니다. 그들은 인권을 선언하면서 '**자유**'를 내세웁니다!

조금 전에 여러분에게 공용 서비스 문제를 설명했습니다. 사람의 몸을 기준으로 한 주거의 최소단위는 15제곱미터였습니다. 쉽게 살펴보기 위해 열 배 더 큰 면적인 150제곱미터를 선택해 봅시다. 그리고 내부에서 불필요한 것을 모두 제거합시다.

시대에 뒤떨어진 개념이나 존재 조건에 대한 왜곡된 개념 때문에 우리는 그릇된 면적을 주택에 할당합니다. 그래서 두 배에서 다섯 배 높은 임차료를 지불해야 합니다. 게다가 고용인 비용과 그들이 일으키는 걱정거리까지 더해야 합니다. 빵을 만들려고 빵 굽는 사람을 두고, 케이크를 만들려고 케이크 요리사를 집에 둘 필요가 있습니까? 위에 든 논증이 그 예로 적절합니다. 우리는 생각하거나 받아들이려 하지도 않고, 인습적 사고와 산업화 시대 이전의 관습에 머물러 있습니다.

여기서 공용 서비스에 관한 논점의 중심에 다다릅니다. 현대의 도시계획과 주택은 모두 정확한 구성을 따라야 합니다. 건축 문제의 척도는 변할 것입니다. 개인용으로 건설된 10, 20, 30미터 길이의 파사드를 가진 건물은 변칙이며 시대착오입니다. 이것은 (겉모습이야 그럴 듯하겠지만) 바람직하지 못한 지불조건에 돈을 투자하는 것을 뜻합니다. 또한 다음 세대에는 거의 사용되지 않을 비효율적인 설비 증설을 고집하는 것입니다.

이와 반대로, 주택, 사무실, 작업장, 공장(빛이 비치는 바닥이라는 단순한 개념으로 일반화할 수 있는 건축적 사건)은 표준화, 공업화, 경영 합리화라는 새로운 방식을 사용합니다. 우리는 건물의 용적을 한없이 줄이고 각 가구의 비용과 각 사업의 엄청난 경상비를 절감할 뿐만 아니라, 논리적인 방법들을 통해 건설비용을 반으로 줄일 겁니다. 이 방법으로 도시계획에서 개천과 작은 강, 한편에 있는 강어귀와 강을 따라 자율적인 상륙장(주차장)이 있는 큰 강이나 동맥의 체계와 같은 순환의 문제를 해결할 수 있습니다. 건축에서는 도시에 아주 아름답고 쓸모 있는 초목이 펼쳐진 거대하고 장엄한 전망을 가져올 것입니다. 건설산업은 변화합니다. 결국 산업화 이전 방식으로 지은 건물은 사라질 것입니다. 건설은 이제 악천후 때문에 마비되거나 계절을 타는 산업이 아닙니다. 석공, 목공, 금속판공, 지붕 이는 사람, 내장공, 소목장이, 전기공 같은 어설픈 무리들이 아니라, 공장에서 준비되고 산업화로 완벽하게 제조되어 마치 자동차 차체를 조립하는 것처럼 현장에서 조립하는 '건식주택'[역주51]에 이를 것입니다.

아, 그러나 상공회의소는 무슨 생각을 합니까?

사람의 몸을 기준으로 한 주거 단위가 발전의 기초가 됩니다.

20년 동안 주의 깊은 관심을 기울여 우리가 어떻게 확신하게 되었는지를 여러분에게 보여 드리려 합니다.

　연구의 시작은 내가 피렌체 근교 에마에 있는 **샤르트루즈 데마**^{역주52}를 방문한 1907년으로 거슬러 올라갑니다. 나는 토스카나 지방의 음악적 풍경 속에서 언덕 꼭대기를 장식하는 **현대 도시**를 보았습니다. 전망 속에서 수도사들의 독방이 연달아 이어진 왕관 모양은 아주 고상한 윤곽을 그립니다. 독방에서는 평원을 내려다 보며, 더 낮은 층은 완전히 닫힌 정원을 향해 열립니다. 나는 주거에 관해 이보다 즐거운 해석을 본 적이 없습니다. 독방의 뒤쪽은 순환로를 향해 문이나 쪽문으로 열립니다. 순환로는 아케이드로 덮인 회랑입니다. 이 길에서 공용 서비스인 기도, 방문, 식사, 장례를 거행합니다.

　이 '현대 도시'는 15세기의 것입니다.

　그 빛나는 통찰은 늘 기억 속에 남았습니다.

1910년에 아테네에서 돌아오는 길에 다시 에마에 들렀습니다.

1922년 어느 날, 나는 동업자인 피에르 잔느레에게 이것에 대해 말했습니다. 우리는 레스토랑의 메뉴판 뒷면에 '빌라형 공동주택 immeubles-villas'을 충동적으로 그렸습니다. 아이디어가 떠올랐기 때문입니다. 몇 달 후 우리는 살롱 도톤^{역주53}의 대규모 도시계획 전시대에서 상세한 계획('3백만 거주자를 위한 현대 도시')을 선보였습니다. 그 후 1923년부터 이듬해까지 우리는 이 착상에 더욱 몰두했습니다. 나는 『**도시계획** Urbanisme』에서 주거 단위가 이미 도시의 구획 안으로 모여들었음을 설명했습니다. 그러나 사람들은 공중 정원^{역주54}의 취약점과 햇빛의 부족 등을 이유로 이 제안에 반대했습니다. 1925년에 열린 장식예술 박람회에서, 이사회의 거부와 박람회의 방침에 따라 우리를 가로막는 끊임없는 함정에도 아랑곳없이, 우리는 '빌라형 공동주택'의 주거 단위 전체와 도시계획(3백만 거주자를 위한 도시 투시도와 부아쟁 계획이라고 부른 파리 중심부의 투시도)을 **실제 크기**로 전시하기 위해 큰 로툰다^{역주55}를 가진 에스프리 누보관을 지었습니다. 박람회에서 제시한 한물간 프로그램(장식예술)에 대한 항의이자 대도시의 절박한 위기에 해답을 제공하는 것이었습니다. 그 후에 우리는 더 깊이 연구했고, 우리가 제시한 해법의 본질에서 끌어낸 '원동력을 가동했으며', 그 문제를 우리가 꿈꾸던 영역인 **건식공법 주택**으로 옮겨 왔습니다. 1927년에는 국제연맹 청사를 둘러싼 논쟁의 결과로, 제네바의 젊고 활력에 찬 사업가인 바너 M. Wanner 씨가 우리에게 '주거 단위'의 원리를 산업에 적용할 수 있도록 도움을 청했습니다. 마침내! 기계시대에 알맞은 생산에 이르기 위해 끈기 있고 치밀하게 모든 것을 가동했습니다.

아이디어를 실행하는 데에는 시간이 필요하고, 이를 밀고 나가려면 인내와 불굴의 의지가 있어야 합니다. 1907년에서 1927년까지 긴 시간이 필요했기 때문입니다.

이 기간 중 1914년에 전쟁으로 플랑드르[역주56] 지방에서 처음으로 파괴가 자행되었을 때, 나는 현대 주택의 문제에 닥쳐올 일을 예견했습니다. 전쟁이 3개월을 끌 것이고(왜냐하면 전쟁의 도구가 전쟁을 오래 끌기에는 너무 강력했기 때문입니다. 통치자들은 이를 잘 알았습니다!), 재건에는 6개월이 넘지 않을 거라는 점이었습니다. 그 후에는 생활이 평상으로 돌아갔습니다!

라이트[역주57]의 놀라운 미적 창안물과 페레[역주58]의 튼튼한 창조물을 제외하고는 현재의 건축 미학이 전통적인 건설 공법으로 일시적인 개축을 추구했을 때, 나는 이 프로그램에 응답하기 위하여 완전히 새로운 것, '총체적으로 고안되고' 사회적·산업적·미적으로 기능하는 것을 상상했습니다. 그 원리는 앞에서 강연한 **'기술은 시적 감흥의 기반이다'** 에서 전체를 개괄하여 제시했습니다. 그러나 마을, 임대 주택, 도시 주택, 국제연맹 청사, 모스크바의 센트로소유즈 청사, 세계도시 등에서 우리가 제기한 문제점들을 통해 보편적인 이론인 **'건축적 통일성을 찾아서'** (『주택-궁전』의 소제목)를 이끌어 낸 최근에야 비로소 이 체계에 대한 전체적인 인식이 생겼음을 고백합니다. 또다시 1914년에서 1929년까지 긴 시간이 필요했습니다.

여기에 **'돔이노 Dom-ino' 주택**이라 부르는 1914년의 해법이 있습니다. 나는 플랑드르 지방의 건축으로 유명한 오래된 주택들을 연구합니다. 그 주택들을 개략적으로 그려 보고, 15~17세기의 유리 주택임을 깨닫습니다(그림 80). 이런 것을 상상합니다. 건설회사가 거푸집 작업도 하지 않고 정교한 기계로 여섯 개의 기둥과 세 개의 바닥판 및 계단으로 구성된 주택의 골조를 완성할 것입니다. 치수는 가로 6미터 세로 9미터입니다. 표준 기둥은 4미터의 간격을 띄고 세우며, 양쪽의 캔틸레버에는 4:4=1미터의 돌출부분이 있습니다. 이 면적은 적당합니까(그림 81)?

이 골조 안에서 수많은 평면 조합을 시도했습니다. 모든 것이 가능했습니다(그림 82).

나는 미처 의식하지 못한 채 가늘고 긴 창이나 유리벽을 반사적으로 만들었습니다(그림 83).

80 1914 / 플랑드르 지방 FLANDRES
84 표준적인 구성요소로 조합된 주택을 예측 la thèse de la maison à sec

미래의 전망이 드러났습니다. 일단 건설회사가 골조를 만들면 공습으로 집을 잃은 주민이 폐허에서 주워 모은 타다 남은 재료들을 가지고 자기 생각대로 주택을 직접 완성할 수 있습니다. 주민은 건설회사의 모회사로부터 조합할 수 있는 표준 유리창, 옷장(그림 84), 서랍, 문을 구입할 수 있습니다. 어디서나 공통되는 기준 치수에 따라 수많은 조합이 가능합니다. 이것은 완전히 새로운 방식입니다. 문과 창문을 석조 벽에 구멍을 내고 설치하지 않습니다. 문과 창문 및 옷장을 먼저 설치하는데, 층 사이의 표준 높이와 기둥 사이의 균일한 거리가 이 일을 손쉽게 합니다. 이것들을 먼저 설치한 다음 **주위의 벽을 채울 겁니다.** 다시 말해, 틈을 메우는 겁니다.

그렇습니다, 이것은 우리가 15년이 지난 오늘날에야 마침내 실행하게 된, 표준 골조와 자유로운 내부 평면을 가진 대량생산 주택이라는 완벽한 가설입니다. 우리가 다른 어려운 과제에 몰두했기 때문에 이것을 깨닫지도 못했습니다.

오늘날 여기서 우리는 이 일을 수행합니다. 1928년에 노동성 장관인 루셰르 Loucheur 씨가 우리에게 면적 45제곱미터의 작은 주택인 '루셰르(저비용 주택) 법령' 모델을 연구해 달라고 했습니다.

작업단계는 이렇습니다.

1) '외교적인' 경계벽(두 번째 강연을 보십시오.)과 건물을 통과해서 지붕을 지탱하는, 집마다 두 개씩 있는 철제 기둥으로 바닥판을 지탱합니다. 마을의 석공은 벽에 두 개의 철제 까치발 두 짝을 고정시켰습니다(그림 84′).

2) 유리벽이나 가늘고 긴 창문이 있는 외벽을 설치합니다. 외벽 주위에는 '도마뱀'의 딱딱한 표피 같은 아연 도금 금속판이 있는데, 구부린 금속판을 통해 빗물이 흘러내리도록 자동차 차체에 사용하는 나무랄 데 없는 해법을 적용합니다(그림 85).

3) 압축한 밀짚, 덩어리진 대팻밥, 코르크나무로 만든 벽이나 칸막이 벽, 합판으로 된 내부 칸막이나 천장을 설치합니다. 다음에는 중앙에 위생구역(표준 샤워시설, 세면대, 변기)을 설치합니다. 나머지는 금속 칸막이를 이용하여 원하는 대로 만드는데, 다른 기회에 언급하겠습니다.

장관은 아주 기뻐했습니다. 우리는 불가능해 보이던 환상적인 비용에 다다랐습니다. 철, 아연 도금된 금속판, 코르크, 합판 등 **아주 값비싼 재료만 사용했습니다.** 창문은 호화스러운 저택을 위해 생고뱅 Saint-Gobain 회사에서 생산한 특허받은 모델이었습니다.

오해하지 마십시오. 내가 늘 아끼는 총명한 정신을 가진 노동자들은 우리의 주택을 지겨워할 것입니다. 그들은 이것을 '상자'라고 부를 겁니다. 지금 당장은, 여러 골조를 결합하면서(그림 86) 루셰르 법령에 따르는 이 '저비용 주택'을 귀족과 지식인을 위해 건설할 것입니다. 단계를 뛰어넘을 수는 없습니다. 오히려 사회 계급을 표현하는 이 피라미드를 보십시오. 혁명에도 이것은 변하지 않을 것입니다(그림 87). 피라미드의 아래층을 차지하는 선량한 사람은, 지금 이 순간에는 전형적인 낭만주의에 빠져 있습니다. 품질에 대한 관념은 1900년 이전 세대가 지닌 사치스러운 형태를 바탕으로 합니다. 앙리 2세풍의 거대한 찬장과 거울이 달린 옷장이 여전히 만들어지는 것은 바로 이런 부류를 위해서입니다. 고대의 마스토돈[역주59]들은 심지어 우리 주택의 문으로 들어가지도 못합니다. 이것이 이 주택에 살 사람들을 여전히 기다리는, 사람의 몸을 기준으로 한 주거 단위입니다.

이 종이를 치우기 전에, 우리가 도달한 단계에 다시 주목하시기 바랍니다. 표준화, 산업화, 경영 합리화를 이룬 공장에서 생산된 이 주택은 기차의 화물칸에 실려 **어디로든 떠납니다**. 전문가들이 주택을 조립합니다. 흩어져 사는 수많은 소규모 고객에게 편익을 제공할 수 있습니다. 필로티가 있으므로 이 주택은 어떤 형태의 지형에도 적용될 수 있습니다. 주택 내부는 평면을 원하는 대로 **자유롭게 구성합니다**.

표준화를 통한 산업화의 방식은 다가오는 마천루로 자연스럽게 우리를 이끌어 줍니다. 마천루의 형태는 사람의 몸을 기준으로 한 주거가 놓이는 곳에 따라 결정됩니다. 건물 주변의 땅은 자유롭습니다. 나중에는 도시계획을 이야기할 겁니다(그림 88).

사람의 몸을 기준으로 한 주거 단위의 두 형태인 에마의 수도원과 '빌라형 공동주택'으로 되돌아가 봅시다. "내 혁명적 사고는 역사 속에, 모든 시대와 모든 나라에 존재한다." 이렇게 말할 때 내가 얼마나 기쁜지 아십니까(플랑드르 지방의 주택들, 옛 태국과 호숫가 거주자들의 필로티, 신성시되는 수도사들의 독방)?

나는 단면이 다음 특징을 갖는 주택을 상상합니다. 이 주택에는 두 개의 바닥을 가진 두 층이 있습니다. 아래층 뒤쪽으로 **길**을 냅니다. 이 길은 **'공중 도로'**이며,

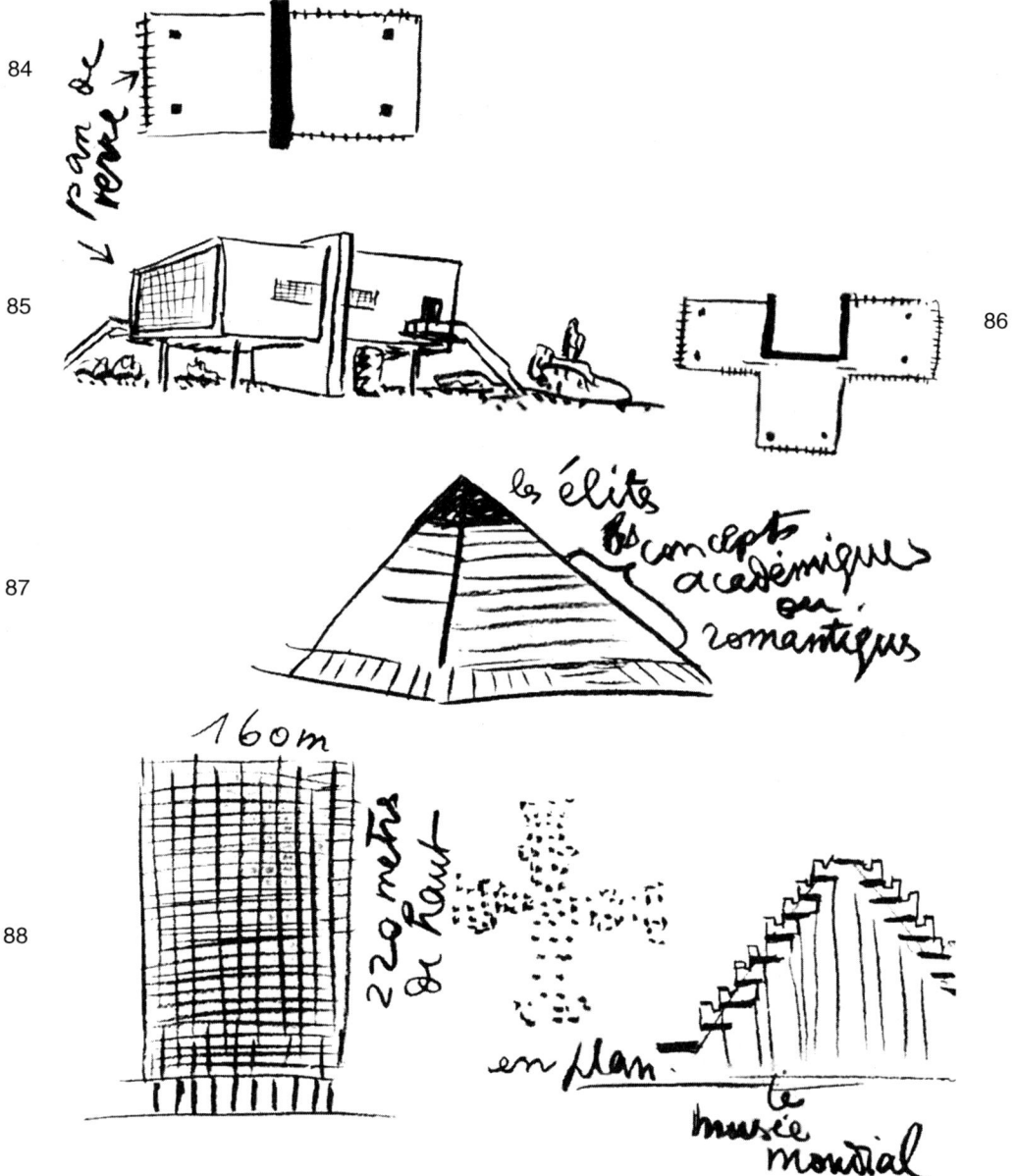

84′ 유리벽 pan de verre
87 지식인 les élites / 아카데믹하거나 낭만적인 개념 les concepts académiques ou romantiques
88 160미터 160m / 높이 220미터 220 mètres de haut / 평면상 en plan / 세계 박물관 le musée mondial

사람의 몸을 기준으로 한 주거 단위 115

땅 위의 도로와는 다른 형태가 될 것입니다. 이 '공중 도로'는 6미터 높이마다 반복 설치돼 지상에서 6, 12, 18, 24미터 높이에 '공중 도로'가 있습니다(그림 92′). 내가 복도라는 말 대신 굳이 '도로'라고 부르는 이유는 길을 향해 문이 나란히 열리는 빌라로부터 완전히 독립된 수평적인 순환기관이기 때문입니다(그림 90). 이 공중 도로들은 적당한 거리에서 땅과 연결된 엘리베이터나 경사로 또는 계단까지 연결됩니다(그림 92). 일광욕실, 수영장, 체육관, 공중 정원의 초목 사이로 난 산책로 등이 있는 옥상 정원과 연결된 곳도 찾을 수 있습니다(그림 91). 복잡한 지세를 가진 도시에서는(나는 이것에 대해서도 말할 겁니다.) 고속도로를 만들 수도 있습니다.

우리는 문 하나를 열고 빌라로 들어섰습니다. 내부 평면(독립된 골조 구조에 따른 자유로운 평면)은 거주자가 선택한 것입니다. 그러나 전면 파사드는 **유리벽**입니다. 거실과 식당이 아래위로 포개져 배치되는 대신 교묘한 결합으로 두 층 높이의 전망이 살아납니다.

빌라의 생기 넘치는 곳에서 정원을 향해 문이 열립니다. 이 정원은 '**공중에 떠 있습니다.**' 정원의 세 면은 에워싸였습니다. 우리는 이 정원이 무척 멋지다는 것을 보여 주려고 1925년에 에스프리 누보관을 실현했습니다. 나는 매달린 정원이 가족의 삶 중심 가까이에 신선한 공기를 잘 통하게 하는 현대적인 방안이라고 힘주어 말합니다. 사람들은 곧게 내리꽂히는 햇빛과 비를 가리고 관절염을 피하면서 보송보송한 발로 그 위를 돌아다닙니다. 우리는 파리 근교인 가르슈와 푸아시에 있는 저택에 이와 비슷한 것을 실제로 건설했습니다. 이것은 유지보수가 필요 없는 능률적인 정원입니다. **공중에 매달린** 정원을 가진 공동주택 전체가 사실상 공기를 머금은 스펀지입니다.

정원이 각 세대 빌라를 이웃으로부터 독립시킵니다. 주거 단위들을 더하면, 입면상에서 각 세대의 유리벽들이 수직으로 결합되어 보입니다. 게다가 강력한 건축 효과를 지닌 정원의 존재로 파사드상에서 뚫린 벌집 모양의 구멍들이 유리벽들을 나눕니다.

단면을 그려 봅시다. 녹색 분필로 정원을 그리고, 빨간색 분필로 빌라에서 거주할 수 있는 용적을 표시하고, 노란색 분필로 도로들 위에서 커다란 공용 서비스장으로 내려가는 수직 동선과 연결된 '**공중 도로**'를 표시합니다. 더 아래쪽에는 누구든지 자기 자동차를 찾을 수 있는 차고가 있습니다(그림 92, 92′).

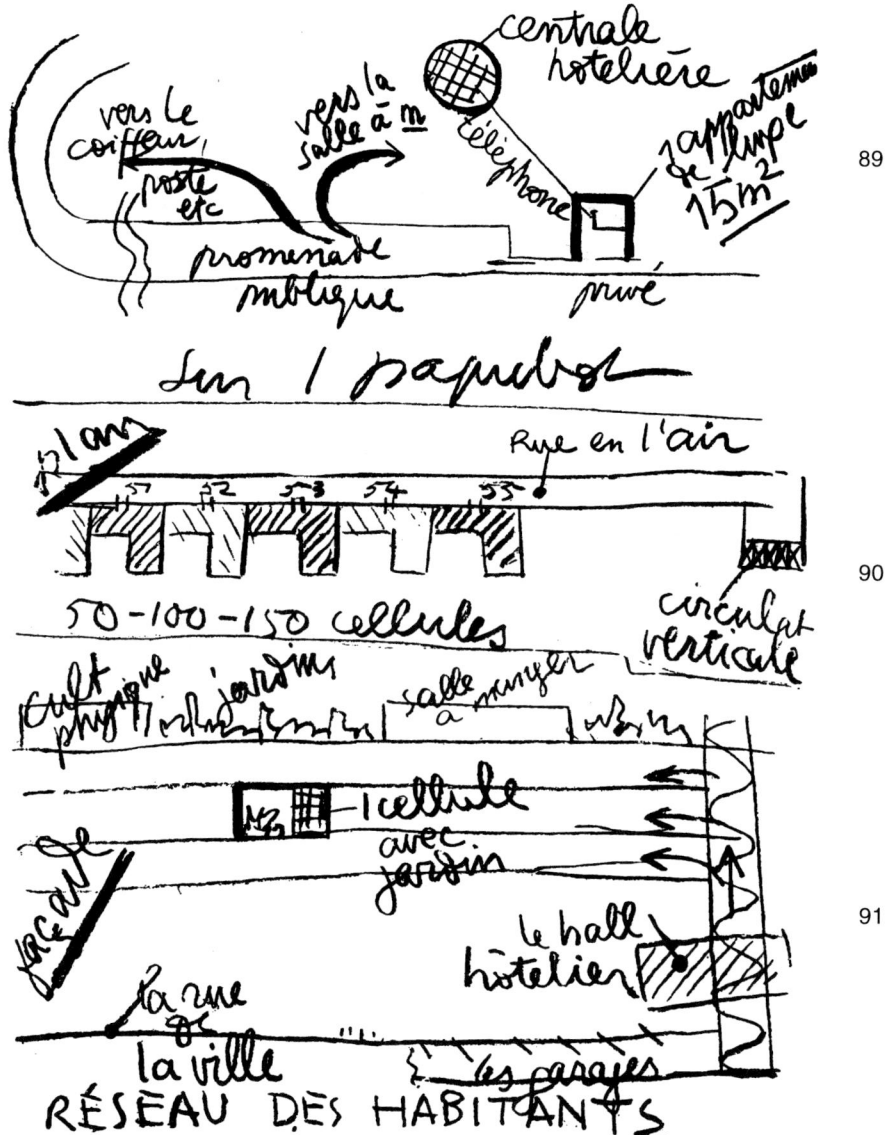

89 이발소, 우체국 등이 있는 방향 vers le coiffeur, poste etc / 식당 쪽 vers la salle à m. / 산책길 promenade / 호텔 센터 centrale hôtelière / 전화 téléphone / 15제곱미터의 고급 아파트 한 채 1 appartement de luxe 15m² / 공적인 publique / 사적인 privé / 여객선 위 sur 1 paquebot
90 평면 plan / 공중 도로 rue en l'air / 50-100-150 주거 50-100-150 cellules / 수직 동선 circulation verticale
91 체육관 cult. physique / 정원 jardins / 식당 salle à manger / 파사드 façade / 정원이 있는 주거 한 채 1 cellule avec jardin / 호텔 로비 le hall hôtelier / 도시의 도로 la rue de la ville / 차고 les garages / 주민의 네트워크 RÉSEAU DES HABITANTS

동일한 횡단면에서 공용 서비스 공장인 다른 노란 부분을 읽어 봅시다. 여기에 새로운 단면의 전체 길이를 따라 선을 그렸습니다(그림 93). **공용 서비스 공장**입니다. 나는 여객선이 지닌 이로운 점을 여러분에게 설명했습니다. 여러분은 내 말을 이해했습니다! 이 서비스를 각 빌라로 옮겨 주는 수직 연결을 보라색으로 표시합시다.

더 강요할 수는 없지만, 이런 건물에서는 새로운 기준 치수가 파사드를 결정한다는 점에 주목하십시오. 정원의 커다란 구멍(6미터)으로 활기를 띠는 이 유리벽들은 새로운 건축의 전망을 제시합니다. 도시의 외관은 바뀔 것이며, 도시계획의 척도는 현재의 3미터 대신 6미터라는 건축 기준 치수를 따를 것입니다.

대도시를 계획하면서 어떻게 대지에 가치를 더해 돈을 (쓰는 대신에) 버는지, 복잡한 지세를 가진 대도시에서 교통문제를 해결할 실마리를 어떻게 찾는지, 마침내 꿈도 꾸지 못할 만큼 훌륭하게 자연과 건축 사이의 연계성을 어떻게 이 방법으로 창조하는지 보여 주는 날까지 이 중요한 사실을 기억하십시오.

우리는 건설산업이 **소규모의** 개인적인 구조물들을 없애고 기계시대의 정신과 조화를 이루는 방법을 찾아야 한다는 점에 주목했습니다. 이제는 주거를 미터 단위가 아닌 **킬로미터 단위로** 건축해야 합니다.

주거 단위 계획은 이상적 경제성의 추구며, 이는 우리를 인간 달팽이 같은 우둔한 껍질에서 벗어나게 합니다. 이 단위 공간은 수백만 명을 결합시켜야 합니다. 이런 의무를 통해 우리는 예기치 않은 해결책을 이끌어 낼 것입니다. 살아가는 것, '빛이 비치는' 바다 위를 움직이는 것, '공기를 품은' 정원에서 호흡하는 것, 중앙집중적인 서비스를 받는 빌라에서 자유롭게 사는 것, '대지에서 떨어진 도로'에서 빠르게 능률적으로 순환하는 것은 현재 상태와 비교하면 이미 놀랍게 진보한 것입니다.

사무실이나 공장에서 주로 앉아서 일하는 현대 생활 때문에 육체적인 움직임이 줄어들어 인간은 약해지고 신경 체계에 빈혈을 일으킵니다. 자연히 스포츠가 발달했습니다. 설령 많은 사람이 운동을 하려고 마음먹는다 해도, 몇몇 사람들만 실행에 옮길 뿐입니다. 도대체 스포츠가 무엇입니까? 이에 대한 답은 의욕을 잃게

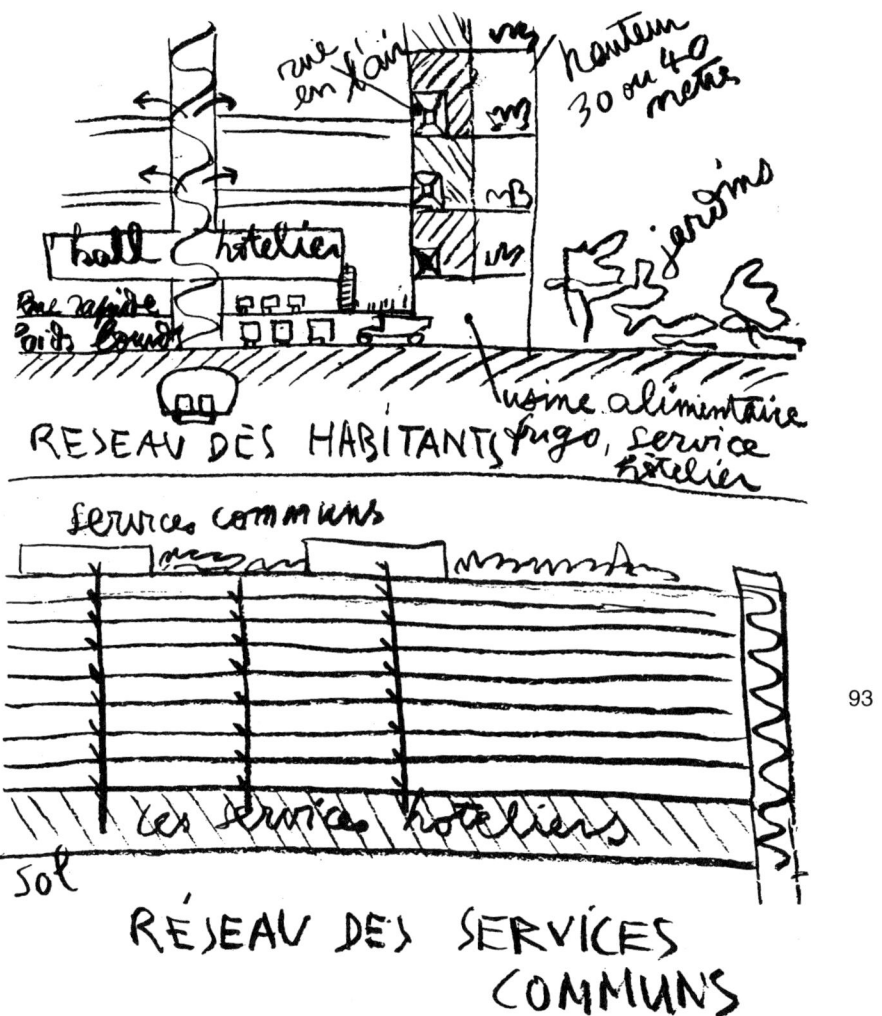

92, 92' 공중 도로 rue en l'air / 높이 30~40미터 hauteur 30 ou 40 mètres / 호텔 로비 hall hôtelier / 고속도로, 트럭 rue rapide, poids lourds / 정원 jardins / 음식 공장, 냉장고, 호텔 서비스 usine alimentaire, frigo, service hôtelier / 주민 네트워크 RÉSEAU DES HABITANTS
93 공용 서비스 services communs / 호텔 서비스 les services hôteliers / 공용 서비스 네트워크 RÉSEAU DES SERVICES COMMUNS

합니다. 오늘날 스포츠는 빈혈이 있는 5만 명이 아주 나쁜 여건 속에서 스무 명의 힘센 소년들이 가진 이두박근과 장딴지 근육을 보려고 경기장에 모여드는 꼴입니다. 그런 것이 경기장의 역할입니다. 경기장을 지은 뒤 시청 간부는 말합니다. "이제 우리는 스포츠에 조공을 갖다 바치게 되었다."

운동은 매일 규칙적으로 하거나 적어도 주 2회는 해야 합니다. 시급한 현실을 고려한다면, **거주지 바로 앞에 운동장을 설계해야 합니다**. 또 현대의 도시계획을 연구하면서 건강한 도시에는 많은 도로망이 필요하다는 사실을 알게 됩니다. 현대 기술은 고층건물이나 '킬로미터'에 이르는 건물을 지어 우리가 대지 전체를 자유롭게 사용할 수 있게 하며 인구밀도를 높여 거리를 단축합니다.

융통성 있고 독창적인 새로운 개념이 필요합니다. 다음은 사회적인 관점으로 볼 때 감탄할 만해서 내가 좋아하는 개념입니다.

도시계획가들이 통상적으로 새로운 전원도시에서 각 집에 할당하는 400제곱미터의 정사각형을 하나 그립니다(그림 94). 곧거나 굽은 가로를 따라 부지를 분배하고, 작은 집을 뜻하는 수많은 붉은 점을 만듭니다. 무질서한 외관 때문에 이것을 '포탄의 파편 같은' 분할이라고 부릅니다(그림 95). 어느 날 초목이 모든 것을 구하고 우리를 안심시킵니다. 이사회는 만족하여 '우리는 박애주의적인 작품을 만들었다'고 생각합니다.

이것은 커다란 실수며 완전한 착각입니다. 노동자와 그의 부인은 순교를 강요당했습니다. 그들의 정원? 더해진 집안일의 문제는 아주 심각하며, 지친 몸에는 힘겨운 일입니다. 정원을 가꾸는 활동은 **가련한 몸짓**입니다. 정원을 가꾸는 노역은 몸을 지치게 합니다. '정원을 가꾸는 일!' 이에 대해서는 정말 많은 문헌이 있으며 …… 좋은 사업입니다. 색상이 화려한 많은 벽보와 전단, 아름다운 책들과 멋진 말들이 착각과 관절염을 지속시킵니다.

사람의 주거 단위는 **공용 서비스**로 확장되어야 하며, 운동은 집 안의 일상 활동에 포함되어야 합니다. 여기에 이미 **공중 도로**와 공기를 포함한 정원을 갖춘 주거를 완성할 해결책이 있습니다. 나는 주거 단위에 50제곱미터를(두 층을 합하면 100제곱미터), 공중 정원에 50제곱미터를 배정합니다(그림 96). 그리고 단위 공간과 정원을 30미터 높이로 겹쳐 쌓아올립니다. 남은 300제곱미터 중에서 150제곱미터는 운동에 할애합니다. 각 주거에 속하는 150제곱미터는 운동을 위해 통합되고(그림 96′), **건물 바로 아래에** 길게 이어진 운동장을 만들 수 있습니다. 노동자는 집

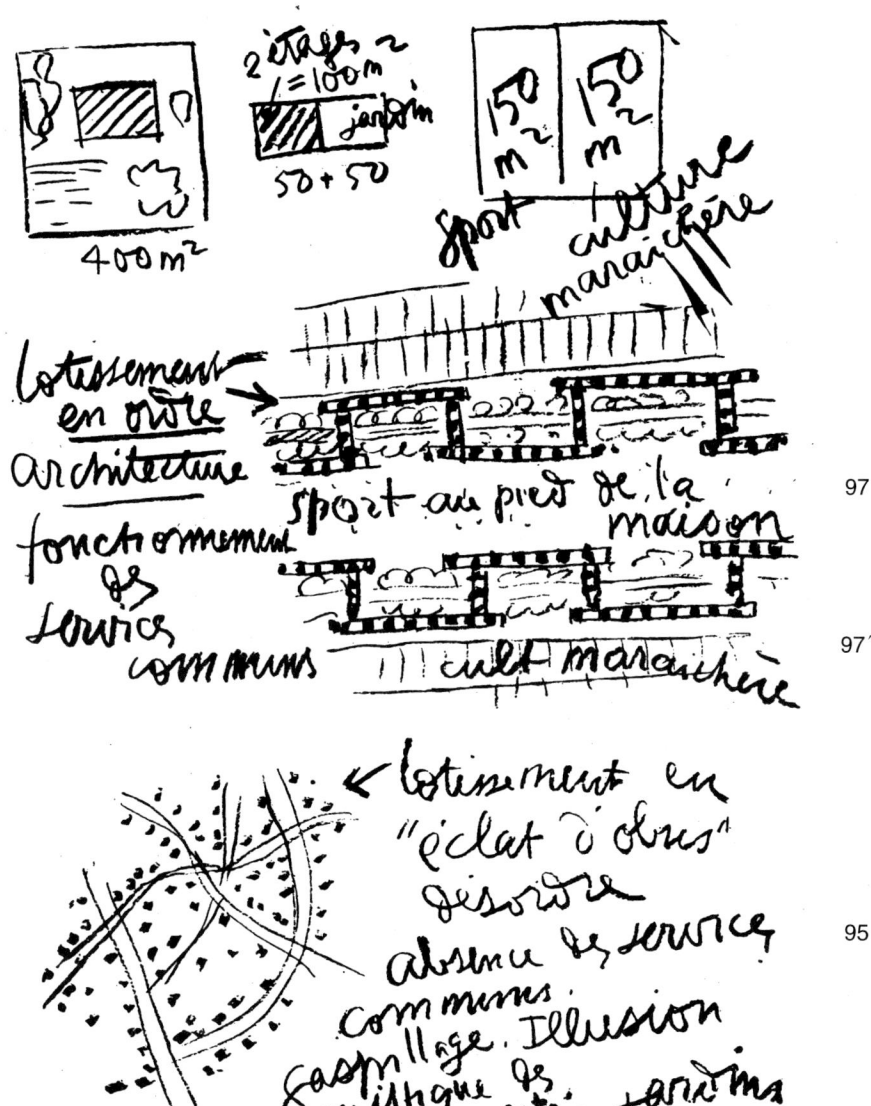

95 '포탄 파편' 모양의 대지 계획, 무질서, 공용 서비스의 부재, 낭비, 전원도시의 신비적 환상 lotissement en "éclat d'obus" désordre, absence de service communs, gaspillage. Illusion mystique des cités jardins
96 두 층 2 étages / 정원 jardin
96′ 운동 sport / 야채 재배 culture maraichère
97, 97′ 정돈된 대지 계획 lotissement en ordre / 건축 architecture / 공용 서비스의 작동 fonctionnement des services communs / 주거 바로 앞에서 운동 sport au pied de la maison / 야채 재배 cult. maraichère

사람의 몸을 기준으로 한 주거 단위 121

에 돌아와 운동복으로 갈아입습니다. 그는 바로 집 앞에서 자기 팀이나 체육 지도자를 만나는데, 그의 부인과 자녀도 마찬가집니다. 축구장, 테니스장, 농구장, 놀이터가 정원과 맞닿은 대로변을 따라 이어집니다(그림 97).

같은 방법으로, 남은 150제곱미터는 야채 재배를 위해 합쳤습니다. 농부가 백 개 또는 천 개의 부지를 관리하여 트랙터로 갈고 비료를 뿌리고 줄줄이 이어진 밸브를 열어 자동으로 물을 뿌립니다. 이 야채 정원은 생산적입니다. 노동자들은 근육과 폐를 발달시킨 후 **확실하게** 낙천적인 즐거움을 느끼며 야채 정원에서 분홍빛 무나 당근을 캘 것입니다(그림 97′).

사람의 몸을 기준으로 한 주거 단위를 탐구하는 일은 기존의 모든 주택과 거주 방법, 모든 습관과 전통을 잊는 것을 뜻합니다. 이것은 주택 안에서 생활이 이루어지는 새로운 조건들을 냉정하게 연구하는 것입니다. 분석하고 결론을 내리는 것입니다. 배후에서는 현대 기술의 도움을 느끼고, 전면에서는 더욱 지적인 방법을 향한 건설산업의 피할 수 없는 진화를 느끼는 것입니다. 기계시대에 사는 인류의 가슴을 충족시키기를 열망하는 것입니다. 또한 그것을 깨닫지도 못한 채 빈둥빈둥 시간을 보내며 사람들의 와해를, 도시의 붕괴를, 국가의 혼란을 목격하려는, '낡은 집'에 사는 몇몇 낭만주의자들의 욕망을 채워 주지 않으려는 것입니다.

열 번째 강연
1929년 10월 19일 토요일
예술동호회

가구의 모험

현대 주택과 관련된 개혁은 가구에 관한 질문을 과감하게 던져야만 비로소 효과적으로 착수할 수 있습니다. 이것은 아주 어려운 문제입니다. 이 문제를 깨끗이 해결해야 합니다. 그렇지 못하면 현대적인 사고에서 비롯된 모든 노력이 허사가 됩니다. 우리는 방향을 바꿔야 할 시점에 있습니다. 기계시대가 기계 이전 시대를 계승했습니다. 새로운 정신이 묵은 정신을 대체한 것입니다.

* *
*

어느 하루 집에서, 우리들의 집 주변을 면밀히 살펴보고 자신에게 '어떻게'와 '왜'라는 질문을 해봅시다. **질문이 뜻하는 바를** 알려고 노력하는 겁니다.

실제로 우리는 **아주 당혹스럽고 어처구니없는 일을 맞닥뜨린 자기 모습**을 발견합니다.

우리가 적절한 시기에 심사숙고한다면 변화되고 깨끗해지며 멍에를 확실히 벗고, 우리가 지금까지 겪은 어리석은 경험이 남긴 많은 흔적들을 과감하게 지울 수 있습니다. 우리는 당황해서 자신에게 질문할 겁니다. "어떻게 이런 일이 가능할까? 어떻게 **나도 모르게** 여기서 이런 일이 일어날 수 있을까? 아무튼 나는 미치지 않았어."

몹시 흥분해서 즉시 행동을 취할 준비가 되었다고 느낄 수도 있습니다.

그러나 사실은 그렇지 않습니다! 우리는 여론의 힘에 눌려, 관습의 아주 강력한 통제에 억압되어 일상생활이라는 마법에 조용히 빠져들게 됩니다. 우리가 성문화된 사회의 일부라는 사실이 아무 의미가 없는 것은 아닙니다. 우리는 타인의 생각에 지배받습니다. 반대한다면? 그러나 마음과 심장의 정직한 충동에 따라 독자적으로 행동하는 것은 아주 심각한 문제입니다. 그렇게 하려면 특별한 조건들이 필요합니다.

귀를 기울이십시오. **새로운 정신으로 고무된 새 시대가 시작되었습니다.**

시간은 우호적입니다. 깨끗이 청소하십시오. 이 빈터 위에 새로운 정신으로 고무된 새로운 것을 지어 봅시다.

오늘, 우리는 분명히 보게 됩니다!

이 강연은 도대체 무엇에 관한 것입니까? 바로 **가구, 자질구레한 실내장식품, 예술작품과 연관이 있습니다.**

관습과 유행, 100년이라는 세월 동안의 부르주아적 생활 태도가 본질을 왜곡했습니다. 우리는 타협하는 과정이자 타협된 상황에 있습니다. 아카데미즘은 여전합니다!

그러나 새로운 행복과 진정한 정신의 기쁨이 우리를 기다립니다. 자유의지를 되찾읍시다. 여성과 남성 모두에게 흥미와 감동을 주는 주택을 창조합시다.

여성들이 남성들보다 앞섰습니다. 여성들은 자신들의 옷을 개혁했습니다. 여성들은 과거에는 꼼짝달싹 못할 지경에 빠져 있었습니다. 유행을 따르는 일은 현대적 기술과 현대적 삶의 유익을 포기하는 것이었습니다. 여성이 운동하는 것을 단념하게 하고, 생산활동에서 좀더 물질적인 문제로 창조적 역할을 맡는 것을 방해하고, **생계를 유지하는** 직업을 갖지 못하게 했습니다. 유행을 좇는 여성들은 지하철이나 버스를 탈 수 없고, 사무실에서나 가게에서 활달하게 움직일 수도 없습니다. 머리 손질, 장화 신기, 드레스 단추 잠그기 등 일상의 생활을 꾸리려면 잠잘 시간도 없습니다.

그래서 여성들은 머리카락과 치마와 소매를 짧게 잘랐습니다. 모자를 벗고 팔과 다리를 내놓았습니다. 옷을 입는 데 5분밖에 걸리지 않습니다. 그들은 아름답습니다. 여성들은 우아한 매력으로 남성들을 유혹합니다. 디자이너가 그들을 돋보이게 해줍니다.

여성들이 옷의 혁명을 일으키면서 보여 준 용기와 활기 및 창안의 정신은 현대의 기적입니다. 고마운 일입니다!

그러면 남성들은 어떻습니까? 이것은 슬픈 질문입니다! 남성들은 풀먹인 **빳빳한 깃**이 달린 옷을 입고, 나폴레옹 군대의 장군들과 비슷한 옷차림을 합니다. 작업복을 입어도 편하지 않습니다. 서류 뭉치나 작은 도구들을 몸에 지니고 다녀야 합니다. 하나의 주머니, 아니, 여러 개의 주머니들이 현대 의복을 만드는 근본 원리가 되어야 합니다. 우리에게 필요한 모든 것을 갖추도록 시도해 보십시오. 옷맵시가 엉망이 되고 맙니다. 여러분은 이제 '품행이 방정' 하지 않습니다. 일을 할지, 우아하게 보일지 둘 중에서 선택해야 합니다.

우리가 입는 영국식 옷차림은 중요한 점을 실현했습니다. 이 복장은 우리를 **중성으로 만들었습니다**. 도시에서 중성적인 외모를 갖는 일은 유용합니다. 지배적인 표식은 모자에 달린 오스트리아식 깃털이 아니라 눈입니다. 그것으로 충분합니다. 파리의 왈레프 씨는 영국인을 혐오하여 거창한 성전聖戰을 강하게 주장했습니다. 비단으로 만든 반바지와 긴 양말, 죔쇠와 양말 대님이 있는 구두, '프랑스식' 우아함, 라틴의 천재성! 모든 종아리의 견본집! 그것은 실패였습니다. 모든 사람이 비웃었습니다.

눈 덮인 생모리츠에 사는 현대인은 시대에 뒤떨어지지 않습니다. 자동차 산업의 본거지가 있는 르발루아-페레^{역주60}에서는 기계공이 바로 선구자입니다. 사무실 남성들은 옷차림 때문에 여성들에게 완전히 졌습니다.

개혁의 정신은 이렇게 가까스로 나타났습니다. 삶의 모든 행위에 영향을 미칠 일만 남은 셈입니다.

가구는 무엇입니까?

'가구는 우리의 사회적 지위를 알리는 수단입니다.'

이것은 엄밀히 말하면 왕들의 사고 방식입니다. 루이 14세가 바로 이런 경우입니다. 루이 14세가 되고 싶습니까? 그렇다면 루이 14세가 양산될 것입니다. 만일 지상에 루이 14세가 수백만 명 있다면, 단 한 명의 태양왕은 존재하지 않을 겁니다.

진정으로 태양왕이 되기를 원합니까?

가구는

일하고 식사하기 위한 탁자
먹고 일하기 위한 의자
다른 방식으로 쉬기 위한 다양한 모양의 안락의자
우리가 사용하는 물품들을 보관하는 **수납장**입니다.

가구는 연장입니다.
봉사자이기도 합니다.
가구는 우리에게 필요합니다.
우리의 필요는 일상적이고 규칙적이며 늘 같습니다. 그렇습니다. 언제나 동일합니다.
가구는 **일정하고 일상적이고 규칙적인 기능**에 들어맞습니다.
모든 사람은 동일한 시간에, 날마다, 일생동안 같은 것을 필요로 합니다.
이런 기능에 부합하는 연장은 정의하기가 쉽습니다. 강철 배관, 접힌 금속판, 용접 등 새로운 기술이 가져온 진보는 과거보다 더 완전하면서 더 효율적으로 많이 만들 수 있는 수단을 제공합니다.
주택의 내부는 이제 루이 14세 양식을 따르지 않습니다.
여기에 모험이 있습니다.

* * *

우리에게 필요한 것이 곧 인간에게 필요한 것입니다. 우리의 팔다리는 수와 형태와 크기가 같습니다. 크기가 다르더라도 평균치를 구하는 것은 쉬운 일입니다.

표준 기능,
표준 요구,
표준 목적,
표준 크기.

표준에 관한 현안 문제는 이미 많은 발전을 이루었습니다. 이것은 지구의 역사만큼이나 오래되었고 각각의 문명을 형성했습니다. 오메[역주61] 씨 같은 혼란스러운

19세기는 지났습니다. 현대적 표준의 문제는 벌써 상당히 진전되었습니다. 하지만 우리는 이것을 인지하는 데 소홀했습니다.

전세계가 편지지의 형태와 크기에 동의했습니다. 사무실 가구를 제작하는 산업에서는 **편지지의 형식**을 기초로 제품을 만들었습니다.

기계시대의 정신은 독창적으로 탐색합니다. 자동차를 만들 때 쓸모 있는 것들이 사무실 가구에도 적용되었습니다. 혁명이 일어났습니다. 고급가구를 만들던 아틀리에는 문을 닫고, 도시의 다른 지역에 강철가구 산업이 등장했습니다.

정확성, 효율성, 형태와 선의 순수성이 두드러졌습니다.

은행가에게 사무실의 가구가 자랑할 만한지 물어볼까요?

그는 아주 자랑스러워합니다.

그가 집에 돌아왔을 때, 생각의 압력계를 머리 위에 고정한다면 이성의 압력계를 폭발시킬 만큼 가득 찬 골동품들의 환영을 받습니다. 집에서는 일하지 않고 생산하지도 않습니다. 그는 시간을 낭비할 수도 있고, 정신을 어지럽히고 기진맥진하여 왜곡할 수도 있습니다. 이것은 중요치 않습니다. 그는 쉬고 있습니다. 겉치레의 척도에서 자신에게 더 높은 평점이 주어진다면 기꺼이 루이 14세라고 자칭할 몇몇 친구들말고는, 그는 경쟁자도 없습니다.

나는 전통적인 침실 가구의 평면과 단면을 그립니다(그림 98). 커다란 노르망디식 옷장과 서랍장은 비효율적인 수납공간입니다. 사용자는 시간을 낭비하고 방은 혼잡해집니다. 성城이 있던 시대나 전원주택의 방에 있을 법한 거대한 크기의 가구들은 현대 주택에서는 실패작입니다.

이번에는 현대적인 가구인 창문, 칸막이, 붙박이 수납장을 평면과 단면으로 그립니다. 공간이 상당히 절약됩니다. 신속하고 정확한 동작으로 주위를 쉽게 통행할 수 있습니다. 자동 수납장, 이것이 **날마다 시간을 벌게 합니다**. 소중한 시간을 아끼게 합니다(그림 99).

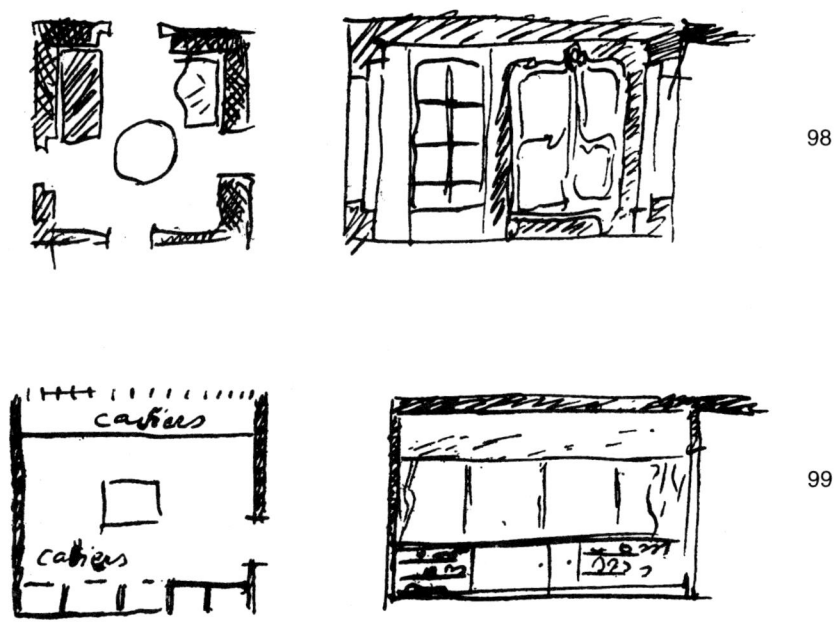

99 수납장 casiers

나는 솔직히 말해서 의자와 탁자를 제외한 가구들은 수납장일 뿐이라고 단언합니다. 그러나 대부분 수납장들은 크기가 잘못 정해졌으며 사용하기에 불편합니다. 나는 이 자리에서 낭비를 비판합니다. 적이 완전히 물러날 때까지 밀어붙이고, 가구들이 정말 무엇을 위한 것인지 탐구하려고 합니다. 새로운 목재산업 및 금속산업을 통해서, 크기가 대략적이지 않고 정확하며 멋지게 활용되는 정밀한 수납장을 만들 수 있다는 확신을 얻고자 합니다. 또 고급가구 제조업자와 판매자의 가구가 우리에게 그다지 쓸모없으며, 가구들 때문에 지나치게 큰 주택을 지어야 하고, 가사의 합리적인 구성을 방해하여 생활방식을 복잡하게 하므로 경제적이고 효율적인 해결책이 아닌 성가신 찌꺼기라는 결론을 이끌 것입니다. 결국 이런 가구들은 오로지 **아름다움이라는 목적만 가졌을 뿐입니다.** 그러나 만일 생활용품이 제 기능을 못한다면, 그저 아름답기만 하다면, 그것은 거추장스러울 뿐이므로 내팽개쳐질 것입니다. 우리는 우리에게 적합한 미적인 형태를 어디에서 찾을지 생각해 볼 겁니다. 무엇이 우리의 가슴을, 현대인의 감수성을 만족시킬 수 있는지를 탐구할 겁니다.

솔직해집시다.

유리잔들이 놓인 선반을 그립니다. 접시와 수프 그릇이 놓인 선반, 병과 주전자가 놓인 선반이 있습니다. 은그릇 자동수납기를 갖춘 서랍이 있습니다. 여기에 식사에 필요한 모든 식기류가 준비되었습니다(그림 100).

손수건·모직물·수건 등을 넣는 선반, 내의를 보관하는 선반, 여성 내의와 스타킹 등을 넣어 두는 서랍을 그립니다.

신발을 넣는 선반과 모자를 두는 선반을 그립니다.

옷걸이에 걸린 옷가지를 그립니다. 이 옷들은 정장입니다(그림 101).

이것이 전부입니다.

우리가 사용하는 물품들의 목록이 완성되었습니다.

이 물품들은 모두 우리의 팔다리에 맞게 만들어져 우리가 움직이는 데 적합합니다. 이것들은 **공통된 척도**를 가지며, 모듈역주62에 일치합니다. 만일 내가 이 문제를 연구한다면, 지난 20년 동안 가구 치수의 편차 문제를 고민했지만(과거에 나는 많은 아파트를 설비하며 살아왔습니다.) 공통된 치수를 찾을 겁니다. 나는 이 물품들을 효과적으로 담을 칸막이 선반을 찾습니다.

수납장을 그립니다(그림 102). 수납장은 너비 75센티미터 깊이 37.5~50센티미

101 이것이 전부다 c'est tout

터, 또는 가로 150센티미터 세로 75센티미터의 입면에 깊이 37.5~75센티미터입니다. 깊이에 변화가 있는 이유는 수납장 내부에서 정리하는 방법이 다르기 때문입니다.

1913년에 장식예술(장식예술은 항아리와 식료품 저장실의 냄비에서부터 응접실과 규방까지 모든 것을 포함합니다.)의 순회전시를 위해 분리될 수 있는 재료를 고안해야 했을 때, 이 75센티미터와 150센티미터의 모듈을 발견했습니다. 그 뒤에는 완전히 잊었습니다.

1924년에 에스프리 누보관을 준비할 때(거기서 가구의 기능적인 원리와 주택의 미적인 목적을 동시에 보여 주려고 했는데), 면밀한 분석을 끝낸 뒤에 다시 동일한 치수를 발견했습니다.

1925년에 에스프리 누보관은 이 문제에 빛(당시에는 거칠게 보였지만)을 비추는 것 같았습니다.

마지막으로 1928년에 주택의 내부 설비를 위해 함께 일하던 동업자 샤를로트 페리앙 Charlotte Perriand 부인도 동일한 치수를 결론으로 내놓았습니다. 여기 부에노스아이레스에서 여러분에게 강연하는 동안, 파리의 살롱 도톤에서는 표준 수납장을 갖춘 '현대 주택 설비'의 원리를 결정적인 방식으로 보여 주는 전시회가 열리고 있습니다.

이것은 구조적·건축적·경제적·산업적 질서의 결론을 말합니다. 자신들의 집을 설비하는 개인 고객들이나 도면을 그릴 건축가들에게 판매할 장롱과 그릇을 산업적인 대량생산 방식으로 창조하는 것은 시기 적절한 일일 겁니다. 전자는 이 수납장의 뒷면을 침실 벽에 기대 세우거나, 그것으로 한 층이나 반 층 높이의 새로운 칸막이를 세울 것입니다(1925년의 에스프리 누보관을 보십시오). 후자는 칸막이 선반을 붙박이로 넣은 벽을 세울 것입니다.

칸막이 선반들의 내부 설비 문제가 아직 남았습니다. 이 설비는 현재의 사무실 가구처럼 지극히 단순한 것부터 아주 섬세한 고안까지 다양합니다. 공사가 끝난 뒤 표준 수납장 안에 놓일 설비들은 파리 시청 인근의 베아슈베 백화점이나 샹젤리제 거리에서 판매될 것입니다(그림 103).

주택 공사가 끝나고 도장공이 마무리 칠을 끝내는 바로 그 순간, 거주자들이 책과 큰 가방을 옮겨 오기 전날 밤에, 필요한 기능에 맞는 설비를 칸막이 선반 내부에 설치합니다. 금속판, 합판, 대리석, 평유리, 알루미늄 등으로 된 미닫이 판으로

가구의 모험 133

칸막이 선반 문을 설치합니다. 단순성이나 풍부함에 대한 취향을 여기서 마음껏 표현할 수 있습니다.

주택을 '**건식공법**'으로 짓는다면 만들기가 더 쉽습니다.

새로운 주택을 상상해 보십시오. 각 방이 **알맞은** 크기로 축소되고 (긴 창이나 유리벽을 통해) 충분한 양의 빛이 들어옵니다. 형태는 목적에 맞춥니다. 돌아다니기 편하게 문이 열립니다. 침실과 서재, 응접실, 식료품 저장실, 부엌 안에서 손이 닿는 곳에 문이 있습니다. 차일이 오르락내리락하고 휘장이 미끄러져 움직입니다. 그 뒤에는 수납에 적합한 칸막이로 된 옷장이 나타납니다. 모든 물품은 마치 보석함 속처럼 정리되었습니다. 어떤 설비들은 볼 베어링 장치에 따라 앞으로 나오며 의복이 눈앞에 펼쳐집니다(그림 104).

이제 주택 안에는 고급가구 제조업자의 가구가 없습니다! 훌륭한 장인들을 생각하면 미안한 일이지만, 사람은 현대적인 생활 조건에 적응해야 합니다.

필요하다면, 가구를 벽으로 만들면서 칸막이 선반의 상태로 바꾸는 것은 철근 콘크리트 구조의 기본 방법으로도 얻을 수 있습니다.

나는 한 층의 천장과 바닥을 그립니다. 높이를 4등분합니다. 예를 들어 한쪽 벽에서 다른 쪽 벽 사이 중간쯤에 두께가 몇 센티미터인 철근 콘크리트판 세 개로 높이를 4등분합니다. 필요에 따라 선반의 이쪽 면이나 저쪽 면을 벽돌로 막습니다. 각 선반의 위와 아래에 있는 U자형 작은 철 궤도는 금속판, 알루미늄, 평유리, 나무, 대리석으로 된 미닫이문을 이동시킵니다. 여기에 이미 언급한 '내부 설비'를 끼워 넣을 훌륭한 벽장으로 된 칸막이 벽이 있습니다(그림 105, 106).

두 번째 그림에는 고급 저택에 있는, 아주 경제적이면서 거대하고 빈틈없이 만든 서가가 있습니다. 장담컨대, 건축적 모양이 당당하고······ 유익합니다(그림 107). 여기서 우리의 정신은 가구의 잡동사니로부터 자유롭습니다. 이제 우리는 (건축적) '고요함'이라는 예외적인 조건 속에서, 우리로 하여금 생각하고 명상하게 할 예술작품을 집 안에 들여 놓을 준비를 했습니다.

이런 방법으로 모스크바의 협동조합 청사(센트로소유즈 청사)에 사무실을 만들었습니다. 벽은 사무실을 복도와 분리하고, 건물의 한쪽 끝에서 다른 쪽 끝까지 들어 찬 사무실 뒤에 정리용 시설이 마련됩니다. 이것은 제네바의 국제연맹 청사를 위한 설계공모전에서 계획한 해법입니다(그림 108).

사무실이나 거실, 식료품 저장실이나 규방, 언제 어디서나 표준적이고 정확한

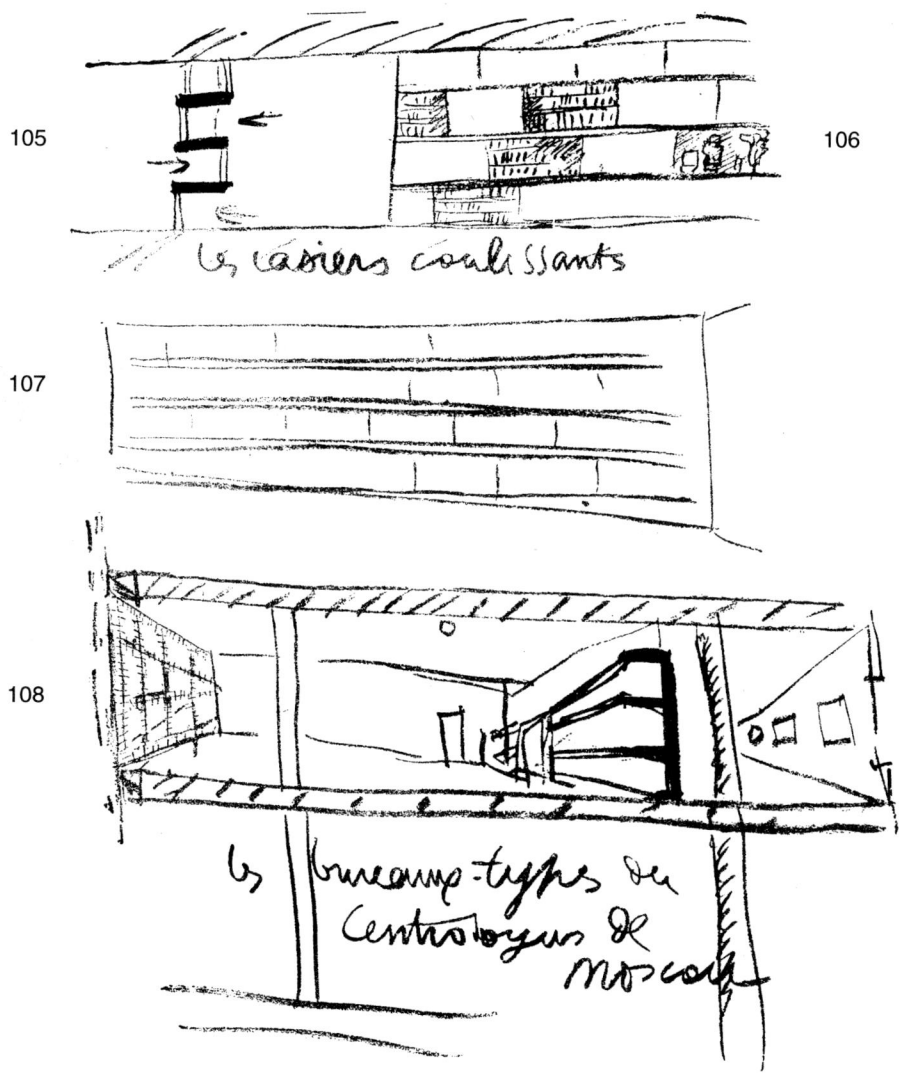

105, 106 미닫이문이 달린 수납장 les casiers coulissants
108 모스크바에 있는 센트로소유즈의 전형적인 사무실 les bureaux-types du Centrosoyus de Moscou

기능들이 성취되고 충족되었습니다. 물품들은 사람의 몸 크기에 맞게 공통의 치수로 정리됩니다. 잘 가거라, 옛날 장롱이여!

'못 구멍' 과 '시대의 고색 창연한 빛' 으로 루이 16세풍의 가구를 대량생산하는 가구 및 골동품 상공회의소 사람들은 무엇을 생각할 것인가!(에스프리 누보 선집으로 크레시Crès et Cie에서 출판한 『오늘날의 장식예술 l'Art décoratif d'Aujourd'hui』 5장을 참고하십시오.)

탁자?

간단한 제안을 하겠습니다. 왜 각기 다른 재료로 만든 몇 개의 표준 탁자(나란히 놓을 수 있는 둘이나 세 가지 형식)를 아파트 안에 배치하지 않을까요? 탁자들의 구조는 강철관으로 용접한 자동 꺾쇠를 이용해 상부에 판을 붙일 수 있습니다. 손님이 많을 때는? 재빨리 탁자 몇 개를 모으면 됩니다. 상부의 판을 세로로 접어 문을 통과할 수 있습니다. 마찬가지로 강철관 프레임도 문을 통과하도록 세울 수 있습니다. 모든 것이 쉽게 해결됩니다(그림 109). 누가 여러분에게 식당에서만 저녁을 먹으라고 강요합니까?

의자?

또 다른 충격적인 선포를 하겠습니다. **의자는 휴식에 쓰입니다.**

나는 의자 **안에서**(의해서가 아닌) 사람이 쉬고 싶어하는 '방식' 은 말하지 않을 겁니다!

반면에, 하루의 시간대에 따라, 활동 종류에 따라, 거실에서 머무는 위치에 따라(하루 저녁에도 서너 번 위치를 바꿉니다.) 앉는 방식이 다양하다는 점에 주목합니다. 어떤 이는 일하기 위해 '활동적으로' 앉습니다. 의자는 놀라울 정도로 여러분을 깨어 있게 만드는 고문기구입니다. 일할 때는 이런 의자가 필요합니다.

나는 잡담하려고 앉습니다. 안락의자는 품위 있고 정중한 자세를 취하게 합니다. 장광설을 늘어놓기 위해, 가설을 증명하기 위해, 내 관점을 제시하기 위해 나

109

가구의 모험

는 '활동적으로' 앉습니다. 높은 발받침은 내 자세에 아주 적합합니다! 나는 아무 걱정 없이 긴장을 푼 채 의자에 앉습니다. 높이 35센티미터, 지름 30센티미터인 '이스탄불의 케이브디스'라는 이 터키식 발받침은 놀랍습니다. 조금도 피로를 느끼지 않고 **뒤로 기대 앉아** 몇 시간 동안이라도 머물 수 있습니다. 만일 아무것도 하지 않을 작정으로 열다섯 명이 좁은 응접실에 찾아온다면, 안주인은 포개 넣어 둔 발받침 열다섯 개를 벽장에서 꺼낼 것입니다. 나는 더 완전한 '대낮의 절대 안식', 키에프[역주63]에 빠져듭니다. 나는 부아쟁 자동차의 차체 제조 책임자인 노엘이 14마력 스포츠카 바닥에 스프링 쿠션을 설치한 것과 내가 그 위에서 지치지 않고 500킬로미터를 계속 달리던 것을 기억합니다. 거실에 가구를 설비할 때 그 기억이 떠올랐습니다(그림 110). 여기에 휴식을 위한 기계가 있습니다. 우리는 이것을 자전거제작용 강철관으로 만들고 멋진 조랑말 가죽으로 덮었습니다. 이것은 발로 밀 수도 있고, 아이도 다룰 정도로 가볍습니다. 나는 파이프 담배를 입에 문 채 다리를 머리보다 더 높게 올린, 벽난로에 기대 선 서부의 카우보이를 생각했습니다. 완벽한 평온입니다(그림 110′). 이 긴 의자에서는 모든 자세를 취할 수 있습니다. 몸무게만으로 자세를 취한 채 충분히 지탱할 수 있습니다. 아무 기계장치도 없습니다. 이것은 진정한 휴식을 위한 기계입니다.

현대 여성은 머리카락을 짧게 잘랐습니다. 우리의 시선은 여성들의 다리 모양을 보게 되었습니다. 그들은 이제 코르셋을 입지 않습니다. '예의범절'이 땅에 떨어졌습니다. 예의범절은 법정에서 태어났습니다. 겨우 몇 사람만이 특정한 방식으로 앉을 권리가 있었습니다. 그 후로 19세기에는 부르주아가 왕이 되어 전에 왕족의 왕자가 소유한 것보다 더 화려하게 장식되고 금박을 입힌 안락의자를 주문했습니다. '좋은 예절'은 수도원에서 교육받았습니다. 그러나 오늘날에는 이 모든 것이 우리를 따분하게 합니다. 어떤 저명인사는 사육제 때조차도 결코 자신의 고귀함을 잃지 않습니다. 여기서 지금 재확인한 셈입니다!

> 특히 우리는 더욱 편안히 앉습니다!
> 주택에서 가구를 치웁니다.
> 공간과 빛이 풍부합니다.
> 사람은 빨리 움직이며 활동합니다.
> 어쩌면 우리는 집에서 휴식시간 동안, 긴장을 푼 시간에 무엇인가를 생

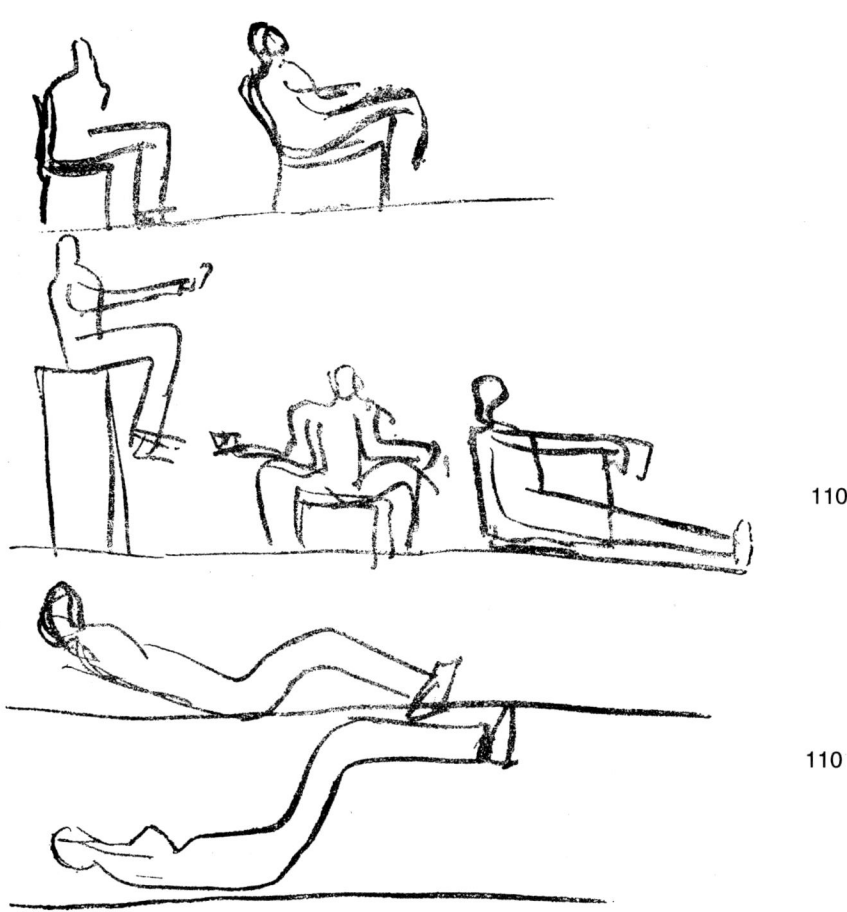

가구의 모험 139

각하는 즐거움을 누릴 수 있지 않을까요?

무엇인가를 생각하는 것, 이것이 문제의 근원입니다.

비례의 조화,

기계의 시, 고대나 현대의 삶, 운문,

음악,

조각이나 회화,

어떤 도표,

단순하거나 장엄한, 일상적이거나 예외적인 현상.

인생은 **생각할 주제**를 모을 기회로 가득 차 있습니다.

해변의 조약돌,

감탄할 만한 솔방울,

나비, 딱정벌레,

기계에서 얻은 빛나는 강철 부품,

광석 조각.

신들? 지상의 것에서 그들의 형상을 빚어 내는 것은 바로 우리의 정신입니다.

모험? 그렇습니다, 가구의 모험입니다. 가구라는 개념은 사라졌습니다. 이것은 '주거 설비' 라는 새로운 단어로 바뀌었습니다.[1]

---

1. *Cahiers d'Art*, 1926, no.3을 참조.

다섯 번째 강연
1929년 10월 11일 금요일
예술동호회

현대 주택 계획

우리는 이제 현대 주택 계획에 관한 해결책을 찾을 준비가 되었습니다. 나는 석조 주택이 지닌 **'마비된 평면'** 과 함께 철이나 철근 콘크리트로 지은 주택을 연구하면서 도달한 결론인 다음 내용을 상기시키려 합니다.

>자유로운 평면
>자유로운 파사드
>독립 구조
>수평창이나 유리벽
>필로티
>옥상 정원
>거추장스런 가구 대신에 내부가 잘 짜인 수납장.

* *
*

먼저 생물학적으로 보면,

>**지지를 위한** 골격,
>**활동을 위한** 근육,
>**영양을 공급하고 기능하기 위한** 내장(그림 111).

자동차 구조로 보면,

>프레임,
>차체,
>연료 공급과 배기 기관을 갖춘 엔진(그림 112).

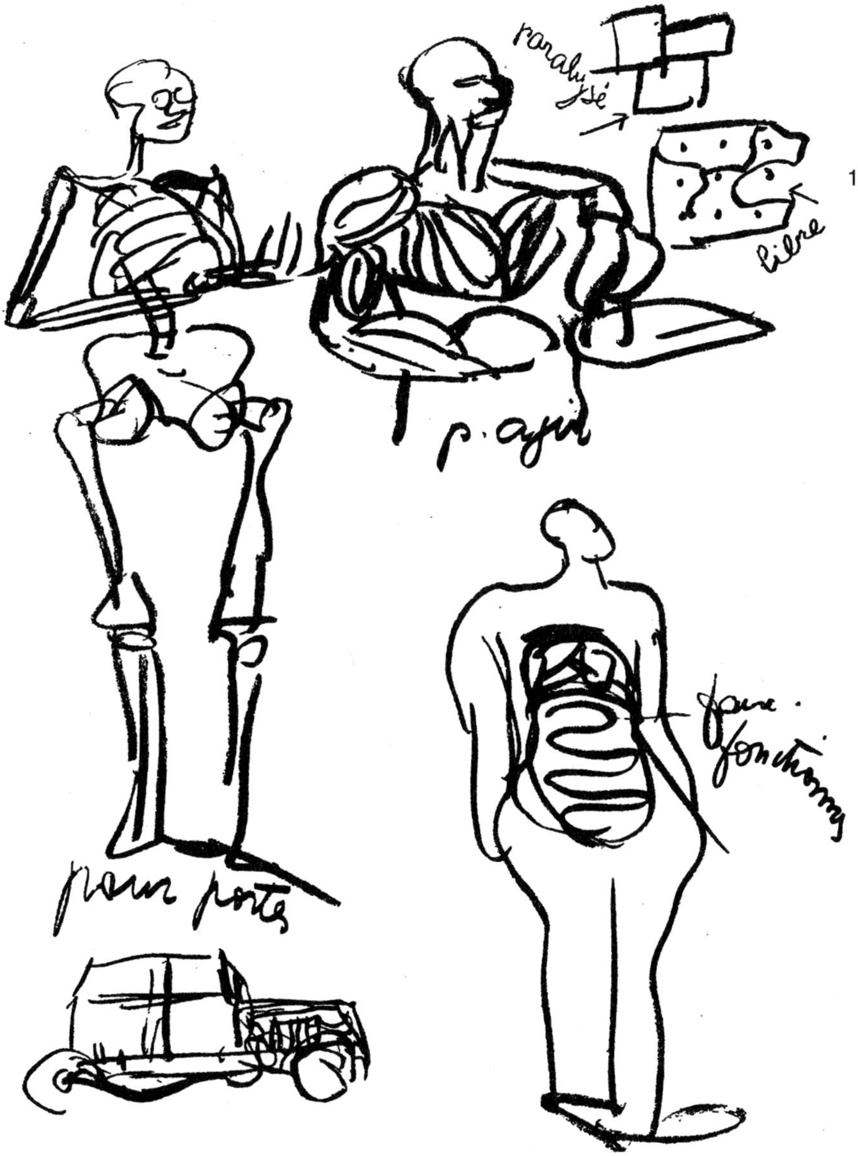

111 지지하기 위해 pour porter / 활동하기 위해 p. agir / 기능하기 위해 pour fonctionner
113 마비된 paralysé
114 자유로운 libre

마지막 예에서, 전기배선과 연료관 및 배기관이 얼마나 유연하게 엔진, 프레임, 차체 등의 견고한 기관들을 엮는지 살펴보십시오.

위쪽 구석에 있는 그림은 석조 주택의 요소들이 층층이 쌓인 골격 구조를 보여주며(그림 113), 그 옆에 있는 그림은 독립된 구조로 자유롭게 내부를 배치하고 층 사이에 독립적인 현대 주택의 유연성을 보여 줍니다(그림 114).

새로운 자유를 어떻게 활용할 수 있습니까?

> **경제성**을 위하여,
> **효율성**을 위하여,
> **수많은 현대적 기능**을 해결하기 위하여,
> **아름다움**을 위하여.

건축의 혁명은 진정한 혁명으로서 다음과 같은 과거와는 다른 요인들을 내포합니다.

1) **분류**
2) **치수**
3) **동선**
4) **구성**
5) **비례**

I. 분류

동시에 존재하고 동시에 일어나는, 분리할 수도 분해할 수도 없는 두 가지 독립적인 요인이 있습니다.

a) 생물학적 현상과
b) 조형적 현상입니다.

생물학적인 것은 제안된 목표, 제기된 문제, 기획의 기본 유용성을 뜻합니다. 조형적인 것은 심리적인 느낌, '인상', 압박감과 충동을 뜻합니다.
생물학적인 것은 분별력에, 조형적인 것은 감각과 이성에 영향을 미칩니다.
두 가지가 동시에 일어나는 지각으로 합치면, 좋든 나쁘든 건축적 **감흥**을 불러일으킵니다.
그러므로 주택의 **기관**을 이해하고, 목록으로 만들고, 분류해야 합니다. 효율성에 따라 각 기관을 가까이 배치하고 정상적인 순서대로 연결해야 합니다.
목적을 하나하나 질문해 봅시다.

난방은 무엇인가?
환기나 **통풍**은 무엇인가?
자연채광은 무엇인가?
인공조명은 무엇인가?
수직적 연결, 엘리베이터, 경사로, 계단, 사다리……? 수평적 연결(동선)은 무엇인가?

이 질문들에 대한 냉철한 고찰은 건설산업에 혁명을 일으킬 해결책을 제공할 겁니다.
혁명? 그렇습니다. 현재 상황은 계속되는 발명으로 수많은 새로운 물품들이 생산되었지만, 당면 과제에 대해 아무 고민도 하지 않아 모든 것이 무질서와 혼란으로 가득 찼습니다. 혼란은 **우리를 그저 낭비하게 만듭니다.** (수백 가지 예가 있지만 하나만 들어 봅시다. 내가 3/40의 고용인과 함께 살 가능성을 발견했는데, 1/10이나 1/100의 난로로 나를 따뜻하게 할 권리가 없겠습니까?)

II. 치수

주택에서 방들의 치수에 대해 말하겠습니다.

지금까지는 질문을 아주 피상적으로 제시했습니다. 왜냐하면 층별로 방들을 겹쳐 얹는 석조 건축물이 모든 혁신을 방해했고, 우리가 기본으로 추구해 온 경제성 연구에 상반되었기 때문입니다.

오늘날, 층을 쌓아올리는 데 신경 쓰지 않고 바라는 대로 각 방마다 많은 다양성을 부여할 수 있습니다. 내가 그것을 보여 주었습니다.

이제부터 이 치수들을 분석하고 면밀하게 계산해 봅시다. 이것은 현대 공장에서 공간을 나누는 것과 비슷한 합리화 작업입니다. 화장실은 8제곱미터면 충분하고, 침실이 식당의 위층에 있어야 한다는 비합리적인 이유에서 같은 크기나 형태로 만들지는 않을 겁니다.

레만 호숫가에 아주 작은 주택을 건설한 일련의 합리적인 작업을 목탄과 분필로 그려 보겠습니다.

나는 그 지역에 호수를 따라 10~15킬로미터에 이르는 언덕이 있음을 알았습니다. 호수는 고정된 요소입니다. 호수를 마주 보는 풍경은 멋지고 남향입니다(그림 115).

먼저 대지를 탐색하고 대지에 따라 평면도를 작성해야 합니까? 이것이 일반적인 방법입니다.

나는 앞서 밝힌 세 가지 요인에 따라 원하는 용도에 이상적으로 적합한 평면을 정확하게 짜는 것이 더 낫다고 생각했습니다. 이렇게 만든 평면을 들고 알맞은 대지를 물색하러 나갔습니다.

이처럼 명백하게 모순된 과정 속에서 현대 주택 문제에 관한 해결의 실마리에 주목하십시오. 먼저 합리적인 기능에 맞게 설계하고, 다음에 건물을 지을 장소를 정하는 것입니다. 앞에서 현대 건축의 새로운 요소들이 어떤 환경에서든 대지에 적용될 수 있음을 보여 주었습니다.

계산 결과는 아래와 같습니다(그림 116).

입구 ·· 3m²
화장실 ·· 1m²

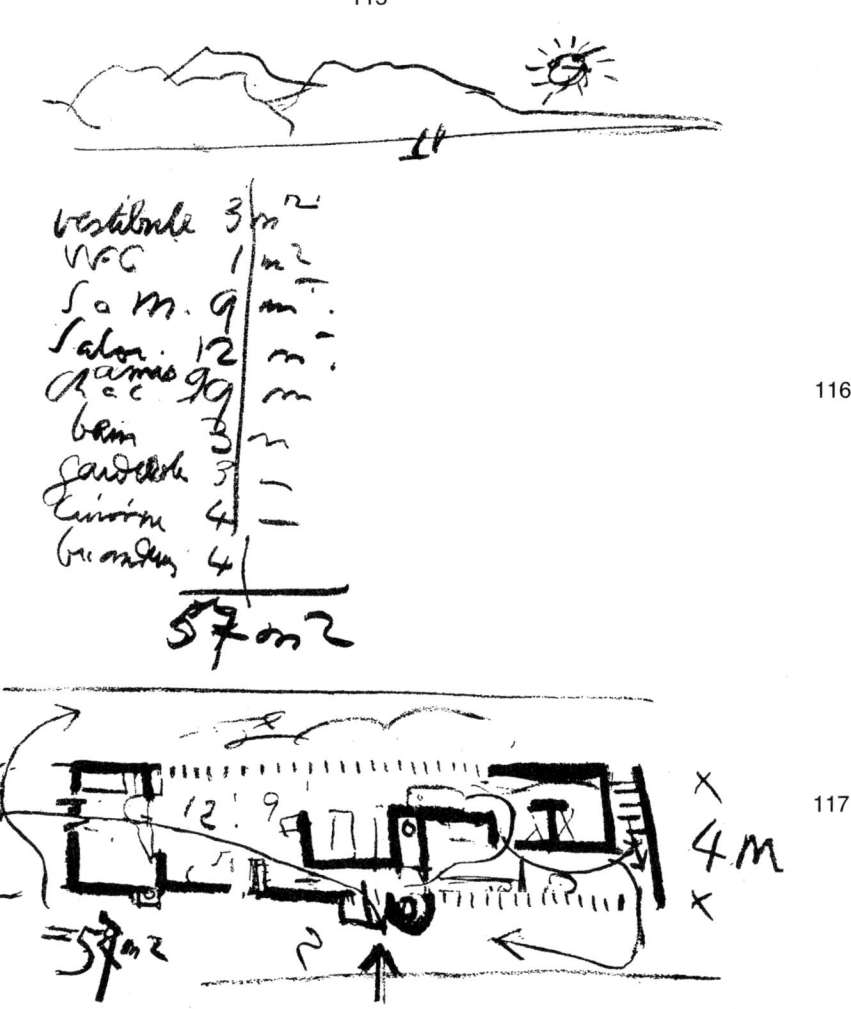

116 현관 vestibule / 화장실 w·c / 식당 s a m / 거실 salon / 손님방·작은 거실 ch amis / 침실 ch a c / 목욕실 bain / 의상실 garde-robe / 부엌 cuisine / 세탁실 buanderie

식당	9m²
거실	12m²
손님방·작은 거실	9m²
침실	9m²
욕실	3m²
의상실	3m²
부엌	4m²
세탁실	4m²
합계	57m²

Ⅲ. 동선

이것은 중요한 현대적 용어입니다. 건축과 도시계획에서는 동선이 가장 중요합니다.

주택이 어디에 쓰입니까?

누군가 들어가서,

규칙적인 일을 계속합니다.

노동자 주택, 빌라, 저택, 국제연맹 청사, 모스크바의 센트로소유즈 청사, 세계도시, 파리 계획, 이 모든 것에서 **동선이 전부입니다.**

주택에서 치수가 정해지거나 불가피하게 가깝게 놓아야 하는 기능적 요소들을 순서대로 연결할 수 있습니다.

왼쪽은 접대공간으로 열리고 오른쪽은 서비스 공간으로 열리는 현관을 그립니다(그림 117).

식당과 거실을 합쳤지만, 둘 사이에 콘크리트로 만든 찬장이 있어 공간이 분리됩니다.

꺼낼 수 있는 침대와 함께 미닫이 문에 가려진 벽장, 주택의 외부에 네모나게 설치된 세면대 등을 이용하여 곧바로 손님방으로 바꿀 수 있는 작은 거실이 있습니다.

현관과 정원 사이에 왼쪽으로 가는 동선이 만들어졌습니다. 벽으로 둘러싸인

이 공간은 여름용 거실로 사용됩니다.

식당 오른쪽으로 침실이 욕실 및 화장실과 가깝게 있습니다.

하나뿐인 11미터의 창이 이 모든 요소를 연결하고 빛을 비추면서 호수와 수면의 움직임, 빛의 기적을 담은 알프스 산맥이 보여 주는 멋진 대지의 위엄을 주택 안으로 끌어들입니다.

현관 오른쪽으로 부엌과 세탁실, 지하실로 내려가는 계단, 포장된 안뜰로 향하는 보조 문이 있습니다. 다른 쪽에는 두 번째 '**보조**' 동선이 의상실을 통해 침실과 연결되었습니다.

문들의 너비는 75센티미터 또는 55센티미터입니다. 주택의 너비는 4미터입니다. 면적이 57제곱미터인 이 주택의 내부는 **14미터**의 시야를 제공합니다! 11미터의 긴 창은 집 밖의 광대함과 폭풍, 눈부신 고요와 함께 꾸며낼 수 없는 호수 풍경의 조화로움을 실내로 들입니다.

여기서는 정말 1센티미터도 잃어버리지 않았습니다. 이건 보통 일이 아닙니다!

아름다움에 관한 문제는 고려하지 않느냐고요? 물론, 아름다움에 대한 고려야말로 이 모든 작업을 결정한 의지의 특성입니다.

나는 완성된 평면도를 주머니에 넣고 땅을 찾아 나섰습니다. 물가에서 가늘고 긴 리본 모양의 땅을 발견했는데, 너무 좁아서 그 정도 크기도 충분하다는 확신이 없었다면 절대 구입할 생각을 안 했을 겁니다.

주택의 내부에서 현대적 동선의 다른 예를 봅시다. 이 계획은 아주 특별한 생활 방식에 들어맞습니다. 여기에 침실 층만을 그립니다(그림 118).

주인은 **공간**을 가지며, 부인과 딸도 마찬가지입니다. 각 방의 바닥과 천장은 자유롭게 따로 세운 기둥으로 지지됩니다. 각 방은 세 아파트[역주64] 사이의 경계를 이룬 통로 쪽에 있는 문으로 열립니다. 각자 방의 문을 통해 현관과 의상실(모든 서랍장과 옷장이 있는 곳), 운동실, (부인용) 안방이나 서재, 욕실, 마침내 침대에 이르기까지 모든 것을 완벽하게 갖춘 공간으로 들어갑니다. 붙박이장이나 그 밖에 높이가 천장보다 낮거나 천장에 닿는 칸막이들은 천장을 그대로 지나가면서 공간을 세분합니다. 마치 모든 사람이 자신만을 위한 작은 집에 사는 것 같습니다.

나는 쉽게 제작하는 곡선 칸막이를 이용하여 예전에는 전통적인 방 하나만 들어가던 공간에 어떻게 방 두 개와 욕실이 생기는지 보여 줍니다(그림 119).

또다시 우리가 '그랜드 피아노'라고 부르는 곡선 칸막이를 이용하여 일반적으

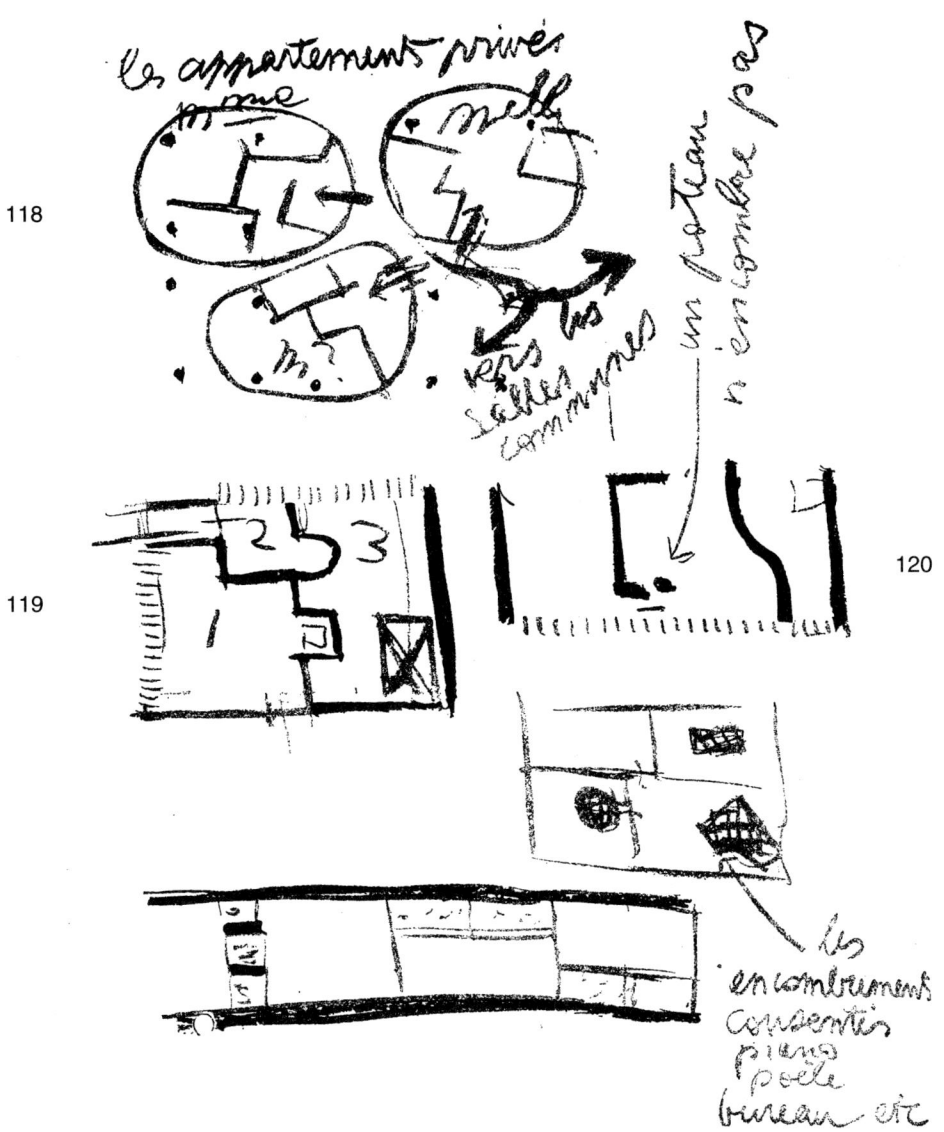

118 개인적인 공간 les appartements privés / 부인 Mme / 딸 Mlle / 주인 M / 공용실로 향함 vers les salles communes
120 기둥 하나는 방해되지 않는다 un poteau n'encombre pas / 인정된 방해물, 피아노, 난로, 책상 등 les encombrements consentis piano poêle bureau etc

로 방 두 개만 있던 장소에 방 세 개를 만드는 법을 보여 줍니다(그림 120).

거주자가 집에서 살며 기뻐할 기능을 곰곰이 생각하면서 연필 끝으로 그리며 한 걸음씩 산책하는 데 익숙하다면, 일상생활 속에서 이런 예를 쉽게 찾을 수 있습니다.

IV. 구성

건축가의 개인 역량을 함께 생각해 봅시다.

다른 것들보다 아주 중요하며 내가 이미 언급한 것의 존재를 확신하는 일은 즐겁습니다.

한 사람을 그립니다(그림 121). 그가 집으로 들어갑니다. 그는 방의 크기나 형태를 발견하고 창이나 유리벽을 통해 들어온 빛을 느낍니다. 계속 걸어갑니다. 다른 공간과 다른 빛의 유입을, 더 나아가서는 또 다른 빛의 근원을, 더욱더 나아가서는 빛의 홍수와 바로 옆의 희미한 빛을 느낍니다.

각기 다르게 조명되는 연속적인 볼륨들, **사람은 그 속에서 호흡합니다**. 호흡은 이 공간들에 의해 정화됩니다.

나는 가끔 공간과 빛이 만든 운율의 걸작인 브루스의 푸른 회교 사원La Mosquée Verte de Brousse의 단면을 즐겨 인용합니다(그림 122).

여러분이 상상하듯 나는 빛을 자유롭게 사용합니다. 나에게 빛은 건축의 기본입니다. 나는 **빛과 함께 구성합니다.**

하지만 어떤 이들은 걱정합니다. 거침없이 쏟아져 들어오는 빛, 특히 유리벽은 태양이 아주 강렬한 부에노스아이레스나 리우 같은 곳에서는 불평을 자아낼 거라고 말합니다. (난방이나 냉방은 이미 여러분에게 설명했습니다.) 여러분은 겨울철에 황혼이 깃드는 파리나 모래가 반짝이는 오아시스의 장관을 찍으려고 카메라를 삽니다. 그런 다음 어떻게 하겠습니까? 렌즈의 조리개를 사용할 겁니다. 유리벽과 수평창이라면 빛을 여러분의 뜻대로 조절할 수 있습니다. 여러분은 원하는 곳 어디든지 빛을 끌어들일 수 있습니다. 유리벽은 투명유리나 두꺼운 벽과 마찬가지로 단열효과가 있고, 태양광선을 차단하는 특수한(우리가 생고뱅 연구실과 공동으로 연구한) 유리로 만들 겁니다. 아니면 와이어 강화유리, 반투명유리,

121

122

122 푸른 회교 사원 mosquée verte

유리블록 등을 사용할 겁니다. 유리벽, 조리개 등은 건축 언어의 새로운 어휘들입니다.

V. 비례

우리 눈에는 모든 것이 기하학적입니다(생물학은 유기 조직으로만 존재하고 오로지 연구를 통해 지성으로 이해합니다). **건축의 구성은 기하학적**이며 주로 **시각적인** 질서입니다. 그것은 양과 관계의 판단이며, **비례**의 감상입니다. **비례**는 느낌을 불러일으킵니다. 이러한 느낌들의 연속은 음악의 멜로디 같습니다. 에릭 사티[역주65]는 '멜로디는 관념이고, (음악에서) 조화는 방법이며 도구이자 관념의 표시'라고 말했습니다.

건축의 **아이디어**는 남에게 양도할 수 없는, 엄격하게 개인적인 현상입니다. 아이디어는 순수성의 경지까지 끌어올려야 좋습니다. 나는 규준선[역주66]의 이치를 설명했습니다. 또 부유함과 풍부함 속에서 선택하고 줄여 없애고 집중하여 단순성을 얻는다고 말했습니다.

우리들 각자는 어떤 관념에 개인의 서정적 영감이라는 사적인 표현을 덧붙입니다. 각자는 통찰력을 갖고 스스로 살펴보고 판단하고 알고 행동할 권리가 있습니다. 피에르 잔느레와 나는 많은 집을 지었습니다. 우리가 만든 산물을 연구하면서 나는 우리의 작품 경향을 결정짓는 보편적인 개념을 찾았습니다. **분류, 치수, 동선, 구성, 비례** 같은 유사한 방법을 이용하여 지금까지 우리는 각각의 특징에 뚜렷한 지적 관심을 가지고 네 가지로 구별되는 평면 유형에 대해 작업했습니다.

첫 번째 유형은 각 기관이 유기적인 이유에 따라 옆으로 퍼져 나갑니다. '내부를 편하게 만들면서 외부로 뻗어나가 다양한 형태를 만듭니다.' 이 원리는 '피라미드' 구성이라는 결과로 이끄는데, 주의를 기울이지 않으면 혼란스러워집니다(오테이, 그림 123).

두 번째 유형은 절대적으로 순수하고 단단한 외피 안에 기관들이 압축되었습니다. 어려운 구성법이지만 아마도 정신적으로는 기쁨을 줄 겁니다. 자신이 부여한 한계 안에서 정신적인 힘을 발산합니다(가르슈, 그림 124).

세 번째 유형은 골조가 드러나며 망상 조직 같은 간단하고 명백하고 투명한 외피를 가집니다. 이 유형은 층마다 형태나 치수가 다른 방들로 구성된 유용한 공간을 만들 수 있습니다. 이 독창적인 유형은 여러 기후에 적용될 수 있습니다. 이 구성은 쉽고 가능성이 풍부합니다(튀니지, 그림 125).

네 번째 유형은 외부는 순수한 형태를 따르고 내부에는 첫 번째 유형과 세 번째 유형의 장점을 가집니다. 이것 역시 순수하고 아주 광대하며 가능성이 풍부한 유형입니다(푸아시, 그림 126).

다시 말하지만, 자기 작품을 끊임없이 반복하여 해석할 필요가 있습니다. 이미 일어난 일들에 대한 자각이야말로 진보의 밑거름입니다.

결론을 내리기 위해, 파리 근교인 푸아시에 건설 중인 건물을 분석해 봅시다.

방문객들은 지금까지도 무슨 일이 일어나는지 자문하며 자기가 보고 느끼는 것을 겨우 이해하면서 내부를 돌고 돕니다. 그들은 '주택'이라고 부를 만한 어떤 것

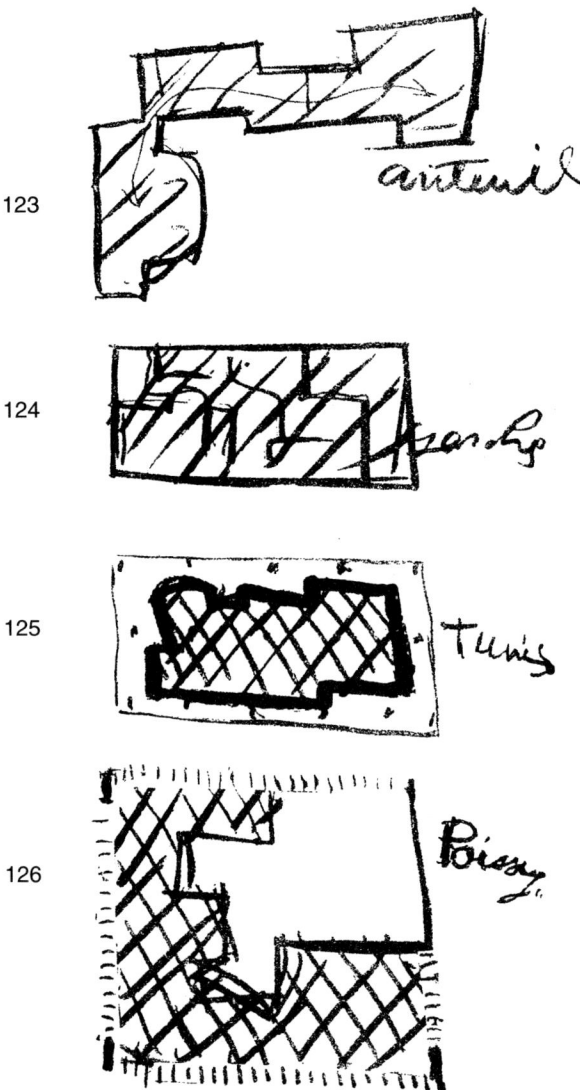

123 오테이 Auteuil
124 가르슈 Garches
125 튀니지 Tunis
126 푸아시 Poissy

도 찾을 수 없습니다. 완전히 새로운, 뭔가 다른 것을 느낍니다. 그리고…… 내 생각에, 그들은 지루하지 않습니다!

대지는 약간 볼록한 넓은 잔디밭입니다. 주요 경관은 북쪽에 있으므로 태양과는 반대쪽입니다. 그래서 집의 정면이 태양의 반대편에 있습니다(그림 127).

집은 대지 위로 들어올려진 상자며, 사방으로 아무런 방해 없이 긴 수평창으로 트였습니다. 비움과 채움의 건축적 놀이는 망설임이 없습니다. 상자는 초원 한가운데서 과수원을 내려다봅니다(그림 128).

상자 아래의 필로티를 통과하며 자동차가 왕복합니다. 자동차 길은 머리핀처럼 굽었고 정확하게 집의 입구, 현관, 차고에까지 이어집니다. 자동차는 집 아래로 굴러다니며 주차하고 출발합니다(그림 129).

현관의 경사로는 완만하게 2층으로 이어집니다. 여기는 응접실과 침실 등 거주자의 생활이 이루어지는 곳입니다. 전망이 좋고 빛이 충분하도록 상자의 가장자리에 여러 방들을 배치했고, 방들은 빛이 퍼져 나가는 옥상 정원을 중심으로 모여 있습니다.

응접실의 미닫이 유리벽과 주택의 여러 방들이 옥상 정원을 향해 자유롭게 열립니다. 햇빛은 주택의 중심을 포함하여 가는 곳마다 있습니다(그림 130).

공중 정원에서 외부로 나온 경사로를 따라 옥상에서 일광욕장으로 갈 수 있습니다(그림 131).

일광욕장은 3층의 나선 계단을 따라 필로티 아래의 지면 밑으로 파 내려간 지하실과 연결됩니다. 수직 기관인 나선 계단은 수평 구성 안으로 자유롭게 파고듭니다.

마지막으로 단면을 봅시다(그림 132). 공기는 모든 곳에서 순환되고 햇빛은 모든 곳에 있으며 모든 곳을 통과합니다. 순환 동선은 현대 기술이 가져온 건축적 자유를 모르는 방문자를 당황스럽게 하는 다양한 건축적 감동을 줍니다. 1층의 단순한 기둥들은 정확하게 배치되어 규칙적으로 풍경을 나누며, 주택의 '앞', '뒤', '옆'의 개념을 없애는 효과가 있습니다.

평면은 순수하며 필요에 따라 정확하게 짜입니다. 이것은 푸아시에 펼쳐진 전원 풍경에 자리 잡았습니다(그림 133).

비아리츠[역주67]에서도 마찬가지로 멋질 겁니다. 만일 전망이 반대쪽에 있다면, 즉 방위가 다르다면, 옥상 정원만 돌려 놓으면 됩니다.

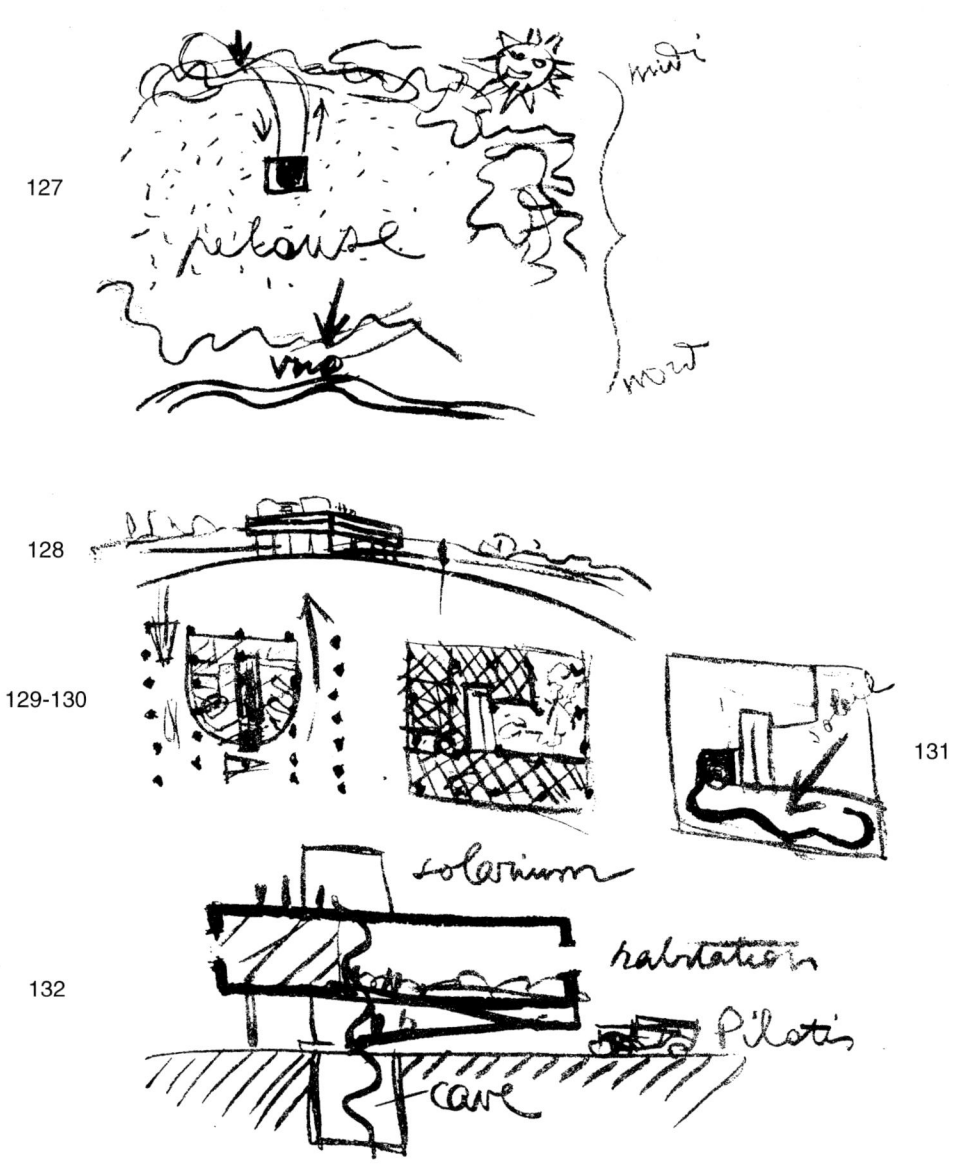

127 잔디 pelouse / 조망 vue / 남쪽 midi / 북쪽 nord / 태양 soleil
132 일광욕장 solarium / 주거 habitation / 필로티 pilotis / 지하실 cave

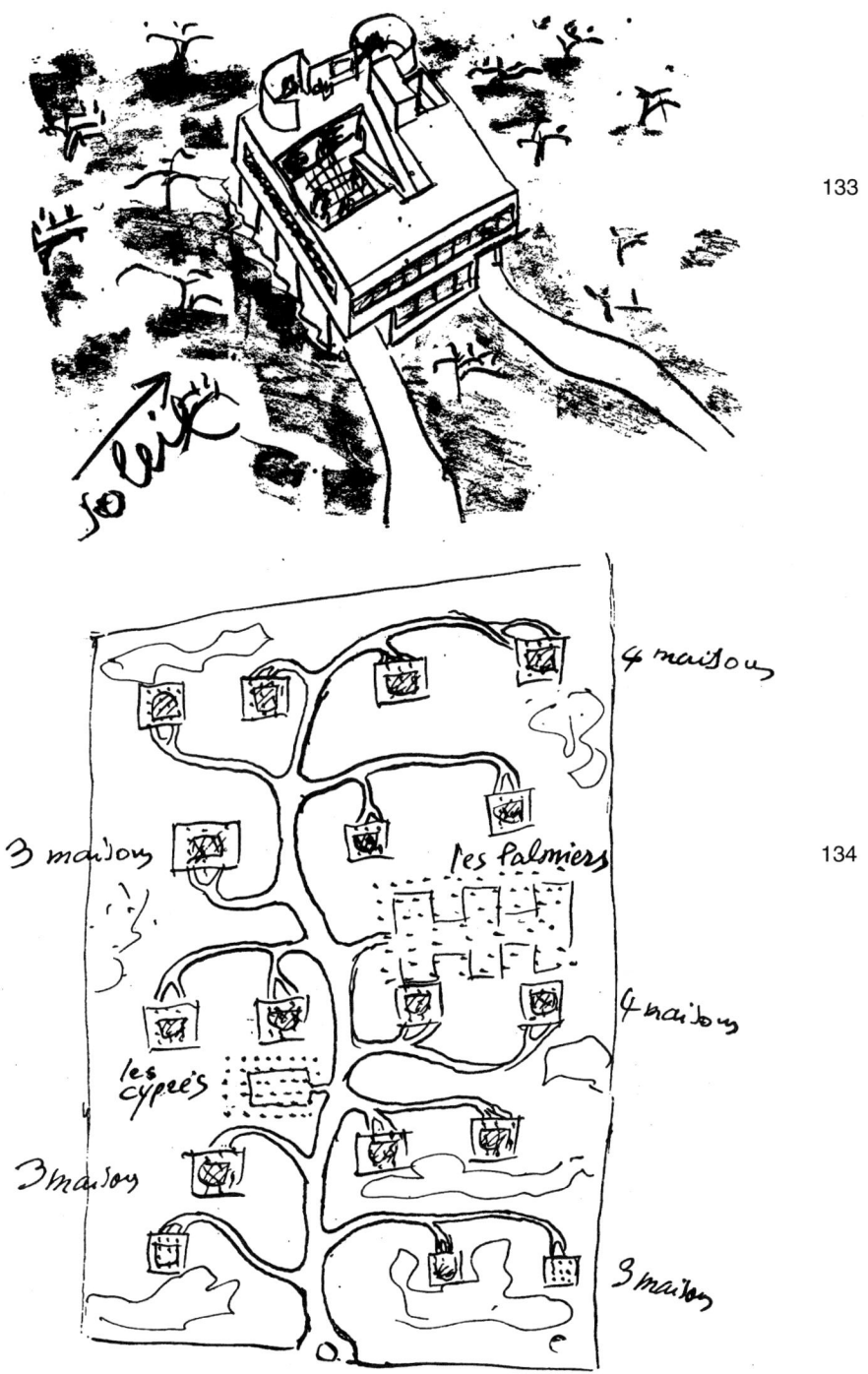

133 태양 soleil
134 집 네 채 4 maisons / 집 세 채 3 maisons / 종려나무 les palmiers / 사이프러스 les cyprès

똑같은 주택을 아르헨티나의 아름다운 평야 한쪽에 세우려고 합니다. 우리는 소가 풀을 뜯어먹는 과수원에 길게 자란 잔디밭 위로 떠 있는 주택을 20여 채 지을 겁니다. 전원도시의 관습적이고 혐오스러운 사치를 위해 대지를 분할하여 훼손하는 일 없이 자연 속의 풀밭 안에 콘크리트로 만든 멋진 교통 체계를 세울 것입니다. 길가에 잔디가 자라며, 나무나 꽃, 소 떼 등 어떤 것들도 방해받지 않을 겁니다. 전원의 아름다운 생활에 매료되어 이곳에 온 거주자들은 옥상 정원 위에서, 사방으로 난 수평창을 통해서 그대로 보존된 전원을 내려다볼 것입니다. 그들의 가정생활은 베르길리우스[역주68]의 꿈속으로 젖어들 것입니다(그림 134).

보여 드린 **자유**의 예에 반박하지 않기를 바랍니다. 생생한 현대의 물질을 바탕으로 얻은 이 자유는 기술이 가져온 시학이며 서정입니다.

여섯 번째 강연
1929년 10월 14일 월요일
도시학회

사람은 하나의 세포이고,
세포가 모여 도시를 이룬다

3백만 거주자를 위한 부에노스아이레스는 현대 도시인가?

이제 '**미앤더 법칙**'을 설명할 때가 되었습니다. 현재 대도시들은 기계주의 때문에 해결불능 상태에 있습니다. 격심한 위기에 빠졌습니다. 수많은 '**그저 그런**' 제안들은 사정을 악화할 뿐입니다. 더욱이 그 해결책들은 너무 많은 비용이 드니 실제로 수행하기 어렵습니다. 하지만 기적은 일어날 수 있습니다. **기계주의** 자체에 현상의 **연속**과 해법이 있습니다. 모든 장애가 없어지거나 줄어들고, 효과적인 해법이 유연하고 간단하게 나타납니다. 기적이라고요? 천만의 말씀입니다! 기계주의는 건설이나 재건의 요소들을 우리에게 가져옵니다. 길이 부적절한 부분을 꿰뚫고 곧게 나아갑니다. 이것이, 자신에 대한 승리고 위로가 되는, 미앤더의 교훈입니다. 여기에 '**미앤더 법칙**'이 있습니다.

강을 그립니다(그림 135). 목적은 분명합니다. 한 지점에서 출발해 다른 지점에 이르는 것입니다. 여기서 강을 아이디어라고 생각해 봅시다. 아주 작은 결과, 정신의 결과가 발생합니다. 곧 거의 지각할 수 없을 만큼 지극히 작은 굽이가 생깁니다. 물이 왼쪽으로 흐르면서 둑을 파 들어갑니다. 그 반작용으로 강물은 거기서부터 오른쪽으로 돌아 흐릅니다. 이제 직선이 없어졌습니다. 왼쪽과 오른쪽으로 더 깊이 흘러가면서 강물은 맞물리고 움푹 패기도 하며 가로지르기도 합니다. 강폭은 언제나 더 넓어지고, 아이디어는 계속해서 평야에 부딪칩니다. 직선이 구불구불해졌습니다. 아이디어가 중대한 결과로 발전할 수 있는 부수적인 결과를 얻습니다. 구불구불한 모양이 되고, 굴곡이 나타납니다. 아이디어가 더 작게 나뉩니다. 해결책은 몹시 복잡해집니다. 이것은 역설입니다. 기계는 작동하지만 느리고, 메커니즘은 미묘하고 다루기 어렵습니다. 목적지를 향해 간다는 목표는 여전히 중요합니다. 그러나 어느 길로 갈지가 문제입니다!

미앤더는 8자와 같은 형상을 만듭니다. 이것은 터무니없습니다. 극도로 절망적인 순간에 갑자기 곡선에서 가장 부푼 부분이 서로 맞닿습니다! 기적입니다! 강물은 다시 똑바로 흐릅니다! 이렇게 순수한 생각이 솟아나 해결책이 나타났습니다. 새로운 단계가 시작된 겁니다. 짧은 기간이나마 삶은 다시 좋아지고 정상화됩

135 첫 장애물 premier obstacle / 미앤더 법칙 la loi du méandre

니다. 오래된 미앤더는 활력을 잃고 늪지가 됩니다. 수풀이 둑을 뒤덮습니다. 기생적이고 시대착오적이며 쓸모없는 사회적·정신적·기계적 유기체들이 여전히 남습니다.

이처럼 아이디어는 미앤더 법칙을 따릅니다. '단순성'의 순간이야말로 혼란에 따른 격심한 위기와 비판을 해결할 실마리입니다.

도시들, 세계의 대도시들은 아무 원칙도 없이 성장합니다. 나는 이미 어떤 원칙의 시간적인 근거에 대해 정의를 내렸습니다(이를테면 한 세대라고 할 수 있는 20년 정도의 충분한 기간을 뜻합니다). 어디서 온지를 알기 때문에, 어디로 가는지를 아는 겁니다.

오늘날 수행된 도시계획은 '아름답게 하기'나 '정원 만들기'처럼 미학적입니다. 이것은 집이 불타는 동안 '모래더미'에서 노는 것과 마찬가집니다.

나는 **도시계획**이란 용어를 **설비**라는 용어로 바꿉니다. 이미 가구라는 말을 설비라는 용어로 바꿨습니다. 이런 완고함은 순수하고 단순하게 작업할 도구가 필요하다는 것을 잘 보여 줍니다. 왜냐하면 우리는 미학적인 도시계획으로 치장된 꽃밭 앞에서 배고파 죽고 싶지는 않기 때문입니다.

우리는 어디서 왔는지 알지 못하기 때문에 어디로 가야 할지도 모릅니다. 우리에게는 진단과 행동방침이 필요합니다.

나는 1922년에 연구실에서 어떤 분석에 몰두했습니다. 세균을 분리한 뒤 어떻게 성장하는지를 관찰했습니다. 세균의 생태는 논란의 여지가 없을 정도로 분명하게 나타났습니다. 확신을 얻었습니다. 진단을 내렸습니다. 그런 다음 종합하려고 노력한 결과 현대 도시계획의 근본 원리를 끌어냈습니다. 이것이 살롱 도톤에서 전시된 '3백만 거주자를 위한 현대 도시'입니다.

1924년부터 이듬해까지, 나는 『도시계획』을 출간했습니다. 이 당시에 국제 장식예술 박람회Exposition Internationales des Arts Décoratifs가 열렸고, 여기에 출품된 에스프리 누보관에는 현대인의 주거 단위를 분석하는 도시계획에 관한 연구를 전시했습니다. 이 전시에서 1922년의 도면을 다시 보여 주었으며, 새롭게 계획한 중심 지역과 함께 도시 전체를 보여 주는 대규모 도면이 추가된 **파리를 위한 '부아쟁' 계획**을 소개했습니다. 분석이 끝나고, 진단을 내리고, '가상의' 작업을 한 다음에 마침내 파리라는 구체적인 상황에 정식으로 적용한 것이었습니다. **1928년에 프랑스 재건 위원회는 『기계시대의 파리를 향하여』**[1]라는 제목으로 도시계획을 연구한 결과를 발표했습니다.

도시계획에 아주 많은 관심을 쏟아 부었기에, 가슴 설레는 주제인 '현대 도시들'에 대해 여러분에게 말할 권리가 있습니다.

---

1. *Vers le Paris de l'époque machiniste*, Le Corbusier, "Au Redressement Français", 28, rue de Madrid, Paris.

✳︎ ✳︎
✳︎

 목탄으로 몇 개의 동심원을 그린 강 주위에(그림 136) 초기에 설립된 작은 도심, 시장지구, 도시, 도시의 성벽들, 도시의 두 번째 성벽이 있는 근교, 세 번째 성벽, 네 번째 성벽 등을 보십시오. 우리는 고대 로마시대로부터 현대까지 이르렀습니다. 그리고 여전히 중심 지역에서 떠나지 않았습니다.

 사방이 넓은 평야에 세워진 수도원들을 몇 곳 보여 드리겠습니다. 수도원과 도시를 잇는 길은 수세기 동안 남아 있습니다. 이 길은 도시의 주요 동맥이 되었습니다. 이 시골길들이 오늘날 거대한 도시 동맥으로 성장했습니다!

 두 번째 그림에는 철도와 역들이 보입니다. 근교와 더 먼 교외에 철도가 생겨났습니다. 도시 외곽이 거대해졌습니다(그림 137).

 도시 외곽이 왜 이렇듯 거대하게 발전되었습니까? 곳곳에 흩어진 인간들을 노란색으로 그립니다. 이 노란 점들이 도심을 내려오는 방사형의 운하에서 합쳐집니다. 노란 점들은 모두 낮 시간에 그곳으로 모입니다. 저녁이면 그곳을 떠나 근교와 변두리로 돌아갑니다. 따라서 도시의 기능에는 도심으로 집중하는 시간과 주변으로 흩어지는 시간, 두 가지 시간대가 있음을 주목합니다. 또한 **도시**란 모든 **방사형** 기관이 네 지평으로부터, **방사형 체계**로 제어되는 거대한 표면 곳곳으로부터 중심지로 인도되는 거대한 바퀴라는 사실에 주목합니다.

 아래에 도시의 단면을 그려 보면, 수세기 동안 길이 넓어지고 건물의 부피도 커지는 것을 알게 됩니다. 이러한 경향을 도식으로 요약하면, **오목한** 형태의 도시 윤곽이 그려집니다. 가장자리에서는 상승하면서 넓은 자리를 차지하며, 중심에서는 더 낮고 집중된 모습입니다(그림 138).

 이 현상을 더욱 명쾌하게 이해하려는 시도를 다시 해봅시다. 새로운 도식으로 실제 상황을 표현하겠습니다. 서로 점점 더 가까워지는 동심원으로 형성된 원에 파란색으로 그린, 가장자리는 더 넓고 중심에서는 좁아지며 순환하는 강들이 물을 공급합니다. 동심원들로 그려진 새로운 도식으로 이 집중 상태를 표현합니다. 중심에서 원들은 서로 거의 닿을 정도입니다. **이 상태는 밀집의 특징을 나타냅니다**(그림 139).

 밑줄을 긋고 1850년까지, **말馬의 시대**를 역사적으로 분류합니다.

 이 도식을 반복하여 **철도의 시대**를 표현합니다. 기차역들을 그렸습니다(그림

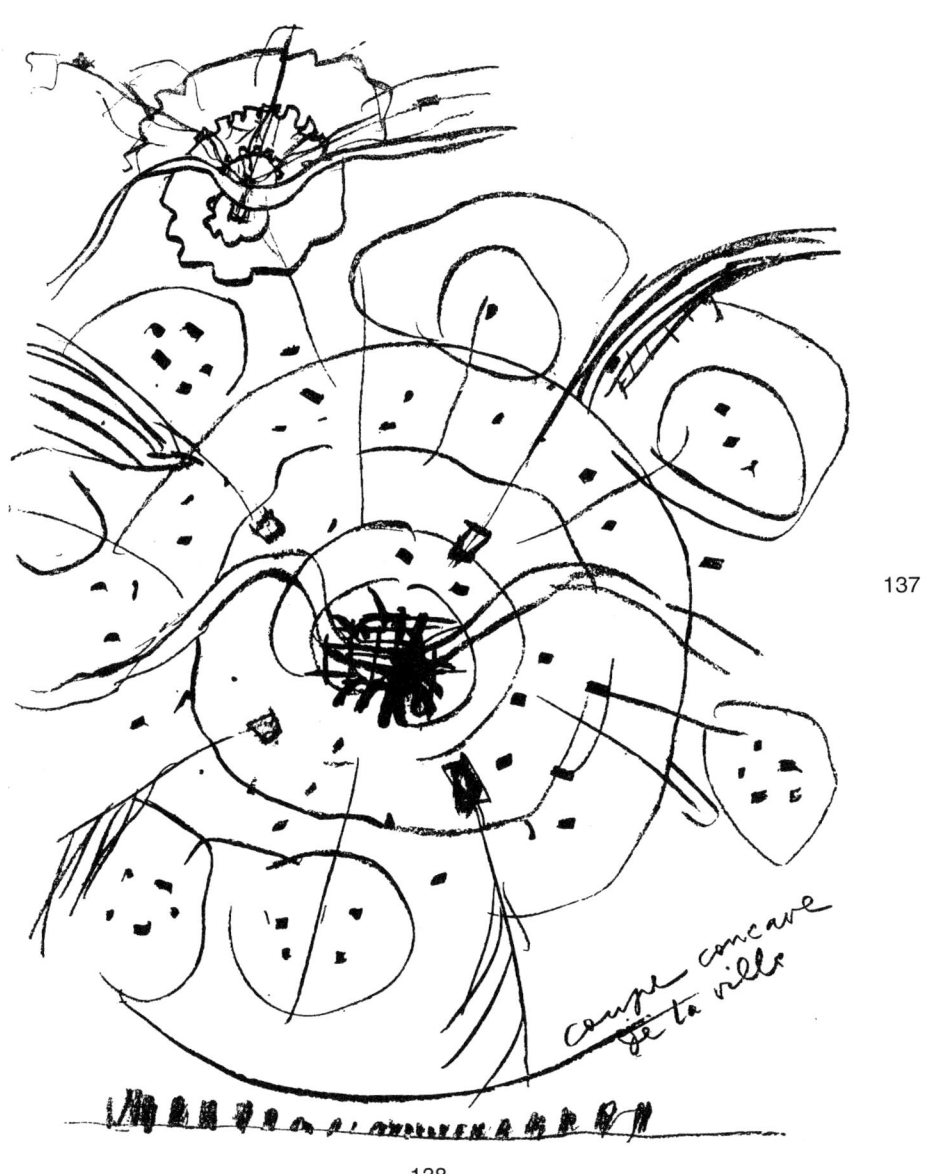

138 도시의 오목한 단면 coupe concave de la ville

140).

　기차역들은 어떤 역할을 합니까? 도시의 심장부에 사람들을 쏟아 냅니다. 군중을 **쏟아 놓는 것입니다.** 그렇습니다, 인간의 역사적인 속력 체계가 변해 왔기 때문입니다. 보십시오! 속력의 노정은 아주 오래 전부터 출발합니다. 이 여정은 인간의 도보 속력과 말의 속력 사이를 미끄러져 갑니다. 선사시대 사람들, 고대 로마인들, 훈족, 팔레스티나의 십자군, 30년전쟁의 군대와 나폴레옹의 군대 등은 걷거나 말을 탔습니다.[2]

　수직선을 하나 긋고 1850년이라고 씁니다. 그 후 80년 동안 곡선은 놀랍고도 거창하게 상승합니다. 나는 철도, 여객선, 비행기, 비행선, 자동차, 전보, 라디오, 전화라고 씁니다(그림 141).

　다시 한 번 **도시의 상태**를 나타내는 동일한 원을 그립니다. 기차역들이 자리 잡습니다. 근교에는 자동차 공장들이 있습니다. 공장에서는 도시로 자동차를 내보냅니다. 나는 **자동차시대**라고 씁니다(그림 142).

　나는 여전히 이해하려고 애씁니다.

　빨간 연필로 그린 원은 도시에 급속하게 밀어닥친 문제를 뜻합니다(그림 143). 이 문제는 사방에서 몰려듭니다. 어디로? 중심으로 몰려듭니다. 이 도식이 중요합니다. 아래에는 앞에서 파란색으로 그린 **동선의 흐름**을 표시합니다(그림 144). 내가 반복해서 도식화한 밀집 현상과 동선 상태를 괄호를 사용해 하나로 묶습니다(그림 145).

　빨간색을 파란색에 겹치려고 시도하면서 **확신한 내용**을 기록합니다. 실제 상태(교통)와 기존 상태(지금의 도시)를 묶은 괄호 옆에 '불가능은 곧 위기'라고 씁니다.

　현재 문제를 수평선으로 분류하고 오직 가능한 진실만을 요약해서 그립니다. 동선의 흐름을 표시하는 파란색 별은 밀려드는 침략자의 빨간색 별과 닮았습니다(그림 146). 혼잡을 완화하기 위해 중심에서는 간격이 아주 넓고 가장자리에서는 거의 맞닿을 듯한 동심원으로 표현합니다(그림 147).

　보십시오! 나는 연구하고 이해하고 제안했습니다.

　다음에는 파란색으로 자동차·비행기·철도 시대의 현대 도시 표정을 그립니

---

[2] 만약 어떤 힘 있는 소설가가 우리에게 지금 말한 것을 말해 줄 수 있다면!

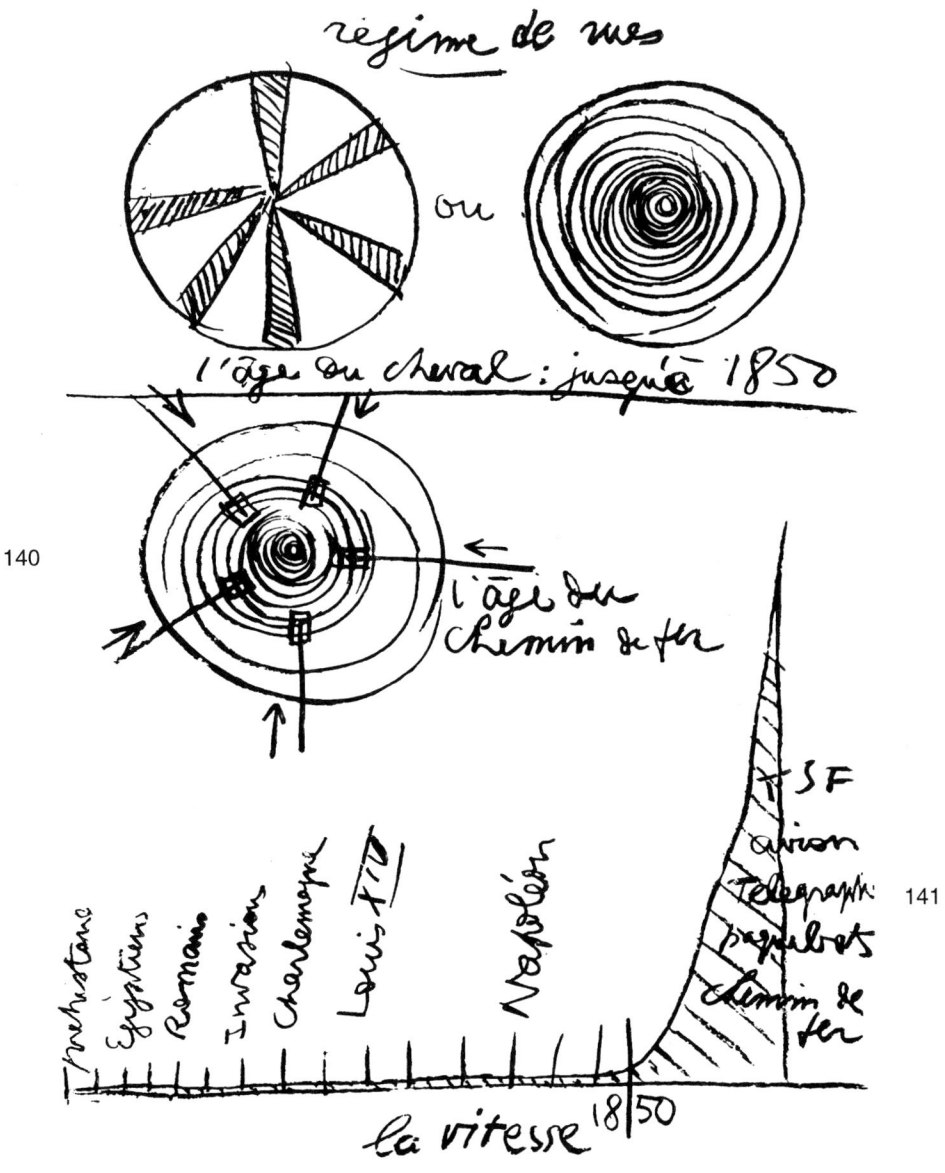

139 도로망 régime des rues / 또는 ou / 1850년까지: 말의 시대 l'âge du cheval: jusqu'à 1850
140 철도의 시대 l'âge du chemin de fer
141 선사시대, 이집트시대, 로마시대, 침략, 샤를마뉴 대제, 루이 14세, 나폴레옹 préhistoire, Égyptiens, Romains, Invasions, Charlemagne, Louis XIV, Napoléon/ 라디오, 비행기, 전보, 여객선, 철도 TSF, avion, télégraphe, paquebots, chemin de fer / 속력 la vitesse

142

143

144

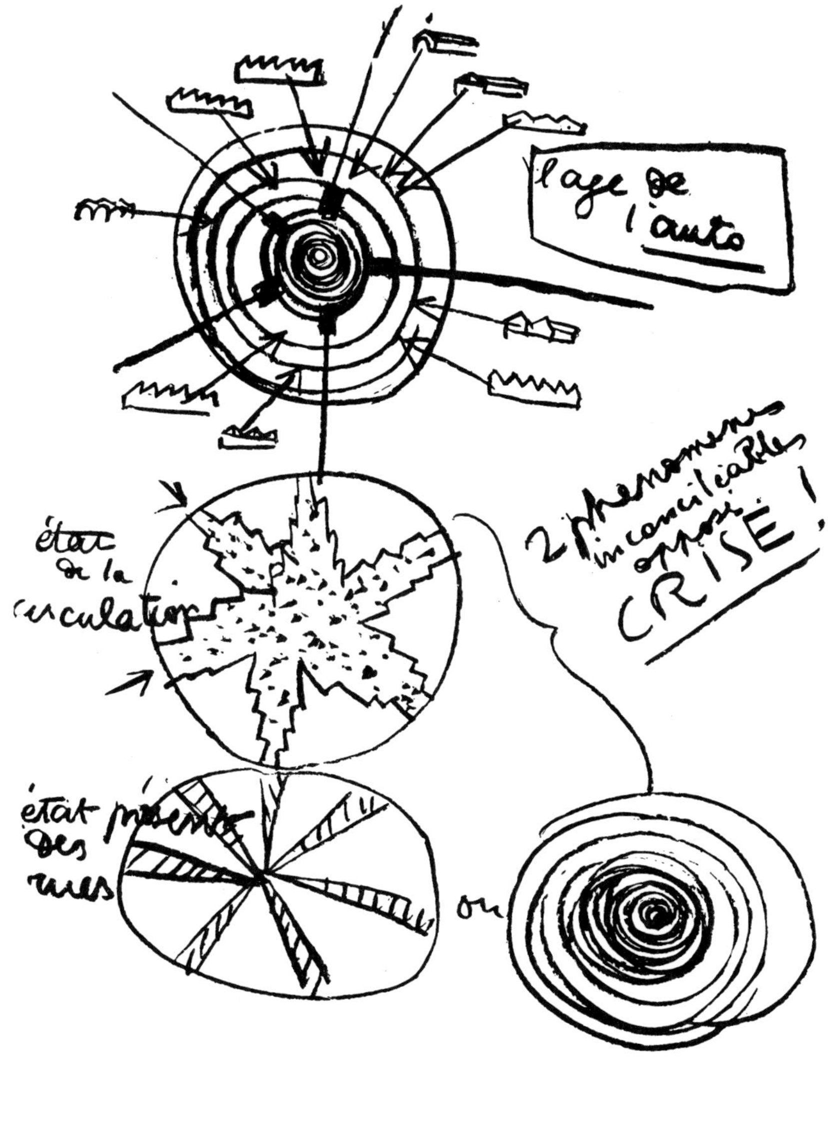

145

142 자동차시대 l'âge de l'auto

143 기존의 순환 état de la circulation / 양립할 수 없는 두 현상, 위기! 2 phénomènes inconciliables opposés. CRISE!

144 현재의 도로망 état présent des rues

145 또는 ou

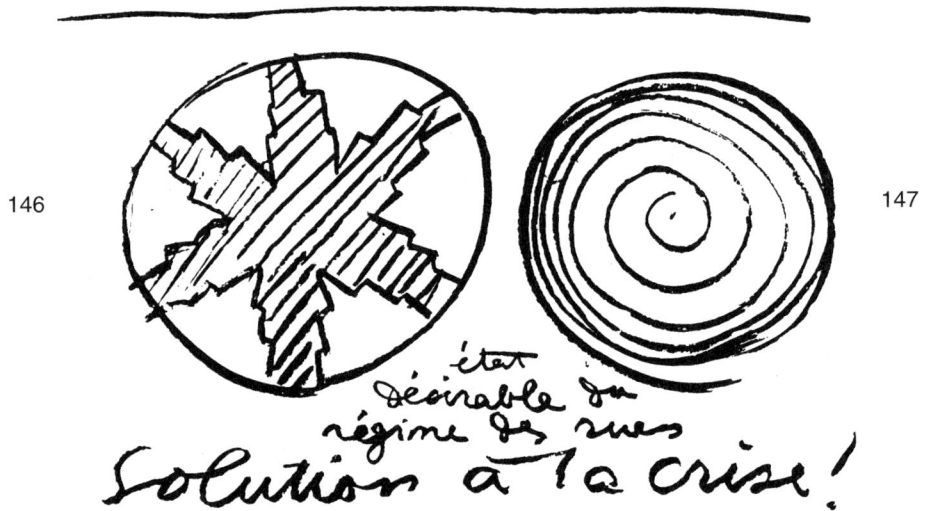

146, 147 바람직한 도로망 état désirable du régime des rues / 위기의 해결책 solution à la crise!

다(그림 148). 중심에는 드넓은 도로가 있습니다. 교외에서는 교통이 빨리 소통됩니다. 근교에는 교통이 뜸하고 녹지까지 있기 때문입니다. 녹지? 그렇습니다, 다시 말하면 보호구역이자 팽창을 향한 탈출구입니다. 멀리 떨어진 곳에 자질구레한 동선의 흐름이 있습니다.

조금 전에 노란색으로 그린 인간 점을 생각합니다. 사람들에게 두 시간대가 있다고 말했습니다. 그들은 도심으로 일하러 왔다가 근교로 돌아가 휴식을 취합니다.

이 도식에 내가 **얽매여** 있습니까? 도심에 있는 거대한 파란색 동선의 흐름 사이에는, 노란색 인간들이 갑작스럽게 몰려들 때를 위한 여유공간이 없습니다. 다시 자신감을 가집시다. 우리는 현대 기술을 이용해 200미터 높이까지 건설할 수 있습니다. **도심은 200미터의 높이를 가질 것입니다.** 이렇게 하면 놀랍게도 도심의 밀도를 네 배, 심지어 열 배까지 높일 수 있고, 거리는 1/4로 줄일 수 있습니다.

어떤 이는 '속도를 위한, 속력을 위한 얼마나 숨가쁜 경주인가!' 하고 말합니다. 그렇습니다, 경제는 아주 빨리 움직이는 사람들의 수중에 있기 때문입니다. 이 점을 숙고하시기 바랍니다. 매일 아침, 주식 거래가 시작될 때 세계 시장은 서로 만납니다. 주가가 결정됩니다. 주가는 매일 아침 결정되며 매일 조정되어야 합니다. 경쟁에서 이기려면(수주하기를 원하는 사람이 수천 명이므로) 가장 빠르고, 가장 명확하고, 가장 직접적이고, 가장 정확해야 합니다. 인간은 '경제의 승부를 위하여' 도구를 갖춰야 합니다.

도구를 잘 갖춘 사람이 이길 것입니다. 도구가 잘 갖춰진 도시가 승리할 것입니다. 수도首都를 잘 갖춘 나라가 성공할 것입니다.

만일 어떤 도시가 잘못 정비되었다면(그림 151, 152, 153), 여러분은 깊은 시골에서 게으른 나무꾼, 돌지 않는 도르래, 가정의 슬픔, 가난과 절망을 보게 될 것입니다.

여러분은 다시 이의를 제기할 것입니다. "당신의 진단이 방사형과 원의 체계에 근거를 두는데 어떻게 두 개의 직각축 위에 설정되는 직각 체계를 제안할 수 있습니까?"

그 답은 내가 상징적인 도형을 사용하는 경제학자의 영역을 떠나 다시 건축가가 되었기 때문입니다. 건축은 직각으로 진행됩니다. 건축의 위험은 단단하고 훌륭한 직각의 토양을 떠나 예각과 둔각을 애써 사용하려는 일과 무관하지 않습니다. 모든 것이 추함과 속박, 낭비가 될 뿐입니다.

200미터 높이의 건물들, 거대한 길들. 우리는 이렇게 **도시 규모**를 변화시켰습니다.

과거의 역사로 되돌아가 봅시다.

여기 성벽 안에 밀집된 고딕 도시의 좁은 길과 그 도시의 아주 작은 건축물이 있습니다(그림 149). 길은 20, 40, 50미터마다 교차합니다.

이것이 루이 14세 치하의 새로운 질서입니다. 마차가 막 등장했습니다. 먼저 굽은 길이 직선으로 바뀝니다. 길이 넓어지고 훨씬 큰 건물 구획이 설계되었습니다.

파리 시를 개조한 오스만 남작은 이러한 현상을 더욱 퍼뜨립니다. 안뜰이 더 넓게 열립니다. 위생, 치안유지, 도시의 위엄이 개선되었습니다.

조금 전에 그린 속력에 관한 경이적인 곡선을 기억하십시오. 나는 200미터 높

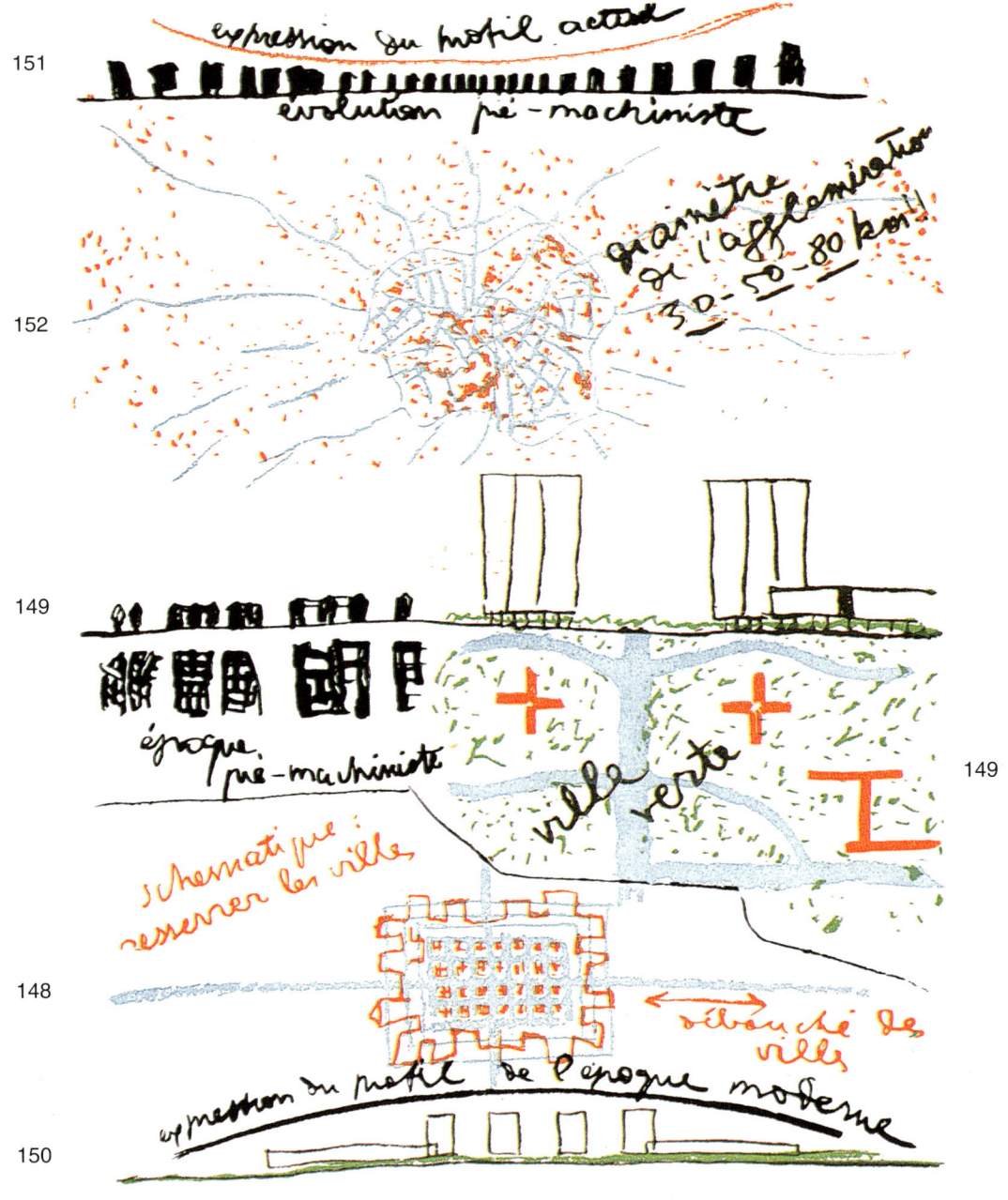

148 개략적인 도해: 도시를 수축시키다 schematique: resserrer les villes / 도시들의 출구 débouché des villes
149 산업화 이전 시대 époque pré-machiniste
149′ 푸른 도시 ville verte
150 근대의 특성 표현 expression du profil de l'époque moderne
151 현시대의 특성 표현 expression du profil actuel / 산업화 이전의 전개 évolution pré-machiniste
152 30-50-80킬로미터나 되는 도심의 지름!! diamètre de l'agglomération 30-50-80km!!

이와 150~200미터 길이의 마천루를 400미터 간격으로 건설합니다. 이것은 지하철과 자동차, 버스에 알맞은 도로의 간격입니다. 길도 400미터마다 교차합니다.

나는 건설 면적을 적습니다(그것을 이미 계산했습니다). 건설 면적은 겨우 5%뿐이며 95%는 자유로운 면적입니다.

여기서 두 번째 강연('기술은 시적 감흥의 기반이다')을 참고하겠습니다. 사람들은 건물의 필로티 아래를 통행할 수 있습니다. 도로들은 건물과 직접 연결되지 않습니다. 건물은 공간을 차지하는 볼륨으로 우리의 시선을 끌면서 공중에 떠 있습니다. 이 볼륨들은 질서이자 안정이며 아름다움인 직각의 필연성에 따라 질서 있게 배치되었습니다. 길들은 곡선이든 직선이든 원하는 대로 될 것입니다. 이 길들은 정확한 계산에 따라 가지를 치는 거대한 물줄기입니다. 길들이 교차하는 지점은 자유롭게 흐르는 물줄기들의 거대한 합류점입니다. 물줄기의 경로가 막히거나 방해를 받아서는 안 됩니다. 왜냐하면 이 지점에서 폭이 바뀌면 통탄할 만한 소란이 일어날지도 모르기 때문입니다. 통행으로 가득 찬 물줄기 속에 있는 배들은(여기서는 자동차들) **항만의** 왼쪽이나 오른쪽에 정박해야 합니다. 항만을 설치할 장소도 있습니다.

도시 전체가 녹음으로 뒤덮일 것입니다(그림 154). 공기와 빛이 풍부합니다. **건강에 해로운 폐쇄적인 안뜰은 전혀 없습니다.** 밝은 자연광 아래에서 작업하는 사람은 일을 잘 합니다. 100, 150, 200미터의 높은 곳에서 사물을 보는 사람들은 굴 속에 살면서 감옥 벽만 바라보는 사람들보다 더 행복합니다.

현대 도시의 단면을 그린다면, 곡선은 오목하지 않고 오히려 볼록합니다. 이것은 확실합니다(그림 150).

여기 다른 도식들에 대해서도 분명한 확신이 있습니다. 이러한 확신들은 하나의 원칙을 만듭니다. 바로 **도시계획의 원칙**입니다. 오늘날에 도시계획의 원칙이 없어서는 안 됩니다. 원칙은 꼭 필요합니다.

신사 숙녀 여러분, 이제야 겨우 주제에 접근하게 되었습니다. 이 주제는 이루 헤아릴 수 없이 큽니다. 벌써 다른 강연들에서 언급했습니다. 이렇게 얻은 진리를 함께 엮기만 하면 됩니다.

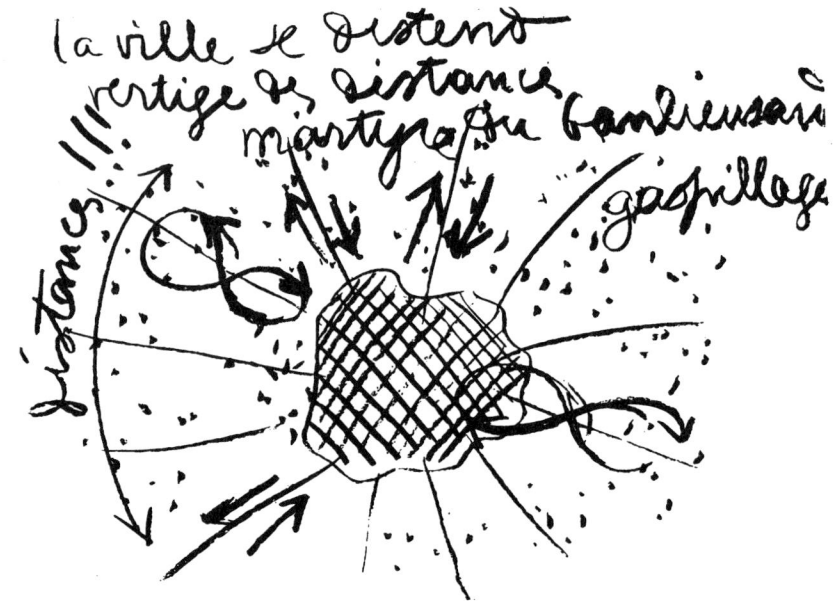

153 도시는 팽창한다 la ville se distend / 현기증이 날 것 같은 거리 vertige des distances / 교외 거주자의 수난 martyre du banlieusard / 낭비 gaspillage / 거리!!! distances!!!

154 도시는 그 대지의 가치 상승을 통해 지름이 줄어들어야 한다 la ville doit se resserrer par la valorisation de son sol / 공용 서비스를 근대적인 생활에 적용 adaptation des services communs à la vie moderne / 이 도시는 푸른 도시가 될 수 있다 la ville peut devenir une VILLE VERTE

나는 이 주제에 관해 책을 한 권 썼고 수많은 세부 연구를 수행했습니다. 이미 한 논증을 되풀이할 수는 없지만, 이 모든 것을 몇 개의 본질적인 생각으로 모을 수 있습니다. 근본적인 것들은 다음과 같습니다.

도시계획은 설비와 도구의 문제입니다. 만일 사람들이 도구를 말한다면, 그것은 좋은 기능, 수익, 효율을 뜻합니다.

도시계획은 생태적·사회적·재정적 조직의 문제인 동시에 미학적인 문제입니다.

미학적 도시계획은 엄청난 비용이 필요하며 납세자에게 과중한 부담이 됩니다. 더욱이 그것은 도시 생활에 도움이 되지 않으므로 부적절하거나 비윤리적입니다. 진정한 도시계획은 위기의 해결책을 현대 기술에서 발견합니다. 도시계획의 본질인 경제적 문제에서 **자체의 재정조달 방법**을 발견하는 겁니다. 이것은 다른 기회에 증명하겠습니다. 자연 발생적인 재정조달을 통해 사회 안정에 쓸 수 있는 많은 재정적 이익이 생깁니다. 이러한 재정조달이 실제로 생겨나게 하려면 최고위층의 개입이 필요합니다.

관계기관이 개입함에 따라 프로젝트의 재정조달이 어떻게 변하는지를 다음 기회에 보여 드리겠습니다. 관계당국이 개입해야 할 곳을 정하고, 어느 관계당국이 어떻게 개입해야 하는지를 살펴보겠습니다.

지금까지 진행해 온 모든 논증은 도시의 위기 해결에 도움이 됩니다. 주거 단위나 주거 단위 집단의 모든 면에서 주도면밀하게 제기된 문제들과 기계시대의 새로운 도구들은 구불구불한 고리를 풉니다. 더 자세히 말하면, 굽이진 이곳에서 저곳까지 길을 뚫음으로써 삶을 탄탄대로에서 다시 시작할 수 있습니다. 기적은 없습니다. (매듭) 풀기와 성숙이 있고, 결실이 있을 뿐입니다.

인습적인 사고와 피상적인 감상으로 여기서 무엇을 할 수 있겠습니까?

도시계획은 **땅과 땅 위에 있는** 구성의 총체적 현상입니다. 해결책을 얻는 데 실패하는 이유는 일차원적으로만 생각하기 때문입니다. 다시 말해 **넓이나 입면으로**, 건강과 기쁨이 최상인 상태에서 작업 속도를 높이는 모든 도구를 갖고 쟁기질할 땅과 **사람으로 가득 찰 건물들의 입방체**에 관한 총체적인 생각이 없기 때문입니다.

소음은 사라져야 합니다. 도시계획의 건강한 원칙과 '살기 위한 기계'의 원칙은 소음을 없애는 것입니다.

155 유리 마천루 les gratte ciel de verre / 포개진 도로 les rues superposées / 고속도로 l'autostrade / 요철형 건물 les redents / 도시 구성의 새로운 기반 les bases nouvelles de la composition urbaine / 기계시대의 새로운 서정 un nouveau lyrisme de l'époque machiniste
156 푸른 도시 LA VILLE VERTE

우리의 귀가 현대 생활의 소음에 적응할 거라고 생각하지 마십시오. 해결책이 조잡할 때에만 (기계적이거나 도시적인) 소음이 생깁니다. 좋은 기계는 소음이 없이 조용합니다. 우리는 소음 때문에 고통스러워합니다. 소음은 비정상적이며 피해도 큽니다. 머지않아 대부호들은 친구들에게 **침묵의 시간**을 선물로 주게 될 것입니다. 현대 도시계획이 승리하지 않는 한 평화는 없습니다. 앞으로는 조용하다는 이유로 찬양을 받는 수도首都가 생길 겁니다.

앞서 말한 모든 것에서 볼 때 현대 도시가 수목으로 뒤덮일 거라는 점은 명백한 사실입니다. 나무는 허파를 위해 필요하고, 심장에 위안이 되며, 철과 철근 콘크리트를 통해 현대 건축에 도입된 위대한 기하학적 미학의 향료입니다.

나는 다음과 같은 생각을 교육부 장관에게 제출합니다. 모든 초등학교 학생들이 시내나 시외 어디에든 나무를 한 그루씩 심는 법률을 만들자고 말입니다. 나무에는 그 나무를 심은 어린이의 이름이 붙을 것입니다. 비용이 그렇게 많이 들지 않습니다. **이것은 계획이 필요합니다!** 오륙십 년 안에, 이 사랑스럽고 경건한 행위는 그 후로 나이가 든 당사자들을 엄청나게 가지를 뻗은 커다란 나무 아래로 이끌 것입니다. 이것은 우리의 몸과 심장에 자연이 얼마나 중요한지를 보여 주는, 스쳐 지나가는 작은 생각입니다. 자연이 비인간적인 도시의 중심에서 없어진다면 우리는 아무것도 할 수 없을 것입니다.

도시계획의 **조형적 요소**와 **시적 요소**를 기술하면서 강연을 마치겠습니다.

먼저 평면상으로 다양한 공간이 있습니다(그림 149′).

다음은 이곳에 입면을 그립니다(그림 155).

녹음으로 덮인 땅, 이것을 가로지르는 교통의 흐름과 나무로 둘러싸인 주차장이 있습니다.

필로티 위로 멀리 사라져 가는 고속도로가 있습니다.

나무를 굽어보며, 그 가지들 사이에서, 잎사귀와 잔디 사이에서, 둘이나 세 단의 층마다 물려서 쌓은 계단식 건물에 있는 카페와 가게들, 보행자 도로가 있는 '공중 도로'가 있습니다.

여기에는 안뜰이 없이 공원을 향해 열린 거대한 공용 서비스 건물이 있습니다.

온통 수정으로 만들어져 창공에서 빛나는 마천루가 있습니다.

그러나 우리는 늘 지상 170센티미터 높이의 눈을 가진 사람으로 남습니다. 현대 도시의 격렬하고 타는 듯한 진정한 볼거리가 있습니다. 녹음, 나뭇잎, 나뭇가지, 잔디의 교향악과 숲을 통과하는 다이아몬드의 반짝임 말입니다. 교향악이 아닙니까! 진보는 어떠한 서정성으로 우리를 활기있게 만드는지, 어떠한 도구로 현대 기술이 우리에게 은혜를 베풀었는지를 보십시오. 예전에는 이런 것을 결코 본 적이 없습니다! 절대로! 왜냐하면 새로운 정신으로 활기를 얻은 새 시대가 시작되었기 때문입니다(그림 156).

일곱 번째 강연

1929년 10월 15일 화요일

정밀과학회

주택-궁전

제네바의 국제연맹 청사

이제 거의 끝나 가는 일련의 강연 중에서 이번 강연의 목적은 거짓, 거드름, 허영심, 낭비, 심각한 어리석음으로 알려진 한 낱말이 지닌 진정한 의미를 규정하는 것입니다. 그 단어는 **궁전**입니다.

우리는 스스로 판단할 수 있을 만큼 건축을 위한 길을 충실하게 걸어왔습니다. 여러분의 궁전인 국회의사당과 법원을 떠올려 봅시다. 우리의 궁전으로는 파리 박람회 때의 그랑 팔레Grand Palais, 브뤼셀 법원, 로마 법원이 있습니다. 마지막으로, 제네바의 국제연맹 청사 건설을 위한 대규모 설계공모전 때 아카데미즘의 기치를 내걸고 세계 곳곳에서 응모된 대부분의 계획안들이 여기에 속합니다(이런 건물들을 지을 때 과거의 궁전을 짓는 인습적인 방법을 그대로 따른 것입니다).

이 건물들을 마음속에 떠올리면, 마치 건물들이 여러분의 눈앞에서 퀄기하는 것 같을 겁니다. 여러분은 벌써 판단을 했으므로 한마디도 덧붙이지 않겠습니다. 이 건물들이 정말 어디에 쓸모가 있습니까? 단지 겉치레만 보입니다. 계획에 포함된 기능들은 거의 실현 불가능한 것들입니다.

나는 작년에 이 주제를 가지고 책을 한 권 썼습니다. 『주택-궁전』이라는 책으로 '건축적 통일성을 찾아서'라는 부제를 달았습니다.

나는 그 책에서 여러 가지를 상세하게 설명했습니다. 그래도 우리 앞에 놓인 과제를 기술적으로 풀어서 여러분에게 다시 설명하겠습니다. 정직한 사람들의 말을 배워야 하듯, 문제 제기의 토대를 이루는 엄밀한 기능에 대해서 주의를 기울이고 이해해야 할 것은 다음과 같습니다.

건축은 분석에서 종합에 이르는 일련의 사건이며, 깊은 심리적 감흥을 불러일으키는 아주 정확하고 압도적인 관계를 창조함으로써 정신을 승화시키려고 노력하는 사건입니다. 또한 해결책을 깨달으면서 느끼는 진정한 정신적 환희며, 작업의 각 요소들을 다른 것들과 통합하고, 전체를 환경과 대지라는 다른 실재實在에 통합하는 수학적인 명쾌함에서 얻을 수 있는 조화로운 감각이라는 것입니다.

그렇다면 소용이 되는 모든 것과 쓸모 있는 모든 것을 초월합니다. 저항할 수 없는 창조의 결과며, 아름다움이라 불리는 감수성과 지혜의 현상입니다.

　우리가 **궁전**의 기본 개념을 필수 불가결한 기능적 요소인 유용성에 둔 순간부터, 고귀한 의지의 결과로서 숭고함을 따르도록 요구한 순간부터, 건축가들과 도시계획가들은 도시를 설계할 권한을 부여받았습니다. 도시는 통일체입니다. 기능 및 요소가 겉치레 없이 만족스럽게 건설된 도시는 고귀함으로 아름답습니다.

　그러한 광경을 통해서 보통 사람, 교양 있는 사람, 건강한 사람은 기쁨을 향한 흥분과 지속적인 자극을 얻습니다(행복은 물질적인 것이 아닌 어떤 느낌입니다).

　아카데미즘에 젖은 사람이나 게으름 때문에 자신이 지니던 **원래의 감수성**마저 잃어버린 사람만 깨닫지 못합니다. 그는 자신의 눈앞에 펼쳐지는 새로운 광경을 전혀 이해하지 못합니다.

　고전적인 연결 고리를 잇는 예외 없이 위대하고 전설적인 작품들이 처음 나타났을 때는 모두 가히 혁명적이었습니다.

　창조의 속성은 완전히 새로운 관계의 방정식과 같습니다. 왜냐하면 조건 가운데 하나(인간의 감수성)만 정해졌을 뿐, 나머지 것들(우발적인 사건들, 곧 영원한 발전 속에 사회의 모든 영역에서 기술에 따라 변하는 **환경**)은 늘 변하기 때문입니다.

　'궁전'이라는 낱말이 다시 정직해지는 건축의 정점에는, **진실의 정신**이라는 하나의 정신이 지배합니다. 진실의 정신이란 작품의 기초 자체에 뛰어들어가 진실에 대한 확신과 난관을 극복한 만족감으로 조용히 웃음을 띤 모습이 될 때까지 작품을 풍성하게 하고 아무런 결점 없이 지탱하게 하는 강력한 무기입니다.

　나는 원시 움막(그림 157), 고대 사원(그림 158), 농가(그림 159)를 그린 다음, 자연이 스스로 작품에 부여하는 진정성(조화, 순수, 강렬함)을 가지고 창조된 유기체들은 해가 비치는 맑은 날이면 궁전이 되었다고 말했습니다. 나는 논란의 여지 없이 명쾌한 진리로 지은 어부의 집(그림 160)을 보여 주었습니다. 어느 날 건축의 바다 속으로, 건축의 영원한 진실 속으로 뛰어들어가 갑자기 이것을 발견하자 내가 이렇게 소리쳤습니다. "이 집은 궁전이다!"

　나는 곧 이어 국제연맹 계획안을 구성하는 모든 것을 그린 다음, 필로티가 동선 문제에 가져온 해결책(그림 161), 현대적인 사무실 건물의 설계(그림 26, 27, 30,

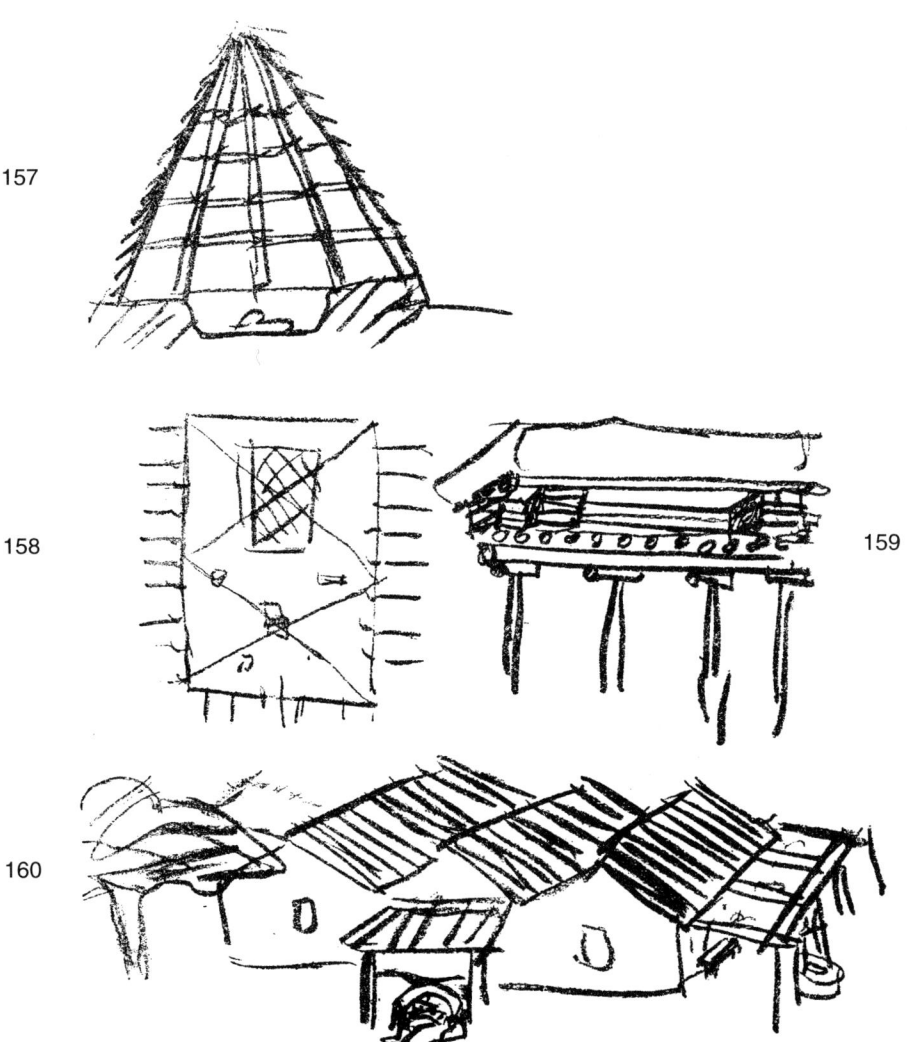

157
158
159
160

31), 청사 계획에서 가장 큰 과제던 위원회 회의실과 대의사당의 수직 및 수평 동선 체계, 초대형 건물의 구조 문제(그림 162, 163, 164), 세계평화의 이해관계 속에서 바벨탑 안에서처럼(그림 165) 모든 나라의 사람과 언어가 뒤얽혀 토론하는 장소의 가시도可視度와 음향의 문제 같은 눈과 귀의 문제들에 대하여 설명했습니다. 자신의 귀로 직접 듣는 것이 감정이나 이성이 취할 수 있는 유일한 길입니다(그림 166, 167, 168, 169).

명료하게 보고 전세계에서 일어나는 문제들을 해결하며, 태양 광선의 이점을 이용하기 위해서 의사당의 주야간 조명에 대해 설명했습니다(그림 170, 171).

우리가 만든 최초의 '중화벽'(그림 172, 173)이 **호흡하는 것**을 설명했습니다.

마지막으로 진실한 정신과 강한 욕망으로 고무되어 창조한 요소들의 건축적 통일성에 대해, 조화로운 작품을 실현하는 것에 대해 설명했습니다.

도대체 무슨 일이 일어났습니까? 우리는 국제연맹에서 쫓겨났습니다. 심사위원들과 전문가들이 청사 건립을 위해 우리를 지명했는데도 우리는 탈락, 실격당했습니다.

전세계에서 377개 설계사무소가 참가하여 14킬로미터 길이의 계획안을 제네바에 제출하는 이 중요한 설계공모전이 변조된 것입니다.

왜 변조되었습니까? 협회에서 정부와 아주 가까운 기관의 수뇌부를 아카데미의 사고가 지배했기 때문입니다. 국제연맹 사람들은 꽤나 진지합니다. 그들은 여전히 **왕국**을 꿈꿉니다. 겉치레로 통치하려는 것입니다. **과거에 그런 것처럼** 외관으로 자신을 인정받으려는 것입니다. 얼마나 놀랄 만한 판단 착오며, 역동하는 세계에 대한 집단적 몰이해입니까!

지식인들이 이에 맞섰습니다. 얼마나 많은 각서와 얼마나 많은 공개서한이 전문가 협회에서 제네바로 보내졌습니까! 그곳에서는 침묵 속에 기막힌 일들이 벌어졌습니다. 아직 결정을 내릴 위치에 있지 않은 국제연맹의 젊은이들에게는 얼마나 환멸을 느끼게 하는 일입니까!

유럽의 큰 신문사들에서도 폭풍이 일었습니다. 많은 사람들이 기대를 걸던 최고 기관을 향한 걱정스러운 질문들이었습니다.

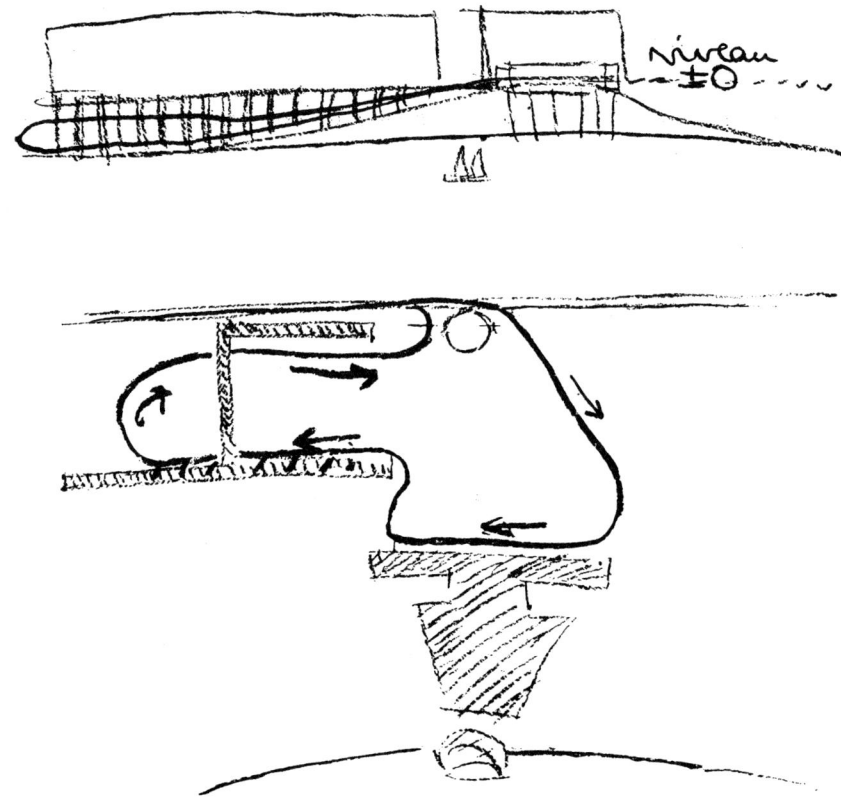

161 높이 niveau

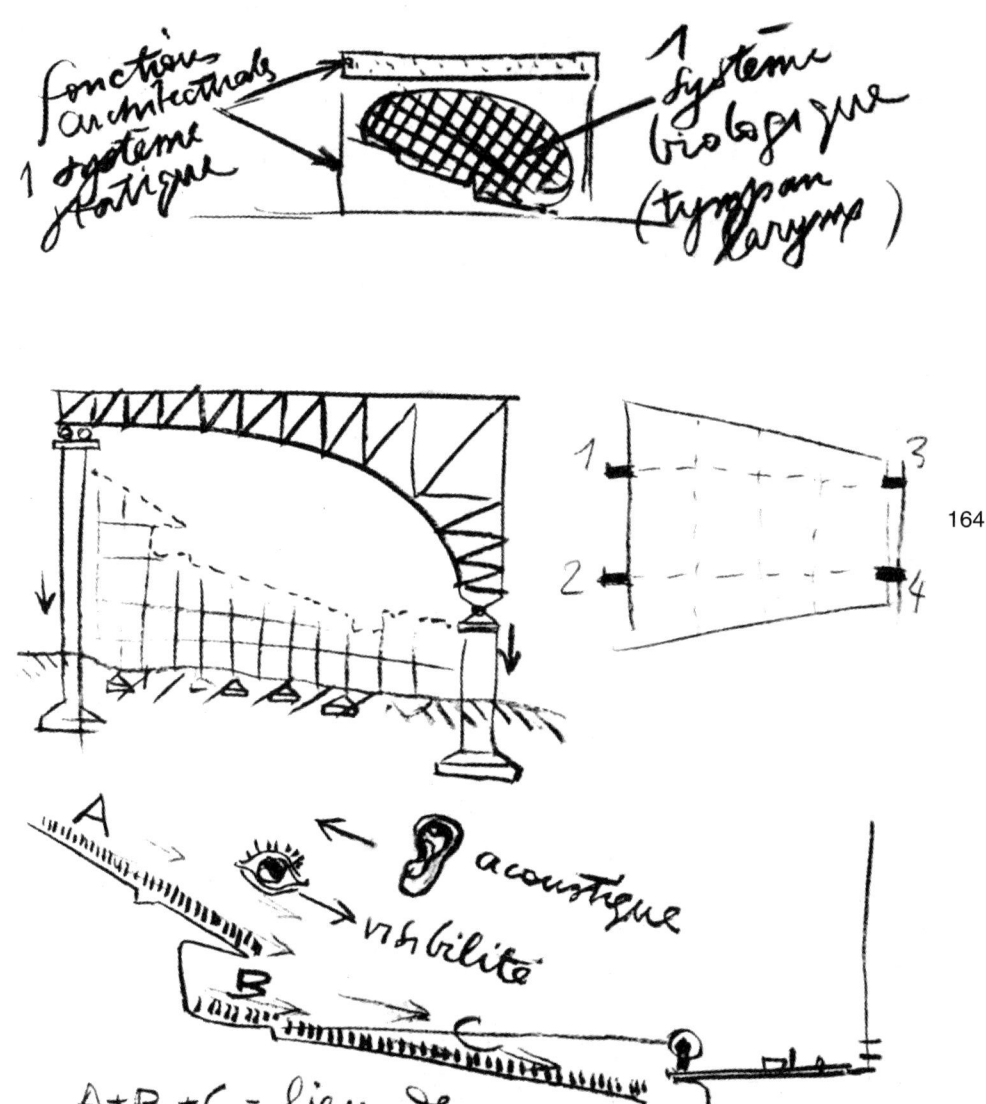

162 건축적 기능, 구조 체계 fonctions architecturales, système statique / 생물학적 체계(고막, 후두) système biologique (tympan larynx) 165 음향 acoustique / 가시도 visibilité / 소리의 파장을 수용하도록 천장의 굴곡을 결정할 것이다 lieu de réception des ondes sonores déterminera la courbe du plafond

*저자의 설명

162 명확하게 결정된 두 개의 독립된 기능: 정적인 것과 동적인 것. 163, 164 정적인 문제의 해결. 새로운 분석: 다리의 1/2 아치가 홀의 옥상 테라스를 지탱한다(네 개의 지지점). 작은 기둥들의 숲이 홀의 바닥을 지탱한다(청중). 165 가시도를 확보하기 위해 바닥에 만든 형태는 홀의 음향 곡선에 영향을 미칠 것이다.

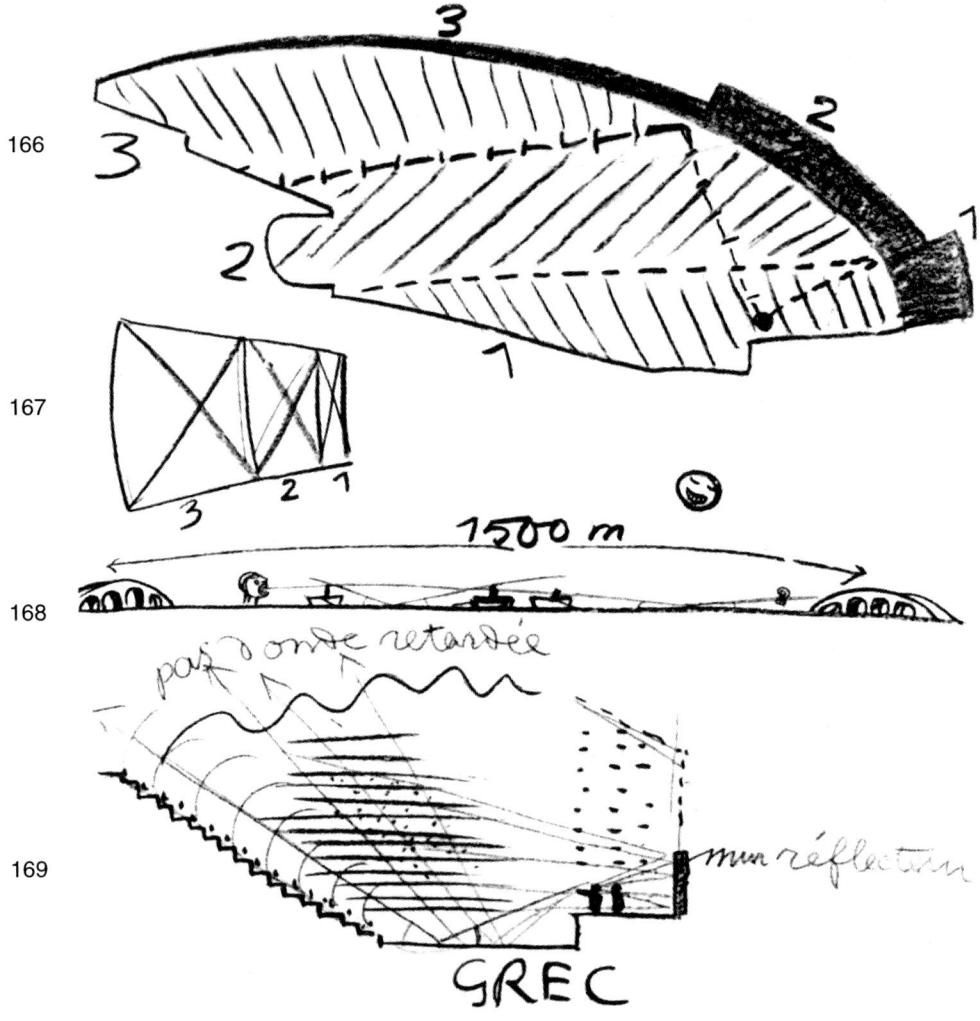

169 늦게 도착하는 음파는 없다 pas d'onde retardée / 반사벽 mur réflecteur / 고대 그리스의 야외극장 GREC

*저자의 설명

168 귀스타브 리옹의 실험, 1,500미터의 거리에서도 들릴 수 있게 한다('주택-궁전' 편을 보라). 169 그리스 극장은 탄젠트로 음파를 청중의 관람석으로 되던지는 반사벽과 오케스트라 박스의 바닥면 높이를 갖고 있다. 그리스 극장에는 천장이 없으므로 어떠한 음파도 되돌아오거나 메아리치는 법이 없다. 166, 167 그리스 극장에서는 1, 2, 3의 각 구역이 화자와 청중들에 대하여 반사벽의 역할을 정확히 해낸다. 그러나 (특히 2와 3에서) 이 벽은 대응하는 1, 2, 3의 청중 영역에게 음파를 '퍼부어 주기 위하여' 경사져 있다. 내뿜어진 파장의 세기가 거리의 제곱으로 약해지기 때문에 2와 특히 3의 '반사벽'의 면들은 같은 비율로 커졌다(면적의 제곱으로, 그림 167).

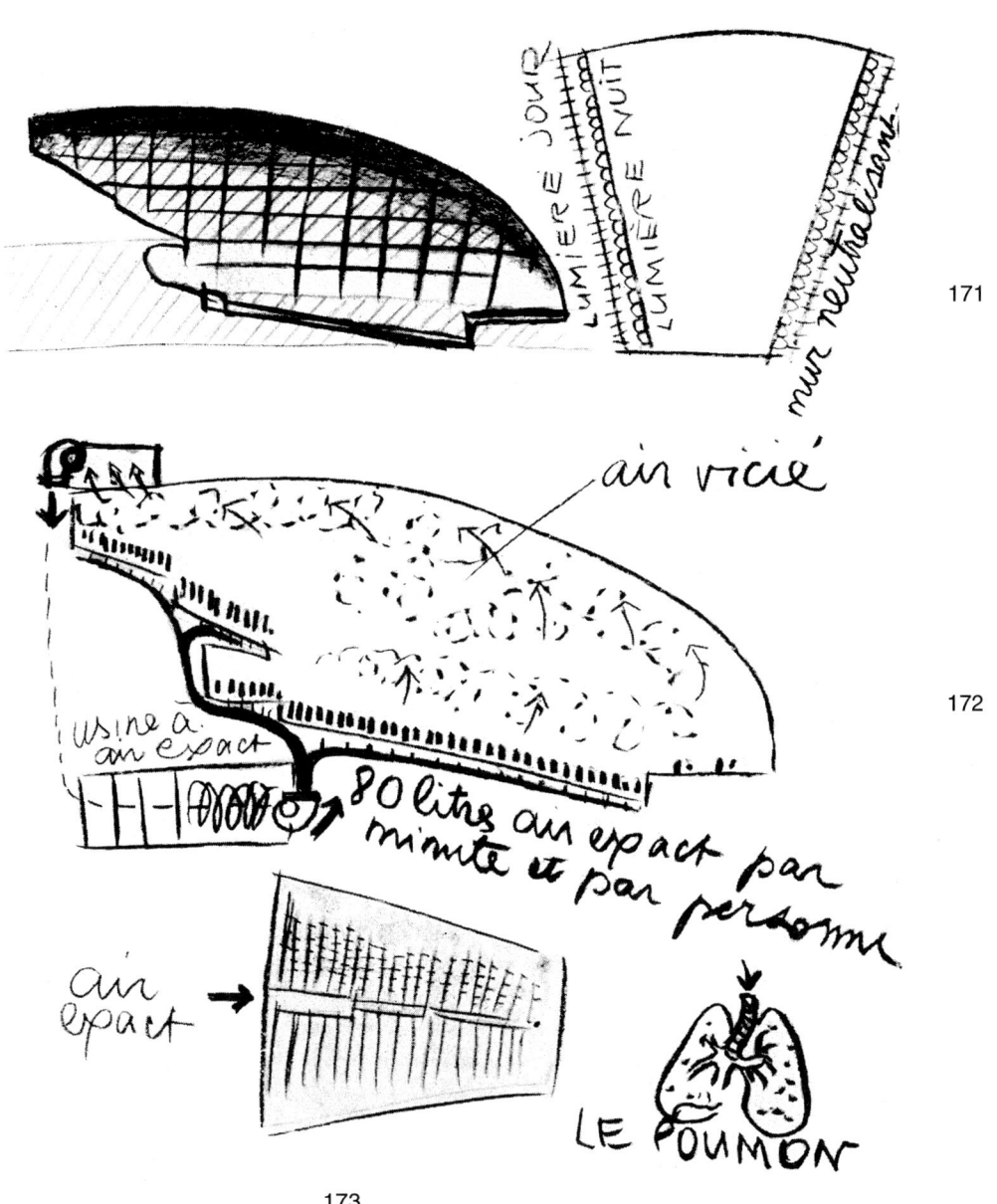

171 주광 lumière jour / 야광 lumière nuit / 중화벽 mur neutralisant
172 탁한 공기 air vicié / 공기정화장치 usine à air exact / 분당 또 1인당 80리터의 정화된 공기 80 litres air exact par minute et par personne
173 정화된 공기 air exact / 폐 le poumon

독단적인 결정을 내린 지 2년이 지났습니다. 구름이 떠 있는, 수채화나 목탄으로 그린 그림들로는 충분하지 않은 심각한 때에 프로그램을 만족시킬 '아카데미풍' 청사 계획은 볼 수 없습니다.

지난 6월 5일, 마드리드에서 열린 국제연맹 회의에서 우리의 계획안이 거의 채택될 뻔했으나 결국 실패했습니다.

그러나 누가 압니까?

나는 '새로운 정신으로 고무된 새 시대가 시작되었음'을 확신합니다(벌써 이 말을 했지만 다시 말합니다).

이런 확신이 국제연맹의 생각과 상반된다는 말입니까?

신사 숙녀 여러분, 어찌되었건 우리는 아주 기뻤습니다. 이 기쁨은 3개월 동안 고된 작업 후 프로젝트를 끝냈을 때 우리가 마치 공장이나 도시계획, 주택, 가구를 설계하는 것과 똑같은 방식으로 작업을 진행했음을 확인하는 것이었습니다.

영화로움, 그 이상이었습니다. 우리가 설계한 청사의 존재이유, 그것은 바로 우리의 작업을 활기있게 하는 행동방침이었습니다. 이 정신은 순수하고 날카로우며 고요하게 웃음 짓는 건물의 지붕 선에서 잘 표현되었습니다. 일단 기능을 만족시킨 뒤에는 이것에 1센티미터도 더할 필요가 없었습니다.

아홉 번째 강연
1929년 10월 18일 금요일
예술동호회

파리 '부아쟁' 계획

부에노스아이레스가 세계에서 가장 훌륭한 도시가 될 수 있을까?

우선 대지를 깨끗하게 합시다.

'복도형 도로'를 없애야 합니다.

결단을 먼저 내리지 않으면 우리는 결코 현대 도시계획을 시작할 수 없습니다. 우마차시대의 산물인 '복도형 도로'는 1층 또는 2층의 건물들을 경계로 나눕니다. 네 개의 도로로 인해 형성된 안뜰을 에워싸는 건물의 주요 창문은 이 안뜰을 향해 열립니다.

어느 날 도심에 인구가 집중되어 단층 건물 위에 7층이 증축되었습니다. 나중에 정원까지도 똑같은 높이의 건물로 채워졌습니다. 작은 안뜰만이 공공위생 법규를 지키느라 남았습니다. 나중에 이 안뜰조차 법규를 무시한 채 대부분 건물로 채워졌습니다. 곧 전기가 발명되었습니다. "흥, 돈을 벌 수 있다면 이렇게 인공적으로 밝힐 수도 있어." 어느 곳이나 남녀 군상이 살게 되었습니다. 자동차가 등장하여 거리를 휩쓸고 다닙니다. 끔찍한 소음이 발생합니다. 한적한 시골이라면 이 소음이 성가신 정도겠지만, 벽이 확성기 구실을 하는 복도형 도로에서는 소름 끼치는 일입니다. 이곳은 이제 살기에 적합하지 않습니다(그림 174).

복도형 도로가 **복도형 도시를 낳습니다. 도시 전체가 복도로 이루어졌습니다.** 얼마나 대단한 형상입니까! 얼마나 대단한 미학입니까! 우리는 아무 말도 못하고 당하고만 있습니다. 우리는 얼마나 재빨리 만족했습니까! **완전히 복도로 이루어진** 건물을 지어 준 건축가에게 여러분은 뭐라고 말하겠습니까? 가끔씩 심미안이 있는 왕들이 장대하고 위엄 있는, 드넓은 방을 만들었습니다. 그런 곳들은 도시에서 감성적인 탈출구가 되었습니다. 보주 광장, 방돔 광장이 그렇습니다(그림 175).

우리는 모든 복도를 없앨 수 있었고, 지금도 그렇게 할 수 있습니다!

그렇게 하려면 문제를 뒤집어 보는 것만으로도 충분합니다. 모든 것을 '걷어버리는' 것이 해결책입니다. 길가에 있는 모든 것을 들어내는 것, 안뜰을 전부 없애는 것, 건물을 십자가나 별, 로렌의 십자가[역주69] 또는 어떠한 것이든 안뜰을 없앨 수 있는 형태로 배치하는 것입니다. 이렇게 하여 인간은 빛을 향해 나아갈 수

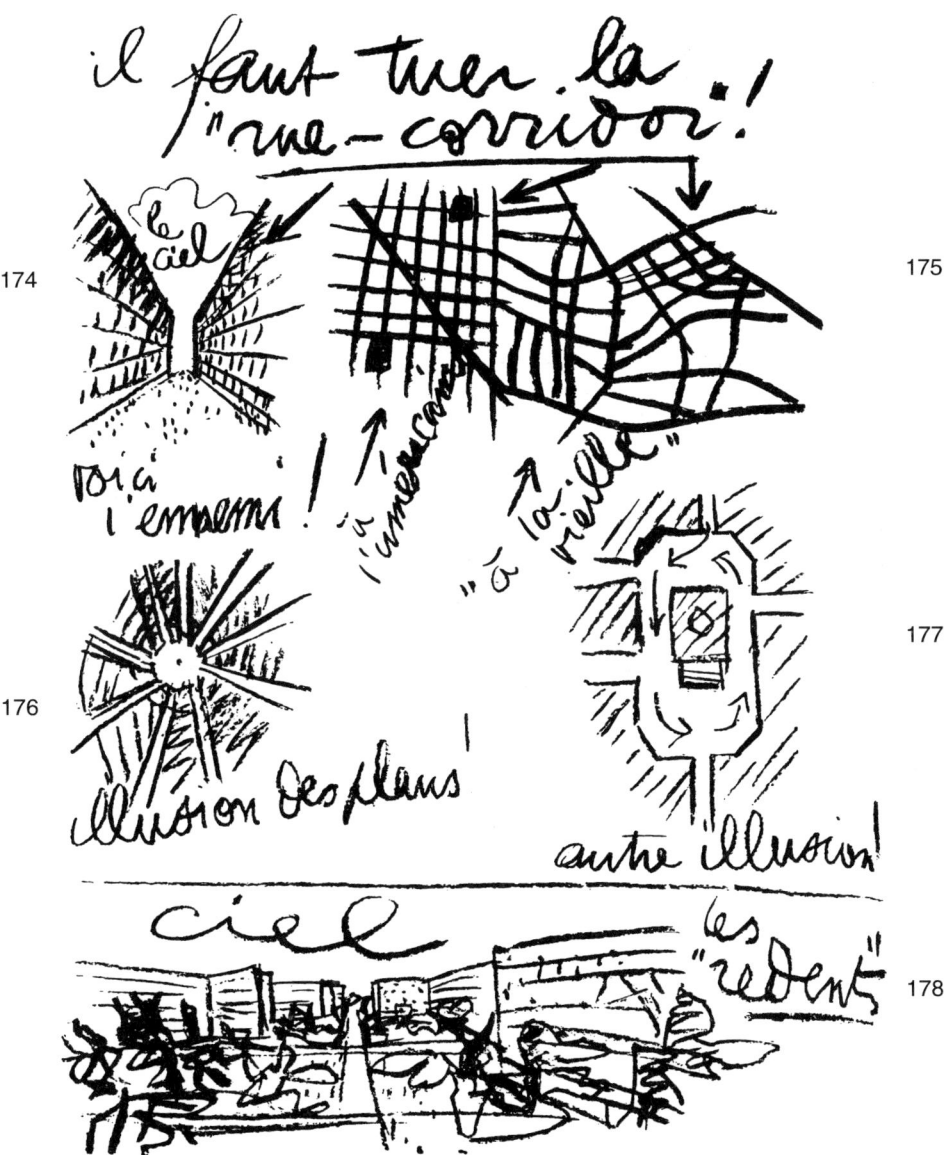

174, 175 '복도형 도로'는 없애야 한다! il faut tuer la "rue-corridor"! / 하늘 le ciel / 여기에 적이 있다! voici l'ennemi! / 미국 스타일 à l'américain / '구식의' "à la vieille"
176 계획상의 착각! illusion des plans!
177 또 다른 착각! autre illusion!
178 하늘 ciel / '요철형' 건물 les "redents"

있고 좁은 도로를 떠날 수 있으며, 길의 양편이나 건물 주변에, 요철형으로 놓인 주택 사이에 안뜰의 면적을 합하여 열린 공간을 만들 수 있습니다(그림 178). 이렇게 다시 찾은 공간에는 주차할 것입니다. 시끄러운 자동차 통행은 주택에서 가장 멀리 떨어진 곳에서 질서 있게 이루어질 것입니다. 건물 면적이 최소로 작아지며 도로에서 최대한 멀어질 것입니다. 왜냐하면 현대 기술로 건물을 더 높이 올릴 수 있기 때문입니다. 이것이 문제의 핵심입니다. 건물은 이제 거리에 붙들린 입술 모양처럼 되지 않을 것입니다. 건물들이 서로 멀리 떨어져 홀로 선 각기 둥이 될 것입니다. 도시의 땅이 회복될 겁니다. 현대의 삶은 이것을 바랍니다!

다시 한 번 대지를 청소하고, 도시계획의 분야에서 '(내과) 치료'와 '(외과) 수술' 방법 가운데서 결정을 내려야 합니다.

교차되는 여러 길 중에서 지금 내가 그리는 도로는 부적당하다고 판명되었습니다. 도시계획의 선구자들은 쓰임새를 고려하여 길을 넓히기로 결정했습니다. 이 과정은 도로 양쪽이나 한쪽을 정리하는 형식으로 이루어졌습니다. 예를 들어, (이 해결책이 더 경제적이라면) 길의 한쪽만 수용합니다(그림 179). 자기 재산이 길이 된 땅주인은 (아주 붐비는 길에서 사업을 했기 때문에) 목소리를 높입니다. 그는 후하게 보상받습니다. 결과는 다음과 같습니다.

  옛길은 더 넓어졌지만,
  비용이 많이 들었습니다.
  이것이 '치료'입니다.

'수술' 방법은 다음과 같습니다.

복잡한 거리를 그대로 놔둡니다(그림 180). 대신에 넓은 새 도로망을 현대 도시계획에 따라 고안합니다. 새로운 거리는 이차적이고 덜 중요한 지역을 가로지릅니다. 토지 수용에 드는 비용이 그리 많지 않습니다. 결과는 다음과 같습니다.

  옛길은 그대로 남고,

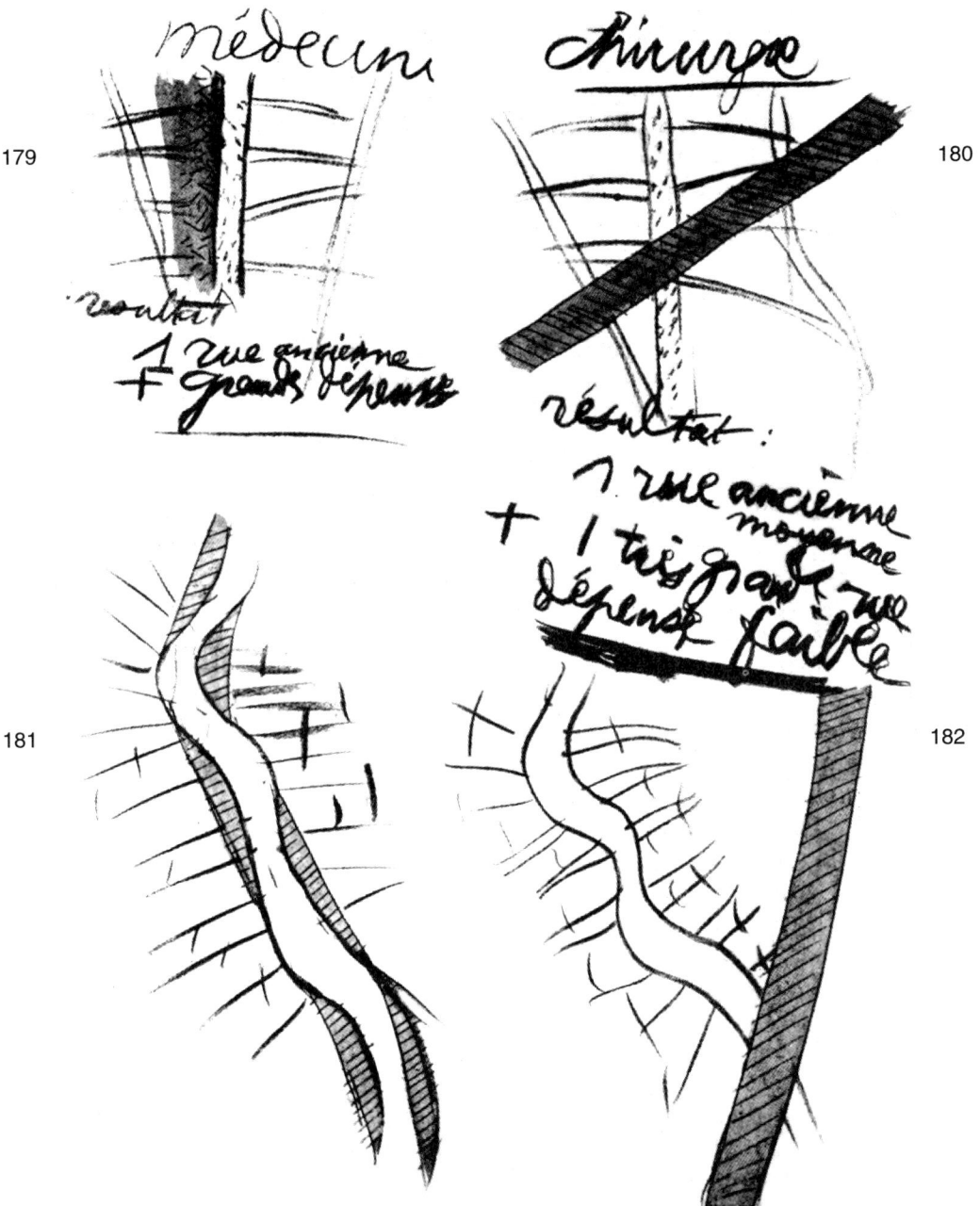

179 치료 médecine
180 수술 chirurgie
181 결과: 하나의 옛길과 엄청난 비용 résultat: 1 rue ancienne + grandes dépenses
182 결과: 보통 크기의 옛길과 적은 비용을 들인 아주 큰 도로 résultat: 1 rue ancienne moyenne + 1 très grande rue dépense faible

새롭고 넓은 현대적인 도로가 전에는 과소평가되던 지역의 가치를 높여 줍니다.

합계 : 두 개의 도로

적은 비용

가난한 지역에 가치 부여.

고전적인 예를 다시 봅시다.

여기는 교외의 한 거리(과거에는 당나귀들의 길)인데 필요에 의해 인근 지역과 소통이 되면서 아주 활기를 띠는 길이 되었습니다.

자동차가 등장했습니다. 국도나 지방도로로 격상된 '옛 당나귀들의 길'에서 수많은 사고가 거듭 일어납니다. 갑작스럽게 굽은 길도 위험합니다. 그래서 길을 넓히고 고치기로 합니다. 도로 양쪽을 다 수용합니다(그림 181). 그러나 이 길을 따라 빵집, 푸줏간, 철물가게, 페인트 상점, 작은 상가 들이 있어서 토지를 수용하기에 너무 비쌉니다! 이것은 '치료' 입니다.

아주 오래 전 옛날에는 완벽하게 균형이 잡혔던 도로망을 자동차들이 계속하여 위험스럽게 교란합니다. 왜냐하면 이것은 교통이 아닌 주거를 위한 체계였기 때문입니다.

'수술' 을 봅시다.

도시의 건물들 뒤에 사탕무와 배추 밭, 목초지를 통과하여 넓은 새 도로를 놓습니다(그림 182).

약간의 점유만 필요하고,

하나가 아닌 두 개의 길을 얻게 됩니다.

결론은 간단합니다. 도시계획에서 '치료' 해법은 망상입니다. 아무것도 해결하지 못하고 비용만 많이 듭니다. '수술' 해법만이 문제를 해결합니다.

이것을 잘 이해해야 합니다!

이제 도심에 업무지역을 만드는 프로젝트인 **파리의 '부아쟁' 계획**을 얘기하겠습니다.

'당신은 파리를 건드려서 건물을 헐고, 과거의 보물을 모두 없애고, 고귀한 도시 위에 새로운 윤곽을 부여하려고 하는가?' 이런 경솔한 항의의 장벽을 무너뜨립시다. 파리의 자랑스러운 아름다움을 생각해 봅시다. 도시의 아름다움을 말합시다. 아카데미즘을 추종하는 이들에게 묻습니다. '파리가 무엇인가? 파리의 아름다움이 어디에 있는가? 파리의 정신은 무엇인가?'

나는 중세의 도시, 물로 둘러싸인 시테 섬의 노트르담 성당과 상부에 집이 있는 다리를 통과하여 지방으로 갈 수 있는 대로를 그립니다. 생제르맹데프레Saint-Germain des Prés 성당, 생탕투안느Saint-Antoine 성당 등이 첫 도착지입니다. 첫 번째 그림입니다(그림 183).

이제 중요한 사건 하나를 그림으로 묘사하겠습니다. 그것은 태양왕이 시행한 루브르 궁전의 열주 건설입니다. 얼마나 오만하며, 이미 존재하는 것을 경멸하며, 조화를 깨뜨리며, 무례한 신성모독입니까! 박공지붕의 톱날 앞에서, 오솔길의 밀림 앞에서, 그 자리에 바스러진 중세 도시의 고통 앞에서, 위대한 시대의 놀랄 만한 계략이 아닙니까! 두 번째 그림입니다(그림 184).

왕국은 그대로 있습니다. 고딕 첨탑의 나라에 앵발리드[역주70]와 이것의 둥근 지붕이 있습니다. 국가의 전통과는 무관하게 대지를 침범하고 쿠데타를 일으킵니다! 세 번째 그림입니다(그림 185).

파리의 진면목은 돌의 진정한 향연, 곧 명확한 윤곽에서 나타납니다. 수플로[역주71]는 생트준비에브 성당의 꼭대기에 판테온을 꾸며 놓았습니다. 시인들은 프랑스산 돌의 빛나는 조화를 노래했습니다. 와! 여기에 에펠이 있습니다. 야, 탑! 이것이 파리입니다! 이것이 변함없는 파리입니다! 에펠 탑은 파리 시민들에게 아주 친근합니다. 이 탑은 가장 먼 국경 너머 파리를 꿈꾸는 사람들 마음에까지 간직되어 있습니다. 네 번째 그림입니다(그림 186).

다른 언덕은 왕관을 썼습니다. (몽마르트르 언덕에 있는) 사크레쾨르 성당이 그것입니다. 개선문과 노트르담 대성당을 봅니다. 세계적으로 에펠 탑은 파리의 상징이 되었습니다. 나는 '이것은 여전히 파리다.' 라고 씁니다. 다섯 번째 그림입니다(그림 187).

이제 현대적인 파리의 업무지구를 그립니다(그림 188). 거대하고 웅장하며 찬란하고 질서정연합니다. 도시의 역사, 도시의 활력, 도시의 일치감, 도시의 생생하고 창조적인 정신, 도시의 신속하고 혁명적인 정신, 연대기, 현재 내가 가진 신념,

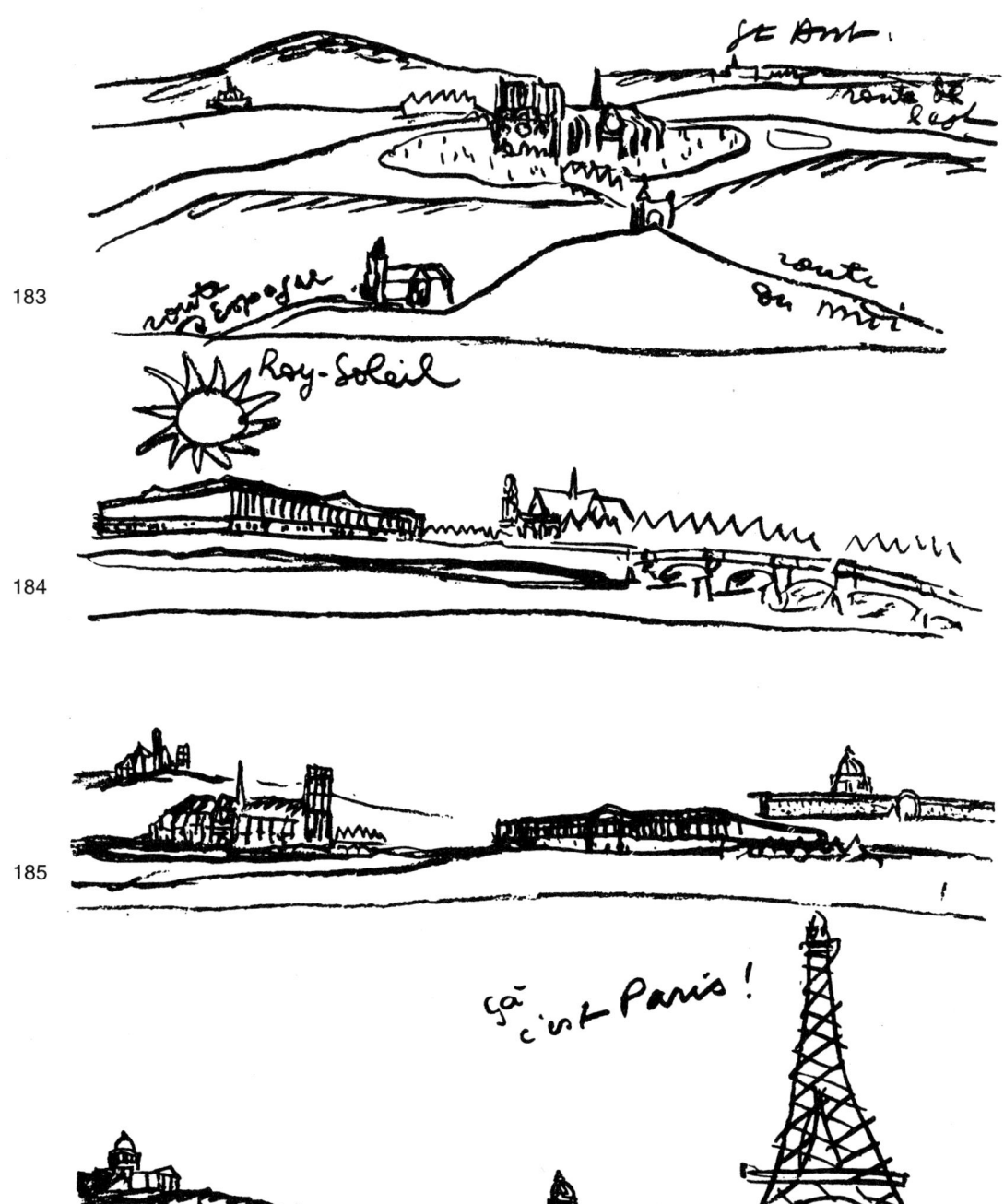

183 생 드니 St Denis / 동쪽으로 향하는 도로 route de l'est / 스페인으로 향하는 도로 route d'Espagne / 남쪽으로 향하는 도로 route du midi
184 태양왕 Roy-Soleil
186 이것이 바로 파리다! ça c'est Paris!

187 이것은 여전히 파리다! c'est encore Paris!
188 아카데미즘은 '안 돼!' 라고 말한다 l'académisme dit Non!

임박한 미래에 대한 현실적 기대감 들에 고무되어, 나는 확신과 결단을 가지고 냉엄하게 말합니다. "이것이 바로 파리입니다!" 전세계가 파리를 주목하며, 다른 도시들을 계몽할 건축적 사건을 제대로 명령하고 창조하고 일으키려는 몸짓을 파리에 기대한다는 것을 느낍니다. 나는 파리를 믿습니다. 파리에 희망을 품습니다. 파리가 다시 역사적 몸짓을 해줄 것을 간청합니다. **계속하라!**

아카데미즘은 소리칩니다. **안 돼!**

『천일 야화』에 나오는 현명한 칼리프라면 아카데미에 동조하는 자들과 과거의 파리를 광적으로 옹호하는 자들, 철거자들의 도끼 소리에 전율할 감각적인 영혼들, 아직도 낡은 단철^{역주72}에 애착을 갖는 보수주의자들까지 한 자리에 모였을 것입니다.

칼리프가 질문합니다. "파리 도심에서 사람들이 철거와 재건축을 이야기하는 곳에 가 본 적이 있느냐? 안 가 봤다고? 그렇다면 그곳에 가 보아라. 너희들은 오래된 단철의 숫자를 셀 것이다. 만일 그 수가 일정량이 되지 않을 때는 너희들의 목을 베겠다. 단철이 그곳에 없다면, 너희들은 삶과 도시와 국가의 적이기 때문이다. 만일 그 수량이 되지 않으면, 너희들이 경솔하거나 위험하리만큼 부주의한 기사로 모든 지적인 번득임을 질식시키는, 오늘의 빛으로 도시를 밝혀야 하는 불꽃을 꺼 버리는 투구벌레 같은 **위증자**라고 선고할 것이다!"

세계의 모든 대도시가 오늘날 거대한 위기에 처했습니다. 시간이 흐릅니다. 시간이 마냥 흘러가도록 내버려두는 것이 파리에게는 비극입니다!

수십억을 **얻으려는** 나라가 어떻게 **그것을 벌어들일 수** 있는지 알고 싶습니까? 나라에 꼭 필요한 과업을 완수하는 데 도시계획으로 벌어들인 수십억이 어떻게 쓰이는지 알고 싶습니까?

여러분에게 보여 드릴 설명은 약간 매혹적이고 기적적입니다. 어떤 분은 요술 같다고 말할지도 모르지만 요술은 아닙니다.

조금 전에 발견된 다이아몬드 광산이나 유전 주변에서 일어나는 지칠 줄 모르는 활동을 기적이라고 생각합니까? 더 자세히 말해서, **어느 날 다이아몬드 광산이나 유전을 발견하는 것을** 기적적이며 미친 짓이고 정신 나간 짓, 받아들일 수 없고 비현실적인 짓이라 여깁니까?

대도시의 탄생과 도심의 밀집을 불러일으킨 기계시대가 동시에 도시의 중심에 다이아몬드 광산을 창조했음을 보여 드리겠습니다. 그리고 국가의 간단한 법령으로 다이아몬드를 만들 효과적이고 확실한 방법도 (재정적인 개념에서) 보여 드리겠습니다. 서명이 된 종이 한 장이 그것입니다! 나는 미치지 않았고 차분하게 말합니다. 이것을 증명해 보이겠습니다.

1925년에 『도시계획』에 발표한 내 생각은 에스프리 누보 선집을 읽는 불특정 지식인들에게 감동을 주기도 했고, 그렇지 않기도 했습니다. 그러나 이 책은 1927년에 프랑스 재건설 회장인 에르네스트 메르시에Ernest Mercier와 감독자인 루시앙 로미에Lucien Romier 같은 대실업가나 경제학자들을 감동시켰습니다. 자신이 모로코를 통치하던 당시 도시계획의 문제를 완벽하게 이해한 마샬 리오테Marshal Lyautey는 이 제안들을 찬양하기까지 했습니다. 그 후 1929년에는, 은퇴한 국제연맹의 통상관계 책임자로서 현재의 소란 속에서도 왕성하게 활동하는 능동적 경제학자인 다니엘 세뤼Daniel Serruys 씨도 이 제안들을 지지했습니다. 건설산업을 이해하는 루세르 씨는 우리가 수행한 연구에 오랫동안 관심을 가졌고, 그것에 대해 나에게 물었습니다. "어디서 자금을 마련할 것이오?" 그는 '돈을 벌기 위한 기계'에 관한 내 설명을 읽지 못했습니다. 우리의 계획이 거의 이루어질 수 없는 것처럼 보인 겁니다.

우리가 결코 이상향을 꿈꾸는 것이 아니라 거대한 당면 과제의 한가운데 있음을 보여 주고자 이 이름들을 인용합니다.

나는 이런 기본 사항들을 소개하고 주장합니다. 이것들은 근본적인 것입니다. 이것들은 현재 나와 있는 모든 제안에 반대되는 것입니다. **다른 것들과 상반되는 것**, 관습·전통·습관에 반대되는 새로운 개념을 **내놓는 분절점이 바로 여기입니다**. 이것이 가장 시급합니다. 도시계획은 아름답게 만드는 것이 아닙니다. 이것은 설비입니다. 도시계획은 조경이 아니라 도구입니다.

나는 현대 기술과 오늘날의 위대한 사건이자 구제의 수단이며 내일을 향해 갑자기 열린 문인 새로운 건설 수단을 고려하면서, 이렇게 힘주어 말합니다.

도시화는 돈을 쓰는 일이 아니라
돈을 버는 일이며
돈을 만드는 일입니다.

다른 표현으로 말하면,

도시화는 가치 하락이나 평가 절하가 아니라
가치 창조입니다.
나는 이렇게 설명합니다.

기술력이 건설의 가능성과 효율성에 변화를 가져오지 않는 한, 도시계획은 사치일 뿐입니다(루이 14세).

기술력이 품질을 향상시키며 양적으로도 똑같은 효율성을 가져왔다면, 도시계획은 실용적이면서도 사치를 규제하고 유익합니다(오스만 계획, 석조 건축, 이전과 같은 층수).

그러나 기술이 20미터의 높이 제한(목조 건물이나 석조 건물의 신중한 높이 제한)을 극복하고 200미터나 250미터 높이로 건물(강철이나 철근 콘크리트로 쉽게 만들 수 있는)을 건설할 수 있게 된 순간, 문제가 달라졌습니다. 상황이 역전되었습니다. 문제점은 완전히 새로운 것이었습니다. 이것은 긍정적입니다. 부정적이지 않습니다. 구조적입니다. 이것은 도시의 땅을 재평가하는 작업입니다.

도시계획은 더 높은 가치를 부여합니다.

모든 것이 여기에 있습니다.

기본 원리들은 유효하며 전략이 정해질 시간입니다.

그 순간이 바로 지금입니다. 이것은 구불구불함을 푸는 일입니다. 이것이 바로 뒤얽힌 혼란에 대한 오늘날의 해결책입니다.

더 큰 가치를 창조한 가까운 예를 잠시 보겠습니다. 브라질의 상파울루가 급속하게 발전하고 있습니다. 상파울루의 교외는 도시를 둘러싼 고원 너머까지 확장되고 있습니다. 일정한 형태를 갖추지 않은 교외까지는 간선도로가 나 있지 않습니다. 한 영국 회사가 이렇게 말했습니다. "도시에서 교외까지 뻗을 훌륭한 고속도로를 건설하겠소." 네, 매력적인 발상입니다. 하지만 무슨 돈으로? 그 회사는 계획된 도로가 지나는 토지 소유자(그들을 A, B, C라고 합시다.)들을 만나러 다녔습니다. "여러분의 땅은 가까이 갈 수도 없고 **아무 가치도 없습니다**. 만일 우리 고속도로가 이곳을 지나가거나 교차한다면, 훌륭한 고속도로로 도시와 연결된 여러분의 땅이 **확실한 가치를 얻게 됩니다**. 가치가 높아질 것입니다. 우리는 교환조건으로 여러분에게 무엇인가 요구할 것입니다. 고속도로를 따라, 좁고 긴 땅을 우리에게 주십시오. 우리는 길을 만들겠습니다. 여러분의 땅은 가치가 높아질 것이므로 우리에게 땅을 넘겨도 충분히 보상받을 수 있습니다. 여러분이 원하지 않는다면 여러분의 땅 위를 지나지 않을 것입니다. 그러나 여러분의 재산이 꿈쩍도 않는다면 지금처럼 아무 가치가 없을 것입니다." 당연히 모든 사람이 동의했고, 논리는 반박할 여지가 없었습니다. 그 회사는 간단한 사업 개요와 도로 계획 및 도로를 따라 펼쳐진 좁고 긴 땅의 소유권을 가지고 은행가를 만나러 갔습니다. 한순간의 **인위적인 행위**로, 회사와 도로 주변 토지 소유자들 사이에 간단한 서명 교환을 통해, 사용되지 않던 장소의 가치를 높이고 **그곳에서 자금을 끌어냈습니다**. 이것이 도시계획입니다! 한 푼도 쓰지 않았습니다! 때는 무르익었고 기본 원리들은 눈앞에 있습니다.

파리로 되돌아와 봅시다. 어디서 시간을 알립니까? 기본 원리들은 도대체 어디에 있습니까?

얼마나 잘, 얼마나 관대하게, 얼마나 이기적으로, 얼마나 세심하게 세상이 조직되었는가(또는 조직하려고 노력하는가—국제연맹, 국제노동조합, 국제회의 등)와 상관없이, 지극히 중요한 현상은 존속되며 결코 사라지지 않을 것입니다. 피할 수 없는 활동 신경인 생산을 위한 힘의 **경쟁** 현상이 그것입니다. 경쟁은 현존하는 다양한 힘 사이에서 일어납니다. 유일한 힘이란 있지도 않고, 있을 수도 없습니다. 왜냐하면 그 힘이 출현한 다음날, 새로운 힘이 나타날 것이기 때문입니다.

그러므로 국가나 '국가' 개념, 지역이나 행정 단위는 권력을 늘 중앙 지휘본부에 위임할 것입니다. '상당한 조직'으로 분산된 이 중앙 지휘본부는 서로 맞서고 대항하며 역할을 수행할 것입니다.

거칠고 격렬하고 난폭한 놀이로부터 몸을 숨겨서는 안 됩니다. 이것은 매일의

빵이 걸린 문제기 때문입니다.

　매일 아침 태양이 다시 뜰 때마다 주식시장의 개장과 함께 세계 환율이 정해지고, 전세계의 업무가 **주식 시세에 따라 날마다 조정됩니다.**

　그러므로 시세를 아는 시간과 주식을 거래하는 동안에 필요한 것은 **신속성**입니다. 종착점을 향한 경주인 셈입니다. 누구든지 가장 먼저 도착하고 가장 자세한 정보를 얻어 결과적으로 가장 좋은 위치를 차지하고 가장 잘 준비한 사람이 이깁니다. 자는 사람에게는 불운만 있을 뿐입니다.

　시간의 관념을 바꾸고 속도를 더한 기계화는 **업무지구**를 조성하도록 이끕니다. 강렬함, 능력, 속도, 조용함(왜냐하면 소음은 조직을 방해해 구제불능 상태에 빠뜨리기 때문입니다.)을 요구하는 것입니다. 업무지구는 도시의 어디서나 가장 가까운 곳에 위치할 것입니다. **이곳은 도시의 중심입니다.**[1]

　나는 『도시계획』에서 내 생각을 신중하게 설명했습니다. 솔직히 말해 돈 문제가 대두되어 중대한 결정이 내려지는 교차로로 여러분을 데려가고 싶기 때문에 이 설명을 여기서 다시 할 수는 없습니다.

　그런데도 많은 사람들은 현실을 회피해 책임을 전가하고 저버리며, 어린애들처럼 업무지구를 도시 외곽 지대에 건설하자고 제안합니다.

　이것은 변함없이 위대한 해법에 대한 두려움이며, 해결책으로부터 등을 돌리는 머뭇거림과 '허튼 소리'의 거짓 속임수입니다. 하지만 우리 눈앞에서, 그들의 눈 아래에서, 세계의 모든 도시에서 이 현상이 완전무결하게 실현됩니다. 업무지구는 가장 비극적인 위협을 도시에 가하면서 음험하게 건설됩니다. 무슨 위협입니까? 숨막힘, 교통체증, 무기력입니다. 이 그림을 잘 보십시오.

　여기가 도시의 중심이며 도로입니다. 가장 번화하고 활기찬 곳에서 새로운 건물이나 건설 중인 '건물들'을 봅니다. 이 건물들은 사업상의 경쟁을 위해 **설비를 갖춘** 대기업들의 사무실입니다. 질서가 잡히고, 조직되고, 명료성·협동성·효율성을 갖추고 있습니다. 외부에 관심을 갖지 못하게 하기 때문에, 건물 안에서만 완결성을 갖습니다. 그 이유는 시의 관리들이 꿈쩍도 하지 않고 필요한 계획을 준비하지 않기 때문입니다. 나는 전략상 중요한 지점에 이 모든 건물들을 그립니다.

---

[1]. 모든 희망에도 불구하고 방사형의 대도시에서 도시를 다시 건설할 필요가 있다면, 새로운 계획은 분명히 방사형이 아닐 것이며 문자 그대로 기하학적 중심이 되지도 않을 것이다.

지금 말한 것이 최근의 일입니다. 오늘날 눈앞에서 벌어지는 일입니다. 이것은 몹시 혐오스러우며 국가의 존속에 대한 끔찍한 죄악입니다. 그러나 다음에는? 도대체 왜? 이것이 가능한 일입니까? 순진하게 놀라지 마십시오. 도시의 관료들은 도시화가 아름다운 것이라고 설득당했습니다. 이 그림 밑에 **암**이라고 씁니다(그림 189). 나는 각 작업 비용을 계산합니다. 비싼 값을 치르고 대기업이 구입한 대지. 이미 붐비는 장소에 인구 집중. 혼잡, 교통체증. **나는 길을 넓힐 수 없다는 사실을 두려운 마음으로 봅니다. 그리고 낙담합니다!** 나는 2미터나 4미터의 도로 확장을 믿지 않습니다. **통행할 강과 정박할 부두가 필요합니다.** 시위원회와 정신 나간 시의회가 우리를 몰고 가는 곳은 막다른 골목입니다. 나는 '암'이란 글씨 밑에 **막다른 길과 엄청난 비용**이라고 씁니다. 요점으로 돌아갑시다. 나는 **수십억을 벌어들이겠다고 약속했습니다.**

업무지구는 **땅값이 아주 비싼 도심에 위치할 것입니다.**

대충이 아닌 정확하고 실제적이며 확실하게 충분한 면적을 결정할 것입니다 — 구역 ABCD. 이곳은 도시계획의 첫 작업장이 될 것입니다(그림 190).

이 구획된 면적 안에 200~250미터 높이에 이르는 사무실을 지을 겁니다. 도시 안에서 이미 아주 높은 이 지역의 밀도가 네 배에서 아마도 열 배까지도 늘어날 것입니다. 그러나 새 건물들은 대지면적의 5%만 차지합니다(이것은 설명했습니다). 그러므로 구역 안의 다른 활동을 거의 방해하지 않고도 새 건물을 쉽게 지을 수 있습니다. 일단 사무실이 건설되고 임대되어 새로운 인구로 채워진 다음에는 ABCD 구역에서 가치 있는 옛 건물 몇 곳을 제외한 나머지 모든 건물을 철거하면 일이 끝납니다. 대지의 95%가 통행에 할애됩니다.

결과: 깨끗한 공기와 빛 안에서, 소음에서 멀리 떨어져 업무에 집중, 거리 단축, 속도, 조화로운 일과의 실현을 통해 대도시의 문제가 해결됩니다.

대지 ABCD는 지금보다 네 배에서 열 배까지 많은 거주자를 수용할 수 있습니다. 그러므로 **이것은 네 배에서 열 배 이상의 가치가 있습니다.** 우리는 수십억을 번 셈입니다.

여기에 더하여, 지금까지 낡고 현대 생활에 맞지 않던 구역이 세계에서 가장 아름다운 곳이 되었습니다. 우리는 수십억을 벌어서 다시 두 배로 늘렸습니다!

기적이 언제 일어났습니까? 기적은 업무지구의 창조가 **하룻밤 사이에 독단적인 결정으로 내려지지 않고 계획된 전략이 되는 순간에 일어났습니다.** 그것은 잃

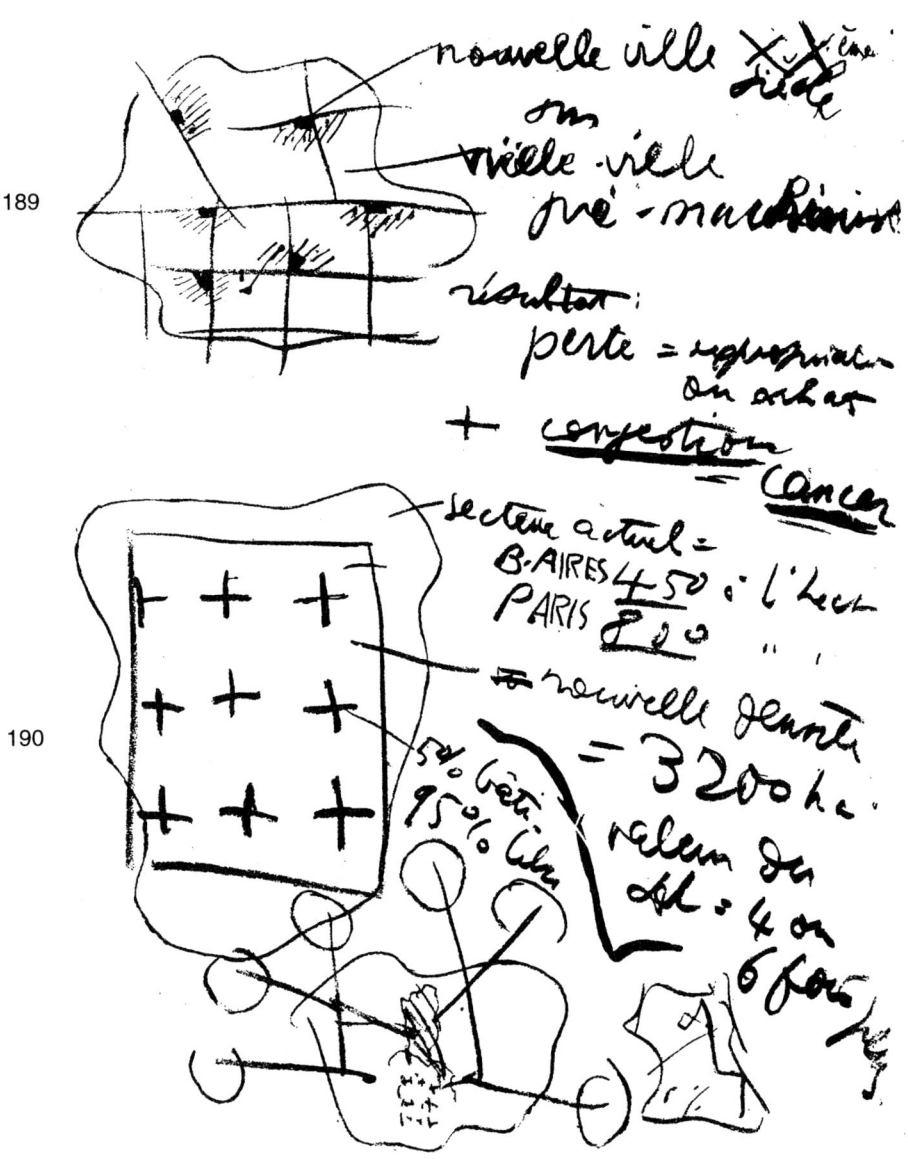

189 기계시대 이전의 옛 시가지 위에 있는 20세기의 새로운 도시 nouvelle ville XXème siècle sur vieille ville pré-machiniste / 결과: 실패 = 수용 또는 구입과 혼잡 = 암 résultat: perte = expropriation ou achat + congestion = cancer

190 현재의 면적 = 부에노스아이레스 헥타르당 450, 파리 헥타르당 800 secteur actuel = B. AIRES 450 à l'hectare, PARIS 800 à l'hectare / 새로운 밀도 = 헥타르당 3,200명 nouvelle densité = 3200 ha / 5% 건설, 95% 공지 5% bâti, 95% libre / 대지의 가치 4~6배 이상 valeur du sol = 4 ou 6 fois plus

느냐 얻느냐 사이에 놓인 갈림길입니다. 계획된 전략이란 **수평적·수직적 계획에 대한** 조직화와 조정에 통달한 활동을 뜻합니다.

그렇다면 ABCD의 땅 전부를 구입하여 그 안의 모든 건물을 수용해야 합니까? 그렇습니다. 무엇으로 그 값을 치를까요? 벌어들인 수십억으로 할 수 있습니다. 어떻게 이 수십억을 실제적이고 객관적으로 얻느냐? 다른 말로 하면 창조합니까? **최고 권력인 국가가 가격 안정 조처를 공포하는 것입니다.** 그러므로 최고 권력이 개입하게 됩니다. 서명 하나로 수십억을 낳는 기적이 만들어집니다.

관계기관의 기적적인 능력을 설명할 필요가 있습니다.

여기 사각형을 그립니다. 이것은 100프랑짜리 지폐입니다. 안쪽에 **프랑스 국립은행**이라고 쓰여 있습니다(그림 191). 위쪽에는 **100프랑**이라는 근거 없는 확약이 있습니다. 정말 아무 근거가 없습니까? 그렇지는 않습니다. '소지자에게 현금으로 지불할 수 있는'이라는 문구를 읽습니다. 그리고 '은행 총재', '사무총장'이라고 서명되었습니다. 서명은 겨우 읽을 수 있을 정도입니다. 잠재적인 가치는 종이 한 장에 쓰인 **무형의 조약**에 부여되었습니다. 국가 전체는 이 잠재적인 가치를 완전히 신임해야 돌아갑니다.

그러므로 최고 권력을 신임할 수 있으며(프랑스 국립은행은 국가가 보증하므로) 국가의 기업 전체를 **협약**에 따라 보증할 수 있습니다.

협약! 이것을 자세히 살펴보는 일에 지루해하지 마십시오. 우리의 도시계획 사업에서 **시간의 문제**가 대두될 것입니다. 여기 또 다른 협약이 있습니다. 나는 새로운 사각형을 그립니다. 이것은 어음입니다(그림 192). 위에는 이렇게 쓰여 있습니다. '나는 아무개에게 모월 모일에 얼마의 돈을 지불할 것이다.' 이것은 서명되었습니다. 돈을 받는 사람도 서명합니다. 양측이 서명한 다음, 이 종이를 가지고 은행에 갑니다. 은행이 양측 서명을 신임한다면 어음을 할인할 것입니다. 즉 명시된 날짜 전에 즉시 그 금액을 지불하는 것입니다. 이렇게 세계의 모든 중요한 사업이 신뢰의 동일한 원리에 기초를 두고 이루어집니다.

파리의 업무지구를 만들기 위해 나는 신뢰의 문제를 제기합니다. 국가는 업무지구 건설을 수행할 수 있는 기업들(금융자본가, 건설회사, 전기회사, 압축가스회사, 운송회사 등)의 신임을 얻고 있습니까? 업무지구를 차지할 사람들(상인, 업무지구가 완공된 다음 소유자나 세입자가 될 회사들)의 신임을 얻고 있습니까? 명확하게 말해서 최고 기관인 국가가 어음에 서명한다면, 국민들이 국가를 신임하겠습니까?

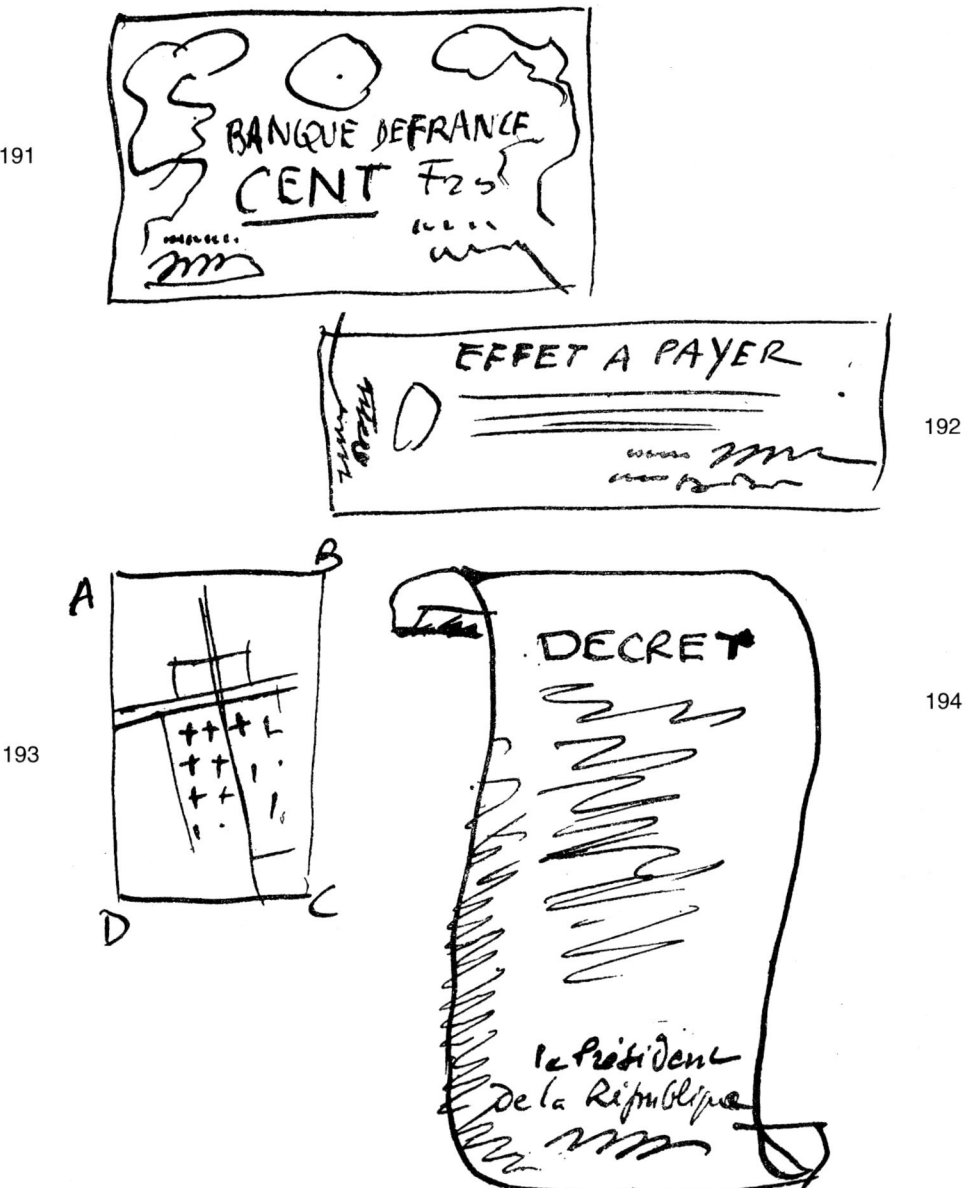

191 프랑스 국립은행 100프랑 BANQUE DE FRANCE CENT Frs
192 지불가능 어음 EFFET À PAYER
194 법령 DECRET / 공화국 대통령 le Président de la République

그 반대는 상정할 수가 없습니다. 만일 그렇다면, 국가가 권위를 인정받지 못한다는 것을 뜻하기 때문입니다. 이것은 혁명이 일어나는 날에도 발생하지 않는 일입니다. 이것은 국가가 도산했다는 뜻이며, 결과적으로 모든 활동이 마비되었음을 의미합니다.

그러므로 나는 여기에 ABCD의 둘레를 그립니다. 이 둘레는 파리 중심에 있는 업무지구의 정확한 대지를 표시합니다(그림 193). 또 다른 사각형을 그립니다. 이것은 증명서입니다. **국가의 법령입니다**(그림 194). 이렇게 쓰여 있습니다.

> ABCD 구역의 도시계획 법령
> 파리 지역의 도시계획 법령
> 국가의 승인과 함께,
> 이것의 실현을 요구할 것을 엄숙하게 약속하는 국가의 감독과 감시 아래, 아래에 기록된 일들이 파리의 업무지구를 건설하기 위하여…… 민간의 발의에 의해…… 언제부터 시작해서…… 최종 날짜인 언제까지……
> 사업 개요:
>
> ....
> ....
> ....
>
> 등등.
> 이 법령에 열거된 건설의 결과로 ABCD 구역의 밀도는 헥타르당 3,200명이 될 것이며, 이곳 주민들의 출입, 건강한 생활 조건과 교통에 관한 모든 수단은 국회에서 승인한 이 프로젝트에 따라 보증될 것이다.
> 프랑스 국민의 이름으로,
> 공화국 대통령
> 서명
>
> ....

이렇게 하여 수십억이 창조되고 가치가 높아졌습니다.

다음 내용을 잘 기록해 두기 바랍니다. ABCD의 둘레를 정할 필요가 있습니다. 전략은 어음이나 수표에 쓰인 숫자만큼 정확해야 합니다. 법령의 공포 날짜에 관한 추가조항은 토지가격을 동결시킵니다. 토지가격은 그날부터 고정되거나 부동의 상태가 됩니다. 가격은 법령의 발효 이후 각각의 경우에 따라 전문가가 결정할 것입니다.

　ABCD 구역에 대한 투기는 즉시 근절됩니다. 전문가 위원회와 판정 위원회가 기능을 발휘할 것입니다. 대대적인 수용은? 물론 해야 합니다. 땅의 가치가 **법령의 약속에 따라** 네 배에서 열 배까지 뛰었으므로 충분히 보상해 줄 수 있습니다. 공공의 안녕을 위해 징수된 부동산의 소유주들은 충분히 보상받을 것입니다. 땅은 **재편성될 것입니다**. 외부의 압력을 받지 않는 기술자들은 순수한 해법과 그것들을 수행할 정확한 대지를 찾을 수 있습니다. 이러저러한 마천루를 건설하기 위해 부동산 회사들이 구성될 것입니다. 부동산 중개업자들은 거주자의 이사를 주선할 것입니다. 그들은 새로운 임차계약을 설정할 것입니다. 조용한 가운데 실질적 이익을 위하여 재정적·기술적·행정적 동요가 많이 일어날 것입니다. 조직되는 것입니다.

　ABCD 구역의 가치 상승에 따른 이익인 금은 국가의 몫입니다. 그러나 국가는 책임을 지고 있습니다. 여기로 들어오고 나가는 수단의 보증을 책임집니다. 지하철, 고속도로, 도로, 고가도로, 공원, 운하 등에는 많은 비용이 들어갑니다. 운송 수단과 많은 공공 서비스가 개인기업으로 이양됩니다. 국가는 그들에게 이렇게 말할 것입니다. "여러분은 날마다 40만 명 이상을 실어 나를 것이다. 총수익은 '얼마큼'이 될 것이다. 이 총수익의 일부는 이익분과 여러분의 네트워크 투자비용에 상응하는 감가상각비분을 나타낸다. 국가는 전문가의 판단에 따라 나머지를 지불할 것이다. 국가는 여러분을 보조할 것이다. 국가는 엄청나게 가치 상승된 수익을 손아귀에 쥐었다. 국가는 이 이익의 다른 부분으로 기술적·위생적·미적 설비를 부담할 것이다. 나머지로는 외부에서 업무지구로 들어오는 길을 만들 것이고, 이러한 방법으로 더 위대한 파리의 합리적 재개발을 준비할 것이다."

　다시 한 번 귀를 기울이기 바랍니다. **파리의 도심에 연관되는 것은 도시의 모든 곳과 다른 모든 도시에도 연관됩니다. 현대의 문제는 분류와 가치 부여를 통해 해결될 것입니다.** 보존이나 원예 또는 미화라는 것으로 해결되는 문제가 아닙니다. 자선활동에 대한 호소나 생활을 압박하는 세금의 상승으로는 더욱더 해결할 수 없습니다. 문제는 그 자체로부터 해결의 실마리를 찾아야 합니다. 원인도, 재앙의 결과도, 도시계획의 새로운 기반도, 기적적인 해법도 모두 기계화에서 나옵니다.

도시계획은 시설입니다. 어떤 대성당이나 베르사유 궁전은 당시의 필요에 따른 시설이었습니다. 우리는 그것들로부터 회고적인 자긍심까지 얻고 있음을 인정합니다.

가장 중요하고 논박할 수 없을 만큼 극도로 심각한 문제에 다시 귀기울이십시오. 업무지구를 위해 국가가 해야 할 일은 **도시를 위해, 교외를 위해, 공업지구를 위해, 운하와 수문을 위해서도 해야 하며, 도로와 고속도로, 항공노선, 항구, 에너지**(수력, 조력潮力, 유수력流水力) **생산을 위해서도 해야 할 것입니다.** 한마디로 오늘날의 문제들과 당당히 맞서려면 나라 전체가 잘 갖추어져야 합니다.

그러므로 대지의 운용을 위한 법령은 나라 전체로 확산되어야 하고 더욱이 공공의 복지를 위한 것이어야 합니다. 장기적이고 면밀한 기술적 연구는 떠들썩하지 않고 조용한 가운데 이루어질 것입니다. 나는 이것을 1928년의 프랑스 재개발에 대한 보고서, 『**기계시대의 파리를 향하여**』에서 제안했습니다. 이 같은 가치 상승 작업의 결과로 게으른 토지 소유자들에게만 이익이 돌아가지 않을 것입니다. 국가가 개입하여 얻은 엄청난 이익은 건전한 가치 상승으로 불가피하게 생기는 '구멍'을 메우는 데 쓰일 것입니다. 이 구멍은 빈 공간이며, 지적인 **구획 정리**로 보호해야 할 지역입니다.

이런 식으로 땅의 재편성이 이루어질 것입니다. 나라를 위해 얼마나 시급한 일입니까!

한 가지만 더 언급합시다. 국회에서 인정받은 장관이 지휘하는 **국토종합시설 담당부서를** 급히 설립해야 한다고 생각하지 않습니까? 이것은 **모든 부서 가운데 가장 훌륭한 부서입니다!** 나는 여러 해 동안 콜베르[역주73]의 그림자를 잊지 못합니다! 국가는 우리에게 콜베르를 줄 수 있습니다!

✱✱✱

신사 숙녀 여러분, **어떻게** 파리의 업무지구를 실현할 것인지를 말했습니다. 하지만 이 업무지구가 무엇이 되며, 어디에 위치하며, 여기에 무엇이 만들어지며, 어떠한 아름다움을 지닐지는 말하지 않았습니다. 시간은 부족하고 문제는 너무 방대합니다. 몇 개의 그림을 화면으로 봅시다. 1925년에 내가 파리 '부아쟁' 계획의 정당성을 설명하고 명예롭게 하기 위해 300쪽짜리 책을 써야 했음을 떠올려 보십시오. 나는 비례와 조화에 대한 토론에서 재정을 이야기했습니다. 그러나 그 전에 내 마음속에 있는 현대 도시의 장래에 대해 여러분 앞에서 분석했습니다. 나는 1922년에 미친 사람 취급을 받았습니다. 지금은 전혀 그렇지 않습니다. 나를 향한 유일한 반대 이유는 바로 **'돈 문제'**였습니다. 바로 그것이 내가 해야 할 대답이었습니다.

1922년 살롱 도톤에 전시된 파리 부아쟁 계획은 '3백만 거주자를 위한 현대 도시'를 제안하려는 실험적 연구의 결과였습니다. 1922년 당시에 나는 '현실성이 없는 허무맹랑한 짓이 아니냐'는 질문을 받았습니다. 지난 3년 동안 사람들이 나에게 기술적인 문제로 이의를 제기하지는 못했지만, 내가 야만적이고 냉혹하며 인습타파주의자며 그리스도의 적이라고 모욕했습니다. 1925년에 장식예술 국제 박람회가 열렸습니다. 우리는 하찮은 일을 취급하는 것에는 아무 관심도 없었습니다. 우리는 **거주성 개혁**이라는 프로그램으로 에스프리 누보관을 만들었습니다. 그리고 일상의 오브제부터 대도시의 도시계획까지 다루었습니다. 우리의 과업은 엄청났지만, 자금은 전혀 없었습니다. 박람회 지휘본부는 우리의 프로그램이 실행되는 것을 막았습니다. 우리 땅을 빼앗은 것입니다. 그리고 나뭇잎 색이 칠해진 6미터 높이 울타리를 설치하여 우리 전시관을 박람회장 밖으로 몰아내고 시야에서 완전히 가려 버렸습니다. 울타리를 헐기 위해 아나톨 드 몬지Anatole de Monzie 장관의 도움을 받아야 했습니다.

우리에게 슬로건이 생겼습니다.

> 자동차가 대도시를 죽였다,
> 자동차는 대도시를 구해야 한다.

나는 도움을 요청하려고 대규모 자동차 제조업자를 만나러 갔습니다. 아무것도 이루어지지 않았습니다. 그러나 몽제르몽Mongermon, 가브리엘 부아쟁 Gabriel Voisin, 보르도의 앙리 프뤼제스 Henry Frugès는 우리를 이해했고 시작할 수 있게 도와주었습니다. '**파리 부아쟁 계획**'이라는 이름은 여기에서 나왔습니다. 우리 전시관은 커다란 도시계획관과 나란히 있었습니다. **사람의 몸을 기준으로 한 주거 단위 상세계획**, 건축적 개혁의 시급한 문제, 100미터에 이르는 투시도를 포함한 1922년의 연구, 파리 업무지구 계획, 이것을 완벽하게 이해할 수 있도록 현대적 혼잡성에서 벗어나 보존된 역사적 파리를 포함해서 뱅센Vincennes부터 마이오Maillot에 이르는 파리 전체를 표현한 100제곱미터의 또 다른 투시도가 있었습니다.

> 파리, 세계의 정신적 고향,
> 파리, 프랑스의 업무 중심,
> 정부가 위치한 곳.
> 파리가 살아남을 것인가?

아니면 완만하고 천천히, 과거에는 있었지만 이제 존재하지 않는 전승되어 온 힘의 환영 속에서, 모든 장애를 극복하고 도시를 새로운 환경과 조화시키는 건설적 에너지를 보면서, 늘 혁명적이었으며 늘 투쟁 상태에 있는 로마네스크와 고딕, 르네상스, 위대한 왕, 오스만과 에펠 탑 등을 바라보면서 조용히 죽어 갈 것인가?

파리는 이러한 역사적 전통을 이어 감으로써 살아남을 것인가? 이것이 1925년 당시에 우리의 질문이었습니다.

여러 해가 지났습니다. 1922년에 비교적 조용하던 파리에서, 어느 날인가 분명히 울릴 운명적인 시간과 함께 일어날 사건을 가늠해 보았습니다. 시간이 되었습니다. 파리는 심한 고통을 겪었습니다. 나는 이것이 10년에서 20년 정도 걸릴 거라고 생각했습니다. 7년 만에 병폐가 도시를 덮쳤습니다.

우리의 '미치광이 같은' 생각이 퍼져 나갔습니다,

1920년부터 1925년까지, 현대 생활을 담은 잡지 『에스프리 누보』를 통해,

1925년, **에스프리 누보관**을 통해,

1925년, 『도시계획』을 통해(지금까지 12판이 나왔음.),

1928년, 독일에서 번역된 같은 책을 통해,

1929년, 영국과 미국에서 번역되고 일본과 소련에서 번역 중인 같은 책을 통해서 말입니다.

제각기 흩어졌고, 고립되었으며, 때로는 단독으로 때로는 집단으로 구성된 급진적인 지식인들은 확신했습니다.

언론, 대형 출판사, 일간지, 주간지, 잡지, 전문 잡지, 회의 등에서 이 문제를 언급했습니다.

『락시옹 프랑세즈L'Action Française』에서는 '이 프로젝트가 우리의 프로그램'이라고 말했습니다.

1926년의 프랑스 파시즘도 똑같은 말을 했습니다.

『라미 드 푀플L'Ami de Peuple』은 최근 사설에서 내가 레닌의 앞잡이며 파괴자라고 비난했습니다.

1923년에 프랑스 공산당 일간지인 『뤼마니테L'Humanité』는 나를 '위대한 밤'역주74을 질식시키는 프랑스 자본주의의 앞잡이라고 고발했습니다. "그는 주택 문제를 해결함으로써 노동자 계급 집단이 혁명의 위험을 바라지 않도록 만든다."

모스크바의 노동자회의 의장은 6월에 **더 위대한 모스크바** 재개발을 시작하기 **위해** 우리가 계획한 필로티 위에 얹힌 센트로소유즈 청사를 짓기로 하면서 여러 시간에 걸친 토론을 마쳤습니다.

프랑스의 대규모 생산회사의 경제연구집단인 '프랑스 재건회 le Redressement Français'는 내 책인 『기계시대의 파리를 향하여』를 발간했고, 이들의 후원 아래 이 생각은 새로운 집단들을 격렬하게 휘저어 놓았습니다.

마침내 다니엘 세뤼Daniel Serruys 씨는 이번 봄에 지리학회Salle de Géographie가 상원의원과 하원의원, 시의원, 제조업자 들을 청중으로 모은 파리에 관한 강연에서 부아쟁 계획만이 유일한 해법이며, 이 원대한 계획만이 곧 닥쳐올 재앙을 막을 수 있다고 선언했습니다.

이 책을 인쇄할 무렵, 육군 중령 보티에Vauthier가 나에게 베르제-르브로Berger-Levrault가 출판한 『**하늘의 위험과 국가의 미래**』의 원고를 보여 주었습니다.

공군방위본부에 소속된 항공 전문가가 쓴 이 연구는 높은 건물과 넓은 공간,

필로티, 공원과 연못이 있는 부아쟁 계획만이 **공중전이자 화학전**이 될 미래의 전쟁이 던지는 고민스러운 문제들에 **잘 대응**할 수 있음을 보여 줍니다.

여기에서 전혀 기대하지 않은 종소리가 울려 나옵니다. 이것은 대단히 심각한 결론입니다. 실제로 보티에 중령은 이렇게 결론지었습니다. "만일 국가가 긴급하고 확고하게 대책을 세우지 않으면, 파리는 미래의 전쟁에서 깨끗하게 전멸할 것입니다."

이 말을 자만심 때문에 인용한 것은 아닙니다. 단지 기계 혁명의 결과로 나타난 사회적·경제적 현상들과 일치되는 기술적 사고가 **권위**의 원리에 의문을 품으며 정치적 문제로 떠올랐음을 보여 주려는 것입니다.

어디서나 똑같은 질문입니다. **누가 이런 결정을 내리려고 하겠습니까?**

왕?
웅변가?
국회?
국민의 파수꾼?

권위의 위기입니다. 정치는 에너지를 빼앗습니다. 정치는 건설적인 기능이 아닙니다. 이것은 여과기며 제거를 통해서만 움직입니다. 이것은 솥이요, 불입니다. 무엇이 타겠습니까? 열정과 생각의 흐름입니다. 무엇이 제거됩니까? 생각이 제거됩니다. 무슨 생각입니까? 일상에서 일어나는 생각이며, 이러한 생각이 성장할 때에야 사회의 안정에 관심을 갖게 됩니다. 언제 이런 생각이 불타는 여과기의 시험을 겪겠습니까? 생각이 준비되었을 때입니다. 어떤 생각이 무르익는 그날이 옵니다. 그러나 더 심각한 문제는 공동체로 살아가는 인간들의 삶 속에서 **시간이 소리를 내며 지나가 버린다는 점입니다.** 시간이 되돌아오리라고 기대하지 마십시오! 사건은 굴러가고 운명은 지나가 버립니다. 행복과 불행의 차이는 행운이 지나갈 때 사람이 운 좋게 그것을 잡느냐 그렇지 못하느냐에 있습니다. 행복이나 불행은 지나가는 것을 붙잡거나 놓쳐 버린 시간에서 비롯되는 것입니다.

도시계획에서도 시간이 여유로울 때가 있습니다. 또한 시간이 더 없을 때도 옵니다. 삶에서도 모든 것이 가능한 순조로운 시기가 있습니다. 모든 것이 민감하고, 가슴이 두근거리고, 긴장되고, 해법을 향해 열려 있어 무엇이든 쉬울 때가 있습니다. 그러나 시간이 지나고 모든 것은 조금씩 닫힙니다. 되돌릴 수는 없습니다. 평범한 운명은 거기에 안주합니다. 그것을 깨달았을 때는 수백 년이 지난 뒤입니다.

　통치자의 능력이란 그 시기를 정확하게 인지하는 것입니다.

　어떤 사람들은 '전문가들'이 만장일치로 내가 조금 전에 설명한 논리에 합의할 거라고 믿을지도 모릅니다. 그렇지 않습니다! 온갖 다양한 의견이 나오고 사방으로 퍼져 나갔습니다. 나는 문제의 핵심을 찾으려고 노력했습니다. 나는 건축의 범주를 뛰어넘었습니다. 수묵화나 수채화로 행정위원회의 승낙을 쉽게 얻을 수 있으므로 대개 전문가들은 연필이나 수묵화 및 수채화로 직접 실행에 옮길 해법을 찾는 경우가 있습니다. 구체적인 목적이 제시되고 실현될 가능성에 더 가까워졌다고 봅니다. 나는 파리의 대규모 일간 신문사가 설립한 **새로운 파리 위원회**에 참여합니다. 올해 5월 1일에 처음으로 그곳 회합에 참석했습니다. 거기에서 유능한 전문가 20명이 자신들이 계획하는 프로젝트의 마지막 단계를 마무리하는 것을 알았습니다. 트리옹팔 대로 la Route Triomphale에 관한 것이었습니다. 문제는 파리였습니다. 파리는 시대에 뒤처진 도심을 가졌고, 자동차로 뚫고 들어갈 수도 없고 완전히 막힌 채 극적으로 잘렸으며, 날마다 생겨나는 비유기적이고 조직되지 않은 거대한 교외로 둘러싸였습니다.

　파리의 도시 상황을 그려 봅니다(그림 195). 파리는 연속된 벽, 불규칙하게 흩어진 교외, 방사상 철로, 방사형 국도, 조밀한 환상형 교외, 중앙집중형 유기체, 방사형 층위層位, 논란의 여지 없이 생물학적 형상을 가집니다. 아, 슬픕니다! 모든 것이 현대적 수단과는 너무 멀어졌습니다. 사람들은 돌아다니지 않고, 길에서 시간을 많이 빼앗깁니다. 노동자의 삶은 갈보리 십자가의 고난이 됩니다. 깨끗이 청소하고 분류하고 **되살리고 조화롭게** 할 필요가 있습니다.

　트리옹팔 대로? 이것은 콩코르드 광장의 오벨리스크에서 출발하여 개선문을 거쳐 뇌이Neuilly를 지나 '라 데팡스'의 기념물까지 이어집니다(루이 14세 때 만들어진 모든 것이 남았습니다).…… **그곳에서 24킬로미터 떨어진 생제르맹앙레까지**

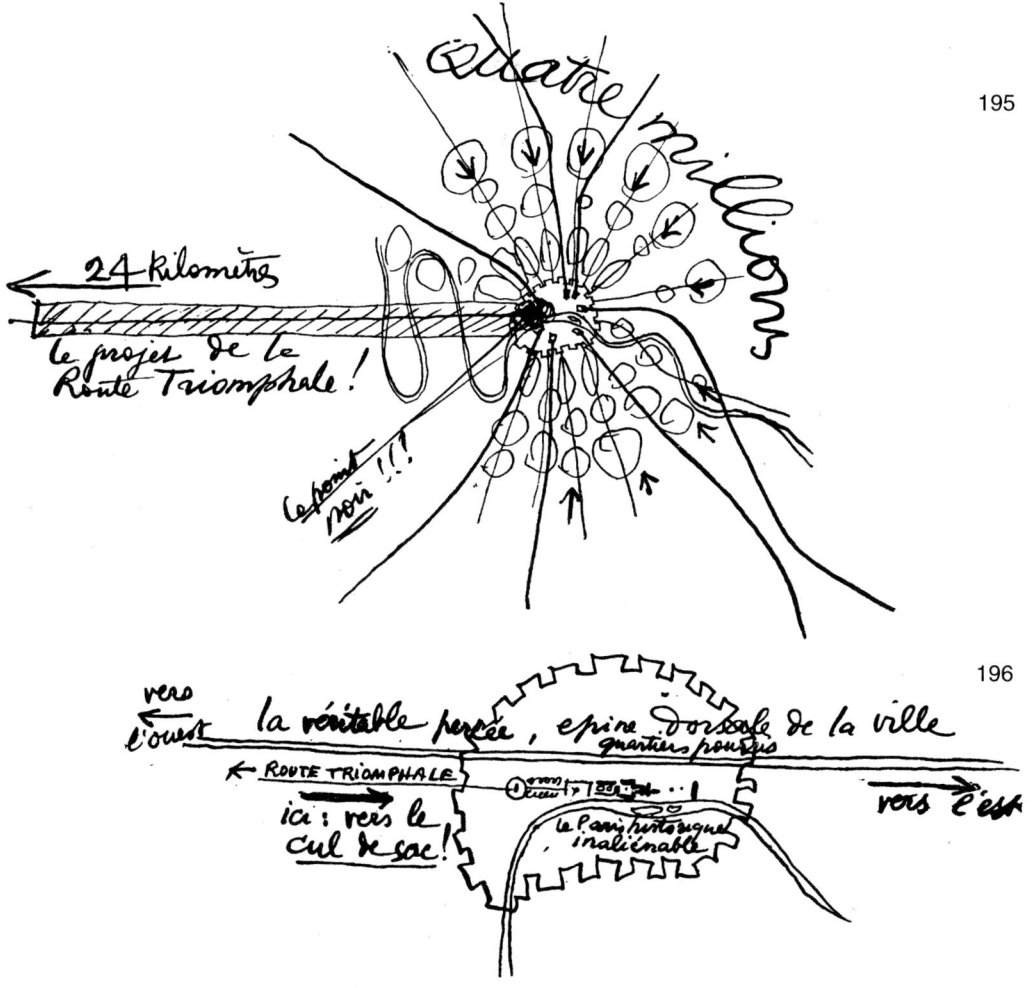

195 4백만 quatre millions / 24킬로미터 24 kilométres / 트리옹팔 대로 계획 le projet de la Route Triomphale! / 검은 점!!! le point noir!!!
196 서쪽으로 vers l'ouest / 진정한 타개책, 도시의 등뼈 la véritable percée, épine dorsale de la ville / 부패한 지역 quartiers pourris / 트리옹팔 대로 ROUTE TRIOMPHALE / 여기: 막다른 골목을 향하여! ici: vers le cul de sac! / 양도할 수 없는 역사적 파리 le Paris historique inaliénable

이어지는 길을 트리옹팔 대로라고 부릅니다. 이 **낱말**이 **도시계획**의 범위를 벗어납니까? 파리가 파리로부터 탈출하겠습니까? 건설자로서 융통성 있는 독창성에 내가 늘 감탄하는 동료들 가운데 아주 유명한 사람이 자기 손을 펴서 파리의 계획 위에 얹고 나를 쳐다보며 외쳤습니다. "그들이 '**파리의 도심**' 문제로 우리를 더 성가시게 하는 일을 단숨에, 확실하게 그만두게 하자구. 우리가 **트리옹팔 대로**를 건설하는 거야. 도시는 이 길을 따라 발전하겠지. 우리는 파리의 중심을 비울 수 있을 거야. 그곳에 여성을 위해 아기도 돌봐 주는 공원을 만들고, 거기로 놀러 가는 거야!"

가치 상승이 아닙니까? 완전히 안전한 전략이 아닙니까? 파리와 주변 지역은 이에 동조하기 위해 거대한 방사형 평면을 떠나겠습니까?

나는 건축가들이 완전히 새로운 24킬로미터의 길을 따라 훌륭한 건물을 지을 수 있음을 잘 압니다. 이것은 어떤 부류의 사람을 위해서 하는 겁니까? 어떤 다른 부류가 이 대로 주변에 정착하겠습니까? 지금은 내가 질문할 차례입니다. "어디서 자금을 구합니까?"

또 다른 질문이 있습니다. 중심에 있었기에 얻게 된, 잠재적으로 어마어마한 부의 중심을 무관심한 태도로 아무것도 아닌 것으로 취급할 수 있겠습니까?

파리 **지역**과 **새로운 업무지구**를 연결할 버스·지하철·자동차의 노선을 그린 다음 기존의 방사형 노선과 비교하면서 하루와 한 해의 연료 및 시간 손실을 계산합니다.

트리옹팔 대로가 건설되면 파리로 자동차가 몰려들 것입니다. 파리 외부 순환도로의 마이오 출구에서부터 병목현상이 시작될 겁니다. 그랑 다르메 거리 l'Avenue de la Grande Armée는 오늘날에도 너무 좁고, 교통에 철저하게 **장애가** 되는 개선문도 있습니다(이것은 계획상의 착오입니다). 혼잡하기 때문에 바쁜 사람들은 통행할 수 없는 샹젤리제 거리와 트리옹팔 대로의 물결을 흡수할 거대한 항아리인 콩코르드 광장은 어떠합니까? 그곳은 지금 운전하기에도 벌써 위험합니다. 그곳에서 벗어난다면? 마들렌 광장? 국회의사당? 그곳 역시 병목지점입니다. 튈러리 공원? 역시 카루셀 개선문에서 교통체증이 생깁니다. 루브르 궁, 피라미드 광장, 퐁-루아얄, 생제르맹록세루아, 시청에서 모두 교통체증이 일어납니다! 역사적 파리 전체가 비난받거나 열병이 걸린 분위기 속으로 빠져들 것입니다!

1922년에서 1925년 사이에 수립된 '부아쟁' 계획에서는 오페라좌의 우측 북쪽으로 500미터 지점에 **트리옹팔 대로와 평행하게**, 철거할 때가 된 쇠락한 구역을 관통하여 장애물 없이 **외부에서 들어오고 외부로 나가는**, 단숨에 파리를 환기시킬 **척추**인 동-서 방향 대로를 제안했습니다. 이것은 어마어마하게 가치를 상승시켰습니다(그림 196).

앞에서 언급한 새로운 파리 위원회의 위원들이 바라는 것처럼 보이므로 이 대로도 생제르맹앙레까지 이어질 것입니다.

많은 인구 때문에 위협받는 파리 지역의 병든 서민들은 우리들의 구조를 기다립니다. '트리옹팔 대로'만이 해결 방안이라고 답할 수 있습니까?

1929년 5월 1일이었습니다. 위원회 모임을 마치고 나온 저녁 6시 30분에 대로에는 사람이 없었습니다. 현재의 사회적 신분 때문에 불이익을 당한다고 생각하는 사람들이 장엄하게 시위를 하던 그날, 늘 그렇듯이 택시들은 자취를 감췄습니다. 경찰이 쫙 깔렸습니다. 정적은 고뇌 자체였습니다. 나는 우리의 **트리옹팔 대로**를 생각했습니다. 그날 석간 신문들은 전날 저녁에 분쟁을 미리 안 내무장관이 3,500명으로 알려진 공산주의자들을 체포했다고 보도했습니다!

모든 아카데미 정신에서 자유로워지십시오…… 도로들을 다루는 경우에도!

강연장에서는 슬라이드를 이용해 쟁점을 설득했지만, 이 책에서는 부족한 내용을 보충하기 위해 1929년 5월 20일 『**앵트랑지장**Intransigeant』에 발표한 업무지구에 관한 논설을 싣겠습니다.

도로

다음 내용은 실제적인 통계, 재료의 저항, 사회적·경제적 조직의 저항, 부동산의 합리적인 가치 부여에 따른 현실성 등을 고려하여 도시계획과 건축의 정확한 계획을 세우려고 쓴 글이다.

지금까지 도로에 대한 정의는 다음과 같다.

　차도에는 대부분 좁거나 넓은 인도가 있다. 그 위에는 건물의 벽이 있다. 하늘을 향한 윤곽은 천창, 굴뚝의 갓, 금속으로 된 관 들로 괴상망측하게 찢어진 모습이다. 거리는 과거로부터 물려받은 것들 아래에 있다. 햇빛이라곤 들지 않는 그림자 안에 영영 갇힌 것이다. 푸르른 창공은 너무 멀고 까마득한 희망일 뿐이다. 거리는 일종의 도랑이자 골이 깊은 틈이며 비좁은 복도다. 도로의 양쪽은 두 사람의 양 팔꿈치에 닿을 정도다. 비록 이것이 수천 년 동안 존재했지만, 늘 마음을 답답하게 한다.

　거리는 사람으로 가득 찬다. 사람들은 자신의 행로를 주의 깊게 살펴야 한다. 몇 년 전부터는 빨리 달리는 차들이 길을 메운다. 죽음이 인도의 두 언저리 사이에서 위협한다. 그러나 우리는 차 사이를 밀어 헤치고 나아가도록 적응되었다.

　거리는 천 개의 서로 다른 건물들로 이루어졌다. 우리는 추한 아름다움에 익숙해졌다. 이것은 악을 선의로 받아들이는 것을 뜻한다. 천 개의 건물들은 어둡고 서로 맞닿은 곳에 불협화음을 만든다. 끔찍한 일이지만, 우리는 개의치 않는다. 텅 빈 일요일, 길이 몹시 우울하다. 맥빠지는 이 시간을 제외하고는 남녀의 팔꿈치가 서로 부딪힐 만큼 붐비고 상점들에는 불이 밝혀진다. 모든 인생의 드라마로 가득 차는 것이다. 우리가 관찰하는 법을 안다면, 이 거리에서 즐거운 시간을 누릴 것이다. 여기는 극장보다도 더 낫고 소설 속보다도 더 낫다. 인물이 있고 욕망이 있으므로.

어떠한 것도 우리에게 건축의 효과인 즐거움을, 질서의 효과인 금지를, 열린 공간에서 생겨난 모험 정신을 강화시키지는 않는다.

　그러나 타인의 얼굴에 나타나는 고통이 동정과 연민을 일깨운다. 그리고 **고된 노동자**를 기죽인다.

거리는 인간적인 드라마를 감당할 수 있다.

　거리는 빛의 새로운 광채 안에서 번쩍일 수 있다.

　거리는 자신의 얼룩덜룩한 벽보를 보고 웃을 수 있다.

거리는 아주 오래된 보행자의 길이며 여러 세기의 잔재다. 쇠퇴한 기관이다.

거리는 우리를 닳아 없어지게 한다.

결국 이것은 우리를 넌더리나게 한다.

왜 이것이 여전히 남아 있어야 하는가?

자동차가(다른 것들도, 왜냐하면 100년 전부터 기계시대가 우리를 새로운 모험으로 몰아넣었기에) 출현한 이후 20년 동안 우리를 결단의 직전까지 몰고 갔다. 현재 '새로운 파리'에 관한 학술회의가 준비되고 있다. 파리에 무슨 일이 일어날 것이고 어떤 길이 우리 앞에 놓일 것인가? 하늘이여, 어둡고 균열이 간 파리의 거리에서 온갖 인물들의 작태에 굶주린 자들로부터 우리를 지켜 주기를! 이성만이 눈부신 해법을 시급하게 요구한다. 만일 적절한 서정이 합리적인 개념을 건축이 주는 혜택의 수준까지 끌어올린다면? 매일 우리를 문명의 새로운 주기로 이끌어 가는 사건들을 따라 내일의 파리는 경이적일 수 있다.

도시계획 전문가들의 연구는 가끔씩 괜찮은 해법을 제안한다. 토론은 주로 교통 문제에 집중된다. 말이 오가는 시냇물 같은 작은 길이 자동차가 흘러 다니는 아마존 강 같은 커다란 길로 변한다. 크기와 너비에서 그러하다. 보행자와 자동차의 분류에서도 그러하다.

도시계획가들이 정리해야 할 것들이 여전히 많다.

현대적인 **도로**를 생생히 묘사하려고 한다. 독자 여러분, 새로운 도시를 걸어 보고, 인습적이지 않고 진취적인 기질의 혜택을 받으시라. 다음을 보자.

여러분은 잔디로 둘러싸인 나무 아래에 있을 것이다. 여러분 주변은 거대한 녹지공간이다(그림 154, 155, 156). 건강에 이로운 공기가 있고 소음은 거의 없다. 여러분은 이제 건물을 전혀 볼 수 없다! 도대체 어떻게? 여러분은 나뭇가지들 사이로 나뭇잎들의 매력적인 당초무늬를 통해 하늘을 보고, 서로 아주 멀리 떨어진, 거대하고 세상의 어떤 건물들보다 높은 수정덩어리를 깨닫는다. 하늘을 반사하고 겨울의 회색 하늘에서 빛나면서, 땅 위가 아니라 공중에 떠 있는 것처럼 보이고 밤이면 전기의 마술을 번쩍이는 수정체. 각각의 투명한 프리즘 아래에는 지하철역이 있다. 지하철역들은 각 수정체들이 얼마나 멀리 떨어졌는지를 보여 준다. 프리즘들은 사무실 건물이다. 도시는 지금보다 서너 배나 밀도가 더 높아져서 가야 할 거리는 1/3~1/4로 짧아지고 피로도 1/3~1/4로 감소된다. 건물들은 단지 그 구역 땅의 5~10%만 차지한다. 이것이 바로 여러분이 공원 안에 있으며 자동차 전용도로가 멀리 있는 이유다.

이상적인 사무실은 유리벽 한 면과 세 면의 벽으로 만들어진다. 사무실 수가 아무리 많아도 **마찬가지다**. 건물의 정면은 바닥에서 꼭대기까지 모두 유리로 만들어졌다. 이 거대한 빌딩에서는 석재를 볼 수 없으며 오로지 수정체와 비례만 있을 뿐이다. 건축가는 이제 석재를 사용하지 않는다. 청사나 집도 돌로 짓지 않는다.

루이 14세 시대에 건물의 높이를 석조 공사의 내력 한계 안으로 제한한 것은 바람직했다. 오늘날 기술자들은 무엇이든 할 수 있고 그들이 원하는 만큼 높이 올릴 수 있다. 그런데 **코니스까지 20미터**라는 루이 14세 시대의 규제가 여전히 남아 있다!!! 더 올라갈 수 없다! 여러분은 5~10%가 아닌 50~60%를 차지하는 넓은 면적 위에 건물을 짓는다. 결국 도시의 수치고 재앙인 도로의 검게 갈라진 틈이 영원히 남는다. 밀도는 1/4로 낮다.

여러분이 방금 본 것처럼, 파리의 도로는 무시무시한 재난인 뉴욕의 그것처럼 되지 않을 것이다.

사무실 건물의 거대한 기초를 파면 구덩이에서 산더미 같은 흙이 나온다. 우리는 이때 하천용 수송선으로 향하는 덤프차와 교외에 흙을 쏟아 부으러 떠나는 수송선의 끝없이 헛된 놀이(이렇게 파리의 흙 전부가 **도시 옆으로** 옮겨진다.)를 멈추고, 땅을 파는 사이사이에 흙무더기를 공원 한가운데 놓아두고 산더미 같은 흙 위에 나무들과 잔디를 심을 것이다. 자연사박물관 옆 식물원 안에 있는, 작지만 놀랍도록 목가적이며 기대하지도 않던 전망의 요충지가 된 작은 인공 언덕을 보라.

나뭇가지들 너머로 영화의 배경화면처럼 보이는 언덕 뒤에서 떠오르는 거대한 사무실 빌딩인 수정체 프리즘을 본다. 자동차 도로나 보행자 통로를 따라가는 방향에 상관없이 400미터마다 건물이 규칙적으로 솟아오른다. 여기서 갑자기 푸른 잎이 살랑거리는 매력적인 고딕 성당을 만난다. 14~15세기에 지은 생마르탱 성당이나 생메리 성당이다. 앙리 4세 때 지은 마레 지역의 대저택 안에 설치된 클럽도 있다. 모래로 덮인 샛길이 그곳으로 이어진다.

다음에 보행자 광장이 완만한 경사로로 높아진다. 전방 1,000미터까지 펼쳐진 테라스에 도착한다. 1층 높이에서 도시의 지면을 내려다보는, 풍성한 나뭇잎에 둘러싸인 카페 테라스다. 두 번째 경사로는 우리를 새로운 2층 높이의 고가도로로 데려간다. 한쪽에는 화려한 상점들의 진열대가 있다. 새로운 평화의 길이다. 다른 쪽에는 도시의 먼 곳으로 향하는 공간이 있다. 세 번째 경사로는 클럽과 레스토랑이 있는 산책로로 여러분을 데려간다. 사람들은 거의 푸르른 나무 그늘 속에 있다. 나무의 바다다. 여기저기, 저 너머 더 멀리에 순수하고 거대한 프리즘인 장엄한 수정체들이 있다. 안정성, 부동성, 공간, 하늘, 빛! 마음이 가벼워진다.

아름다운 건축 작품들이 나무 사이로 나타난다. 저기를 보라. 재미있다. 그리스식 박공 위에 금빛 둥근 지붕을 가진 건물은 아카데미 회원인 네노의 최근 작품인 X 극장이다! 이것이 진짜 르네상스인지 모조품인지는 중요치 않다. 그것은 건축 교향곡을 방해하지 않는다. 모조품은 그저 개인의 윤리 문제일 뿐이다.

세미라미스^{역주75}의 정원과 휴식의 길이 연이어진 세 개의 테라스는 가늘고 낮은 매혹적인 수평선으로 뻗어 나가 거대한 수직 수정체 사이로 사라진다. 저 멀리 기둥들의 행렬 위에 있는(웬 열주인가, 맙소사, 길이가 20킬로미터나 되다니), 시야에서 사라져 가는 저 선을 보라. 저것은 마치 경주용 자동차처럼 파리를 넘어 다닐 수 있는 편도 고가도로다.

이제 쓸쓸한 거리의 끝없는 어스름이 아니라 열린 하늘 아래 탁 트인 공간 안에서 일을 한다. 웃지 마시라. 40만 명의 업무지구 노동자들은 이제 아주 자연스러운 풍경을 감상한다. 루앙 근처 센 강의 높은 절벽에서처럼 여러분 발 아래에서 굽이치는 가축 떼 같은 나무의 굽이침을 본다. 완벽하게 고요하다. 어디에서 소음이 나올 것인가?

밤이 찾아왔다. 춘분 때 유성의 무리처럼 고속도로를 따라 차의 불빛이 가득하다.

200미터 높이에 있는 마천루의 옥상 테라스(참빗살나무, 측백나무, 월계수, 담쟁이덩굴, 튤립과 제라늄으로 꾸민 꽃밭을 가로지르는 보도 등이 있는 진짜 정원이다.)에 켜진 전기는 잔잔한 즐거움을 퍼뜨린다. 도시의 밤이 천장을 만들고, 거기에는 팔걸이 의자와 대화, 오케스트라, 춤추는 사람들이 있다. 고요함이 감돈다. 마찬가지로 멀리 떨어진 지상 200미터 높이의 다른 옥상 정원들은 마치 떠다니는 금빛 접시처럼 보인다. 사무실은 어둡고 파사드의 불은 꺼졌으며 도시는 잠자는 것 같다. 과거의 껍데기 안에 남아 있는 파리의 주변에서 어렴풋이 소음이 들린다.

바로 이곳이 업무지구며 **도시**다.

우리의 예상은 정확히 계산된다. 파리의 업무지구를 만드는 일은 공상이 아니다. 국가에게 이것은 **파리 도심의 가치를 높이면서 수십억을 버는 일이다.** 파리의 중심을 계획된 작업에 맡기는 일로 **수십억을 버는 것이다.**

**

도로는 이제 존재하지 않을 것이다.

**

이웃한 거주지를 위해서도 복도형 도로는 이제 해결책이 아니다.

신사 숙녀 여러분, 이것은 단지 파리를 위한 것입니다. 이제는 부에노스아이레스로 가 보겠습니다.

이 강연의 부제는 다음과 같습니다.

> "열성적이고 명쾌한 시민정신과 냉철한 이성의 결과로 부에노스아이레스가 세계에서 가장 위대한 수도, 세계에서 가장 훌륭한 도시가 될 수 있을까?"

나는 확신을 가지고 생각하는 모든 것을 힘주어 말할 것입니다. 부에노스아이레스? 이것은 내 인생에서 가장 아름다운 주제입니다.

부에노스아이레스는 내가 아는 한 가장 비인간적인 도시입니다. 정말로 사람들은 고통을 겪고 있습니다. 몇 주 동안 나는 우울하고 의기소침하고 분노하고 자포자기해서 미친 사람처럼 '아무 희망 없이' 거리를 걸어 다녔습니다. 그래도, 어디에서 이곳에서처럼 에너지의 잠재력과 힘, 피할 수 없는 운명의 강력하고 지칠 줄 모르는 압력을 느낄 수 있겠습니까? 위대한 운명 말입니다. 나는 가끔 행운의 별자리를 타고났다는 소리를 듣습니다. 내 삶은 몹시 괴롭고 힘들었지만 나는 결코 굴복하지 않았습니다. 입을 벌린 심연의 언저리에서 늘 해결책을 보았습니다. 이것이 내 유명한 '인생역정'입니다. 이곳에 오면서 정말로 신의 섭리에 따른 행운을 누렸습니다. 여객선은 14일 동안 바다를 항해한 뒤 몬테비데오에 잠시 정박하여 한두 시간을 보냈습니다. 그래서 부에노스아이레스에는 낮이 아닌 밤에 도착했습니다. 감수성이 풍부한 남자가 14일 동안 고독과 침묵의 바다에서 지냈을 때, 내려앉은 밤의 적막을 뚫어지게 응시하면서 그토록 오랫동안 기다리던 도시가 다가오는 것을 보기 위해 선장의 지휘소가 내려다보이는 함교 위에서 황혼을 맞이할 때, 은총을 받은 상태에서 정신은 긴장되고 감각은 예민해집니다.

갑자기 등대 불빛 너머로 부에노스아이레스를 보았습니다. 좌우로 끝없이 펼쳐진 평온하고 잔잔한 바다와 그 위로 별이 가득한 아르헨티나의 하늘, 수평선 위로 오른쪽 끝에서 시작하여 왼쪽으로 끝없이 사라져 가는 놀라운 빛의 선인 부에노스아이레스. 빛의 중심에 어렴풋이 흔들리는 도심의 빛말고는 아무것도 없습니다. 이것이 전부입니다! 부에노스아이레스는 그림처럼 아름답지도 변화무쌍하지도 않습니다. 아르헨티나의 대초원과 대양은 한쪽 끝에서 다른 쪽 끝까지 밤을 밝히는 단순한 선입니다. 신기루며 밤의 기적입니다. 도시 불빛의 단순하고 규칙적이며 끝없는 구두점은 14일 동안 대양에서 외롭던 여행자들의 눈에 부에노스아이레스가 무엇인지를 보여 줍니다.

이 이미지는 강하게 남았습니다. 나는 생각했습니다. '부에노스아이레스에는 아무것도 없다. 하지만 얼마나 강하고 웅대한 선인가!'

다음날 도심에서 눈을 떴습니다. 8일 동안 업무를 보았습니다. 나는 여러분의 도시에서 예전에는 느낄 수 없던 고통을 겪었습니다. 어느 날 나는 소리를 질렀습니다. "그렇지만 내가 왔을 때는 바다가 있었어! 그 바다가 어디에 있지? 이곳에 온 뒤로 하늘을 본 적이 없어. 하늘을 보고 싶다!" 우리는 항구(아주 큰 항구지만 위치가 이상해서 눈에 띄지 않는)를 따라 나 있는 철로와 항구의 가건물을 지나 리우 위에 새로 만든 대규모 해변 산책로인 **코스타네라**Costa Néra로 갔습니다. 그곳에는 거대한 하늘과 함께 파라나의 진흙이 깔린 분홍빛 바다가 있었습니다(풍부한 모래톱에서 흘러 나오는 윤기 있는 놀라운 색채). 아, 여기서는 사람들이 얼마나 생기 있고 활기에 넘치고 행복하며, 어떻게 비인간적인 도시의 무시무시한 악을 털어 내는가!

성스러운 열의가 나를 사로잡았습니다. 나는 생각했습니다. '무엇인가를 느끼기 위해 나는 무엇인가 할 것이다.' 도착했을 때의 기억인 놀라운 수평선과 하늘, 바다가 내 지각을 높이고 넓혔습니다. 어떤 구성적인 리듬이 이 도시의 일정한 형체도 없는 현실을 흔들기 시작했습니다.

나는 아르헨티나의 지리를 연구했고, 강들의 선과 평원, 고원의 넓은 면적과 안데스 산맥의 방벽을 측정했고, 이미 여러분의 나라를 관통하는 철도망을 연구했습니다. 처음으로 아르헨티나가 엄청나게 크다는 것을 알았습니다. 이 나라는 인디언이 벌거벗고 사는 차코의 위도에서 시작해 티에라델푸에고Tierra del Fuego

의 빙산이 있는 곳까지 이어집니다. 아르헨티나에서 사람들이 무엇을 하는지도 알았습니다. 축산입니다. 앞으로 해야 할 일은 대규모 농업과 무진장 보존된 지하자원과 석유의 탐사입니다. 언젠가 여러분은 영국의 석탄 대신에 안데스 산맥의 수력발전을 갖게 될 것입니다. 나는 비행기를 타고 여러분의 나라를 높이 날았습니다. 이 나라가 가진 것은 없지만 환상적인 확장을 할 여지가 충분함을 보았습니다. 도시에서는 '아메리카를 만들고자' 200만 명의 노력이 하나됨을 느꼈습니다. 사무실에서는 독일과 영국이 나라를 제대로 갖추도록 기술자들을 보냈음을 보았습니다. 무엇보다도 미국의 엄청난 재정능력과 산업력을 느꼈습니다. 여기서는 모든 수고가 쓸모 있으므로 세계의 곳곳에서 사람들이 몰려옵니다. 여러분의 항구는 세계에서 다섯 번째 규모입니다. 아이디어를 얻으려는 사람들은 우아하고 교양 있고 순수한 정신의 제단에 헌신하는 사회인 금광을 발견하는 즐거움을 누립니다. 젊은 프랑스의 영광이자 내게 아주 소중한 것들을 위한 정열까지도 느낄 수 있습니다. 여러분의 도시가 소박함과 두려움, 루이 16세나 르네상스 시대의 모조품으로 이끌려 갈 수도 있다는 공포를 지닌 미국 도시면서도 동시에, 완전히 새로운 원동력과 함께 급속한 식민지화라는, 이제는 쓸모없는 수단들로 혼잡해진 땅을 가진 폭발적인 도시임을 강하게 느꼈습니다. 여러분의 품위 있는 꼿꼿함과 신중함의 절반은 남미 대초원의 목장을 관리하거나 대규모 무역회사를 경영하면서 얻은 지배정신에서 나왔고, 나머지 절반은 여러분을 세계와 멀리 떨어뜨려 놓은 대양의 고요가 주는 불확실성에서 나왔습니다. 이 점이 이 나라 국민의 특성임을 발견했습니다. 이 모든 사람이 모인 부에노스아이레스는 정말 새롭고 불타는 시민 의식으로 활기에 넘쳤습니다.

    정신을 온통 건축적 질문에 집중한 채 강연하는 동안 여러분에게 동의하거나 반대하며 심한 긴장감 속에 지낸 몇 주일이 지나면서 **무엇인가 중요한 것**, 놀라운 일을 하리라는 욕망, 아니, 결정을 내렸습니다. 나는 도시계획에 관한 이론상의 문제를 그만큼 더 많이 생각했습니다! 발전기처럼 에너지가 충전되었습니다. 부에노스아이레스는 **현대적 도시계획의 장**이 되려고 나에게 나타났습니다. 어느 날 나는 리우의 연안에 펼쳐진 도시의 첫 광경 위에, 만일 열렬하고 통찰력 있는 애국심과 냉철한 이성에 필요한 에너지를 모을 수 있었다면 부에노스아이레스가 되었을 도시를 건설했습니다. 이 에너지가 곧 분출될 것이며, 여러분에게 위험이 클수록 자긍심도 크리라는 것을 깊이 느꼈습니다. 시간이 여러분에게 울려퍼질 것이며, 곳곳에서 총체적으로 폭발하는 기계시대가 이 비인간적인 도시 안에서, 희망 없는 도로 위에서 마침내 행동을 시작하라는 기상신호를 울릴 것입니다.

북미와 남미의 지도를 봅시다. 여기 로키 산맥과 저기 안데스 산맥은 태평양의 수평선을 막습니다. 이제 이곳의 평야와 고원은 그 너머에 문화와 경험과 여전히 에너지로 가득 찬 세계인 유럽이 있는 대서양까지 뻗어 있습니다. 고정된 지점에 선을 모으면서, 그 선을 따라 생산물이 끊임없이 교역으로 선적되고 하역되는 선을 그립니다(그림 197). 지휘의 중심지고 본사들의 소재지며 거대한 현대 도시인 뉴욕에서는 온갖 일이 일어납니다. 뉴욕은 에너지와 용기의 상징입니다. 뉴욕은 바다를 굽어보는 마천루로 이루어졌습니다. 그러나 뉴욕은 단지 즉흥적으로, 혼란 속에 건설된 현대적 문명화의 첫 몸짓입니다. 이것은 역설이고 슬픈 예입니다. 또한 실제로 경험한 여정으로서 되풀이되어서는 안 되는 일입니다. 뉴욕은 실제 사례입니다. 서둘러 태어난 이 도시의 운명은 어떻게 될까요(그림 198)? 나는 전혀 예언하고 싶지 않지만 여기서 멈추지 않습니다. 마천루들을 그리고 **비장한 역설**이라고 씁니다.

여기보다 더 아래인 남쪽 대륙에서는, 모든 것이 한 점에 모이는 선들로 이루어진 비슷한 네트워크를 그립니다. 모두 시작단계지만 곧 그렇게 될 겁니다. 리오데라플라타 연안의 거대한 강어귀 뒤편에 있는 대지가 예정되었습니다. 거대한 도시가 이미 그곳에 펼쳐져 전율하며 그 몸통의 거대한 머리는 겨우 형성되었습니다. 이것이 바로 어쩔 수 없이 질서, 조직화, 반향, 위대함, 훌륭함, 위엄 및 아름다움에서는 지휘본부 격인 뉴욕처럼 될 운명인 부에노스아이레스입니다. 상상해 보십시오. 오래된 세계에 살던 우리는 배를 타고 대양을 건너서 현대 도시가 보이는 곳에 다다랐습니다. 자연으로부터 아무 혜택도 받지 않은 현대의 도시, 이것은 진공眞空입니다. 자연은 끝이 안 보이는 단조로운 선 하나로 대초원과 대양의 만남을 이끌었습니다. 인간은 활동하거나 자신을 보이기 위해 여기에 있습니다. 부에노스아이레스는 인간의 순수한 창조물이자 정신의 순수한 창조물이며, 리우의 물 안에서 또 아르헨티나의 하늘 아래에서 인간이 일으켜 세운 거대한 덩어리입니다. 희망 안에는 도취시키고 고상하게 하는 무엇인가가 있습니다. 여행에 대한

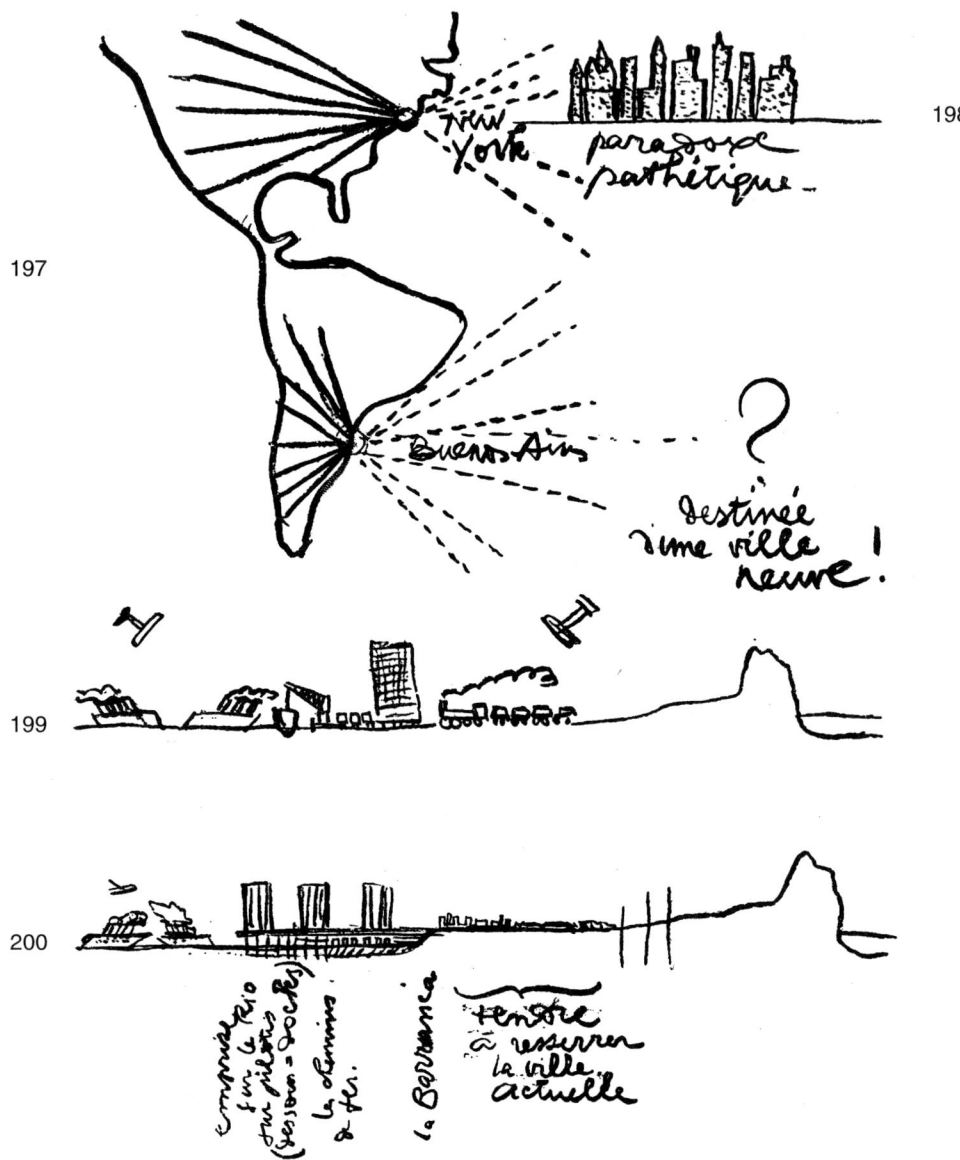

197, 198 뉴욕 New York / 비장한 역설 paradoxe pathétique / 부에노스아이레스 Buenos Aires / 새로운 도시의 운명! destinée d'une ville neuve!
200 리우의 필로티 위로 연장된(아래 = 선창) 철로 emprise sur le Rio sur pilotis(dessous = docks) le chemin de fer / 협곡 la Barranca / 현재의 도시를 압축하려는 시도 tendre à resserer la ville actuelle

얼마나 큰 자극이고 초대입니까!

마찬가지로 다른 **진짜** 사건이 도시가 취할 형태를 보여 줍니다.

아메리카를 가로지르는 단면을 그려 봅시다(그림 199). 여기가 태평양입니다. 안데스 산맥이 있습니다. 아르헨티나의 운명은 동쪽으로 향하면서 시작됩니다. 고원과 평야, 대목장, 포도주, 밀, 대지에서 나오는 광물이 있습니다. 리우의 삼각주로 향하는 상품을 실은 기차와 비행기를 그립니다. 나는 도시에 도착하고 도시를 가로질러 **바다에 닿습니다**. 왜냐하면 도시에 존재이유를 부여하는 모든 사건이 결정되는 곳이 바로 이곳이기 때문입니다. 세관창고와 선창, 철로를 건너서 여러분이 볼 수 있는 것처럼 아르헨티나와 도시의 지면을 통해 계속 나아가 바다까지, 바다 위로, 바다의 경계까지 (사실은 리우로) 갑니다. 선창의 화물들, 도착하거나 떠나는 여객선, 유럽에서 왔거나 그곳으로 돌아가는 비행기, 칠레의 산티아고, 리우데자네이루, 뉴욕으로 떠나는 다른 비행기들을 그립니다(그림 200).

특별히 운 좋은 두 가지 사건에 주목하시기 바랍니다. 대초원과 도시의 지면은 리우와 같은 높이가 아닙니다. 이 지면은 여러분이 '협곡'이라고 부르는 급경사 때문에 최초의 도시가 그 뒤편에 자리 잡아야 했을 만큼 거의 수직으로 떨어집니다. 하지만 우리는 철근 콘크리트로 도시의 지면을 **리우보다 높게** 올리려 합니다. 마천루를 밑에서 지지하기에 적당한 압축 토양인 강어귀의 진흙에 박은 파일 위로 말입니다. 이 땅은 수면보다 8~12미터 정도만 낮습니다(그림 201).

이제는 평면상에서 작업을 계속합시다(그림 202).

바다와 육지의 경계를 그립니다. 육지의 서쪽으로 최근에 매립하여 리우로부터 얻은 해수면과 거의 같은 높이의 땅 위에, 기존의 **레티로**Retiro 종착역(북쪽 철도망)과 함께 시대에 약간 뒤처진 선창으로 가는 수송 철로를 그립니다. 남쪽, 아니, 약간 남서쪽으로는 다른 종착역인 **콘스티튜션**Constitution 터미널을 그립니다(남쪽 철도망). 그리고 종점을 지나 협곡 아래쪽에 화물수송 선로망과 여객수송 선로망, 곧 북쪽과 남쪽을 잇고 남서쪽을 북서쪽과 연결해 **관통하는 철도망**을 그립니다. 이 모든 것이 12미터나 18미터 상부에 있는 철근 콘크리트로 된 **도시의 새로운 땅 아래**에 있습니다. 이제 역은 없으며 교통로만 있습니다. 도시의 중심에는 종착역이 있으면 안 됩니다. 기차가 **지나가지만 그곳에서 차량 연결은 하지 않습니다.**

왜 리우의 물 속에 타설된 파일 위에 얹은 거대한 콘크리트 플랫폼을 만들겠습

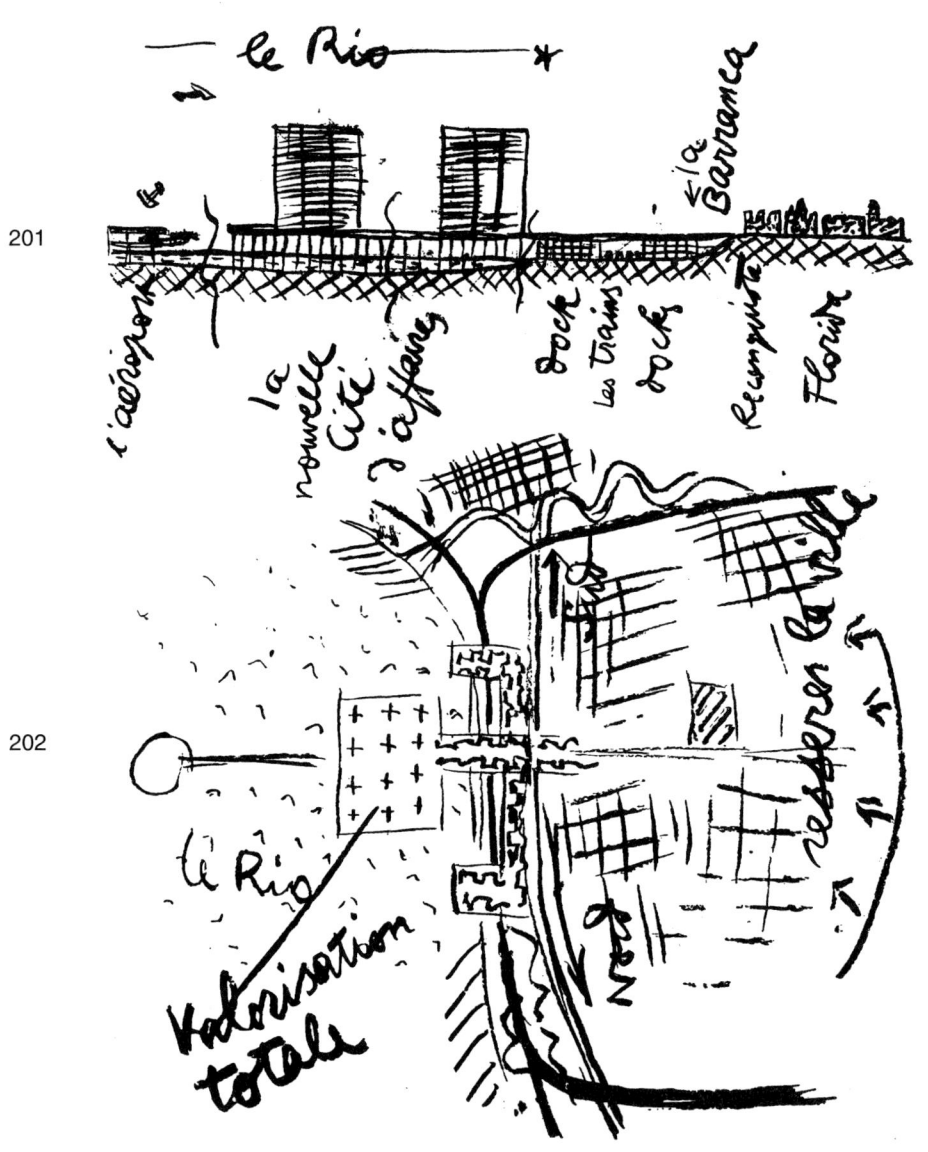

201 리우 le Rio / 공항 l'aéroport / 새로운 업무지구 la nouvelle cité d'affaires / 선창, 기차, 선창들 dock, les trains, docks / 협곡 la Barranca / 레콘키스타 Reconquista / 플로리다 Florida
202 리우 le Rio / 완전한 가치 상승 valorisation totale / 북쪽 nord / 도시를 압축하라 resserer la ville

니까? 아무 희망 없이, 하늘도 없고 간선도로마저 없이(이것에 대해 설명하겠습니다.) 도시에 갇힌 부에노스아이레스 사람들에게 동정심을 느꼈고, 바다를 향해 도시를 여는 것이 가장 손쉬운 지혜임을 알았기 때문입니다. 바다와 하늘을 바라보는 것은 행복하고 유쾌합니다. 도시를 신경쇠약에서 구해야 합니다.

철근 콘크리트의 플랫폼 위에 장엄한 일직선으로 업무지구의 마천루들을 세웁니다. 마천루들은 표면의 5%를 차지합니다. 나머지 95%는 교통순환과 주차를 위해 남겨 놓았습니다. 지금까지 울적한 도로 안에서 세상을 등지던 도시 전체가 풍부한 빛과 완전한 자유, 넘치는 기쁨 안에서 **바다를 향해 열립니다.** 플랫폼의 가장자리에서 비행기와 여객선이 도착하는 게 보일 겁니다. 약간의 비용을 들여 리우의 대지에 현재 도심의 통계상 수치인 헥타르당 400명이 아닌 3,200명의 거주자를 넣습니다. **얼마나 대단한 가치 상승입니까!** 얼마나 대단한 일입니까! 현대 기술의 기적으로 수십억이 창조된 것입니다!

여객선을 타고 유럽에서 처음 도착했을 때 끝없는 불빛 선과 도심을 알리는 작은 반짝임에 깊은 감명을 받았습니다. 오늘은 이 새로움에 직면하여 현대의 인간적 창조를 봅니다. 이렇게 순수한 것을 설계하는 일은 수고할 가치가 있습니다.

위쪽은 진하고 아래로 갈수록 옅어지는 파란색 큰 종이 한 장을 준비합니다. 여객선의 뱃머리에서 다른 여행객들, 약속의 땅에 곧 상륙하려는 이민자들과 함께 있는 자신을 상상해 봅니다. 파스텔로 내가 이미 본 끝없는 불빛 선을 그립니다. 노란색 파스텔로 인상깊게 앞쪽에 죽 늘어서서 불빛을 내는 200미터 높이의 마천루 다섯 개를 그립니다. 주변에는 노란빛이 아른거립니다. 각각 3만 명의 종업원을 수용합니다. 마천루의 두 번째 선이 그 뒤에 있고 어쩌면 세 번째도 보일 것입니다. 리우의 물 위에 불이 켜진 수로 표지를 그리고, 아르헨티나의 하늘에 수백만 개의 별을 이끄는 남십자성을 그립니다(그림 203). 리우 위로 레스토랑, 카페, 넓은 광장을 상상합니다. 이 광장에서 리우 사람들이 하늘과 바다를 보고 온갖 여가를 즐깁니다.

나는 낮에 몬테비데오에서 수상비행기를 타고 두 번째로 부에노스아이레스로 돌아왔습니다. 16시 30분, 항구 끝에 모인 몬테비데오 친구들이 모자를 흔들었습니다. 18시 15분, 가라뇨와 함께 저녁을 먹으려고 부에노스아이레스의 호텔에서 그에게 전화를 걸었습니다. 한 나라의 수도를 떠나 다른 나라의 수도에 착륙하고, 모터보트로 옮겨 타고, 세관과 여권 검사소를 통과하고, 택시를 타고 호텔로 와서

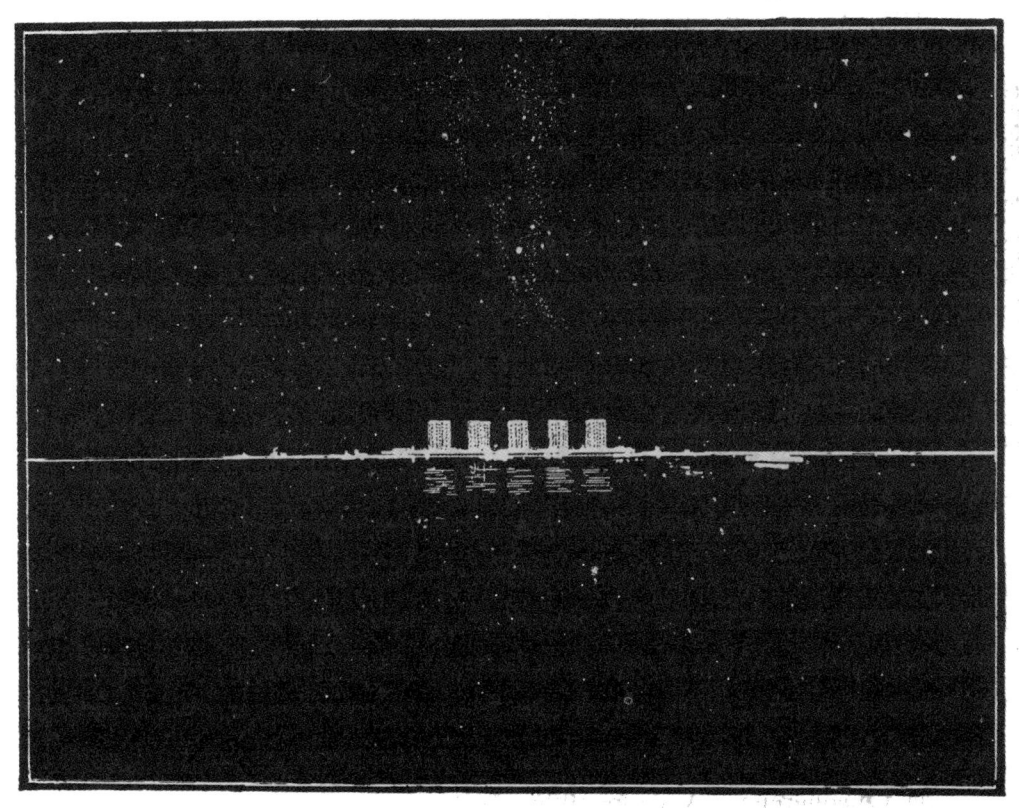
203

엘리베이터를 타고 올라와 전화하는 데까지, 지금까지는 선박으로 열 시간 넘게 걸린 일들을 하는 데 한 시간 45분밖에 걸리지 않다니! 고도 500미터, 아르헨티나가 보이는 곳에서 도시가 나타났습니다. 해안은 판잣집들로 훼손되었고 놀라운 활력뿐만 아니라 즉흥과 부조화를 나타내는 아메리카의 전형적인 무질서로 떠들썩하고 강둑에서 멀리 떨어진 도심이 보입니다. 지독한 악몽 같은 고통스러운 광경에 맞서서 강한 햇살 아래 빛나는 기하학적인 수정 프리즘을, 새로운 의식 상태를 대비시킵니다. 그것은 차가운 이성(벌어들인 수십억)과 서정(질서와 미, 조직과 조화에 대한 사랑)입니다. 순수한 인간 창조물입니다.

아르헨티나의 평탄하고 무표정한 해안은 창조 정신의 표지를 가질 것입니다. 여기는 본거지가 될 겁니다. 바로 여기에 세계의 대도시라는 현대 정신의 기념물을 세우기 위한 모든 것이 벌써 존재합니다.

이 모든 것을 명확하게 하고, 세부사항을 정하고, 수많은 부수적인 이유를 설명할 수 있다면 얼마나 좋겠습니까. 그러려면 몇 시간이 필요할 것입니다. 시간상 불가능한 일입니다. 그래도 나는 너비 14킬로미터, 깊이 20킬로미터의 표면 위에 아무 **희망도 없는 도로**를 놓은 부에노스아이레스의 비극적인 문제점을 설명할 의무를 느낍니다. 이것은 객관적인 교훈이며 연관된 사건들을 분석한 결과입니다.

부에노스아이레스의 모든 것은 초기 이주자들이 분할한 그대로 **스페인풍의 정사각형**에 따라 계획되었습니다. 그때는 소달구지와 '목동'의 시대였습니다. 스페인풍의 정사각형은 주거 구획의 네 면을 결정하는 120미터의 모듈입니다. (소나 말을 이용한) 느린 여행 시대에나 적합한 과거의 모듈입니다. 가로 폭이 10미터고 인도가 없습니다. 게다가 지저분합니다. 도로의 양편 가운데 어느 한쪽에는 가끔 2층집이 있긴 하지만 대부분 단층입니다. 구획의 폭은 8~10미터고 깊이는 '정사각형'의 절반인 50미터입니다. 집들이 거리 쪽으로는 벽으로 막혔습니다. 구획 내부는 유쾌한 정원을 향해 열립니다. **고요, 고독, 빛**이 있는 그곳에서 삶은 만족스럽습니다(그림 205).

콜럼버스 이후로 아메리카의 모든 곳은 이렇게 개발되었습니다. 비행기에서 보면 강이 굽은 곳이나 대초원의 가운데에서도 이를 확인할 수 있습니다. 이것이

타당한 이유는 사람들이 기하학적으로 생각하기 때문입니다. 나는 깨끗하고 친근하고 고상하며, 거리는 조용하고 정원에는 해가 있고 지붕난간이 하늘에 윤곽을 그린 대초원에 있는 마을, 산안토니오 다레코San-antonio d'Areco에서 스페인풍 정사각형을 보았습니다. 사람들은 팔라디오를 이야기할 것입니다.

부에노스아이레스는 어떻습니까?

이 도시는 1880년경까지만 해도 평형을 유지하다가 1900년 전후부터 엄청나게 성장했습니다.

먼저 면적을 살펴보면, 각 변이 120미터인 정사각형은 처음부터 **개선될 수 있었습니다**. 이것은 질서이자 조직이었습니다(로마의 정신입니다). 시야에 들어오는 가로의 끝에서 들판이 펼쳐집니다. 이때 갑자기 저항할 수 없는 압박과 성장의 열기가 몰아닥칩니다. 시의 측량기사는 바둑판 모양의 구획을 정하기 위해 서둘렀습니다. 한 변이 120미터인 정사각형이 거의 무한대로 펼쳐진 것입니다! 이것은 오늘날에도 계속됩니다! 부에노스아이레스의 평면을 보면 충격적입니다. 숨이 막힐 것 같습니다. 나는 이 평면을 카나리아 제도에서 떠난 배 위에서 보았습니다(그림 204). 나는 이렇게 외쳤습니다. "오, 이것이 가능한 일인가? 대단한 모험이야!" 여러분은 집의 번지수로, 바다와 수직으로 놓인 길에는 동쪽으로부터 잰 거리를 뜻하는 숫자를 부여하고, 바다와 평행한 길에는 메이오Mayo 중앙로부터 잰 거리를 뜻하는 숫자를 부여합니다. 직선으로 25킬로미터 길이의 도로를 뜻하는 번지수는 25000입니다. 그러나 도로는 120미터마다 교차합니다. 이것은 사람을 미치게 할 지경입니다! 맨 처음부터 도시의 발전을 되돌아보십시오. 한 방향으로 10개의 정사각형과 다른 방향으로 10~15개의 정사각형으로 이루어져 **유기적이던** 시기부터 시작해, 각 방향으로 100~150개의 정사각형으로 성장하여 10,000~20,000개의 정사각형이 되어 **비유기적으로 된** 시기까지 살펴보십시오. 질서와 조직의 정신을 나타내는 것에서 이것은 일정한 형체도 없는 집합체의 원시 체계가 되었습니다. 이것은 유기체가 아니고 **원형질에 지나지 않습니다**.

그러면 어떻게 이 원형질 안에 현대 도시의 순환과 조직화에 꼭 필요한 심장체계(대동맥, 동맥, 소동맥)를 끼워 넣을까요? 만일 소나 말의 리듬을 현대 도시에 강요한다면, **모든 방향으로** 120미터마다 멈추어야 한다면, 어떻게 자동차의 속력에 따를 수 있을 것인가!!!!!

높이를 살펴봅시다. 평야는 이제 도로의 끝, 눈길이 닿는 곳에 있지 않습니다.

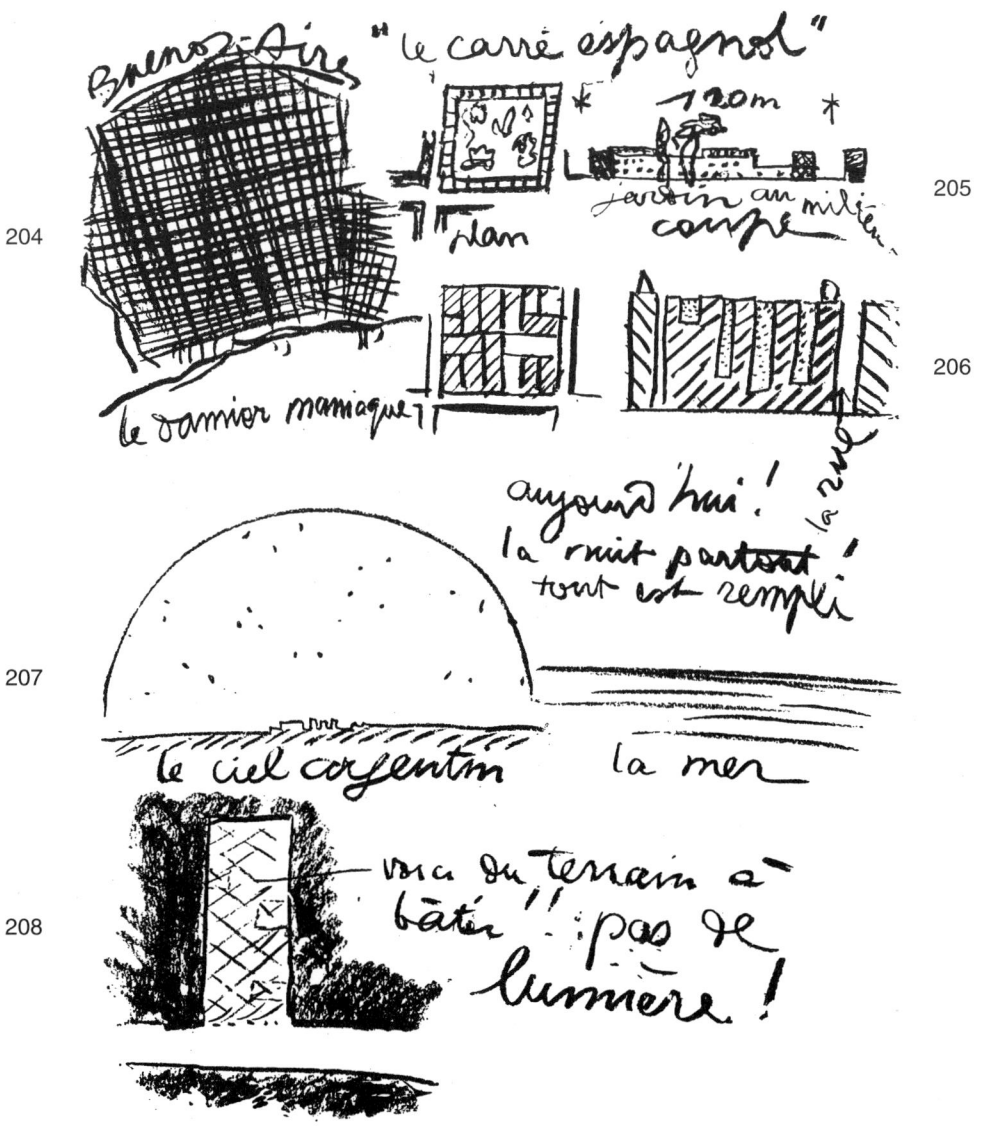

204 부에노스아이레스 Buenos-Aires / 숨막히는 바둑판 무늬 le damier maniaque
205 '스페인풍 정사각형' 'le carré espagnol" / 평면 plan / 120미터, 중앙에 정원, 단면 120m, jardin au milieu, coupe
206 도로 la rue / 오늘날! 곳곳이 어둡다! 모든 곳이 채워졌다 aujourd'hui! la nuit partout! tout est rempli
207 아르헨티나의 하늘 le ciel argentin / 바다 la mer
208 건물을 지을 장소가 있다! 빛이 없다! voici du terrain à bâtir! pas de lumière!

파리 '부아쟁' 계획 231

업무지구가 형성되었습니다. 모든 것이 동시에 일어났습니다. 너비 8미터 미만의 도로에서 전차와 자동차들이 성난 물결처럼 밀려다닙니다. 이 도시에는 너비 1.2미터의 인도가 보행자들을 위해 남았습니다. 인도는 사람들로 가득 차고 너비 1.2미터 안에서 서로 지나가야 합니다. 전차가 단두대의 날처럼 **인도를 스쳐 지나갑니다**. 과장이 아님을 여러분은 아실 겁니다. 보행자들은 늘 위험한 환경에 처해 있습니다. 그들은 위로 올려다보지 못하고 발 아래만 봐야 합니다. 왜 이렇게 많은 인파가 몰려들었습니까? 그 이유는 '스페인풍 정사각형' 건물이 가득 찼기 때문입니다. 큰길 가에는 7층 높이 건물들이 늘어섰습니다(그림 206). 이 건물들은 새로운 높이 제한 법규 덕분에 정원을 완전히 덮으면서 작은 마천루 역할을 하는 30, 40, 50미터 높이의 피라미드로 올라갈 수 있습니다. 여러분의 도시는 마치 신흥 뉴욕처럼 빽빽이 들어차 있습니다. 여기에 있는 건물들은 모두 사무소나 상점입니다. 그래서 도로가 사람, 자동차, 전차로 터질 듯이 혼잡합니다. 어떤 사람은 '구역질 나'라고 말합니다. 지금은 두 개의 **대각선**이 열려 있습니다. 이 혼란을 완화할 것으로 기대되는 잘 알려진 대각선 도로입니다. 그러나 120미터마다 만나는 교차로에서 이 대각선은 결정적인 혼란을 가져올 겁니다. 하늘? 하늘은 이제 볼 수 없습니다. 사람들은 지칠 줄 모르고 자기 발걸음을 살펴야 합니다. 소음이 끔찍합니다. 길가에 직선으로 선 벽은 훌륭한 확성기입니다. 호텔에서 잔다구요? 물론, 두 귀를 솜으로 틀어막는다면 가능할 겁니다.

안에 사는 인간은 어떤가요? 인공적으로 불을 밝히는 공간의 거대한 비율에 대해 이야기하는 것이 아닙니다(그림 208). 나는 쳇바퀴 도는 죄수들처럼 걸어다니는 인도의 보행자들에게 관심이 있습니다. 이 표현은 은유가 아닙니다. 부에노스아이레스의 인도를 걷다 보면 우울해집니다. 모든 에너지가 소모되어 버리는 겁니다. 사람들은 걷고 또 걷습니다! 생물학 연구실에서 비좁은 상태에 놓인 동물과 비슷하게 부에노스아이레스의 보행자는 정신적으로 지치고 경련이나 노이로제를 얻을 겁니다. 겉모습이 질서 있게 보인다 해도 파리에서처럼 혹은 그 이상으로 보행자들이 병을 얻을 것입니다. 파리에는 푸른 호수 같은 하늘, 다양한 모습의 하늘이 자주 펼쳐집니다. 여러분의 하늘은 냉혹할 정도로 단조롭습니다. 나는 이 도시가 막다른 골목에 있다고 생각합니다. 결정을 내려야 합니다. 어떻게 결정할지를 알려면 원칙이 필요합니다. 기계시대가 일으킨 대변동, 대도시의 비이성적인 성장에 항복하기에는 너무나 아름다운 에너지를 여러분에게서 느낍니다.

여러분도 자신들의 대지를 가치 상승시킬 수 있습니다. 시청 간부들의 찬양할 만한 관심과 성공으로 부에노스아이레스에는 훌륭한 알베아르 거리 l'Avenida Alvear가 있습니다. 외국인들은 이 도로로 안내됩니다. 사람들이 내가 도착한 다음날 거기서 산책하도록 나를 데려갔습니다. 나는 기뻤고 부에노스아이레스에 매혹되었습니다.

지치고 실망한 어느 날 저녁, 내가 부탁했습니다. "나무들을 보고 싶습니다." 우리는 알베아르 거리를 걸어서 팔레르모 공원으로 산책하러 갔습니다. 이것은 환희였습니다. 도시계획에서 내가 그렇게 오랫동안 꿈꾸던 모든 것이 있었습니다. 사방으로 통하는 자동차가 다니는 큰 도로와 그 길에서 가지처럼 갈라져 공원 산책길이 나 있었습니다. 종려나무, 유칼리나무, 고무나무, 버드나무, 잔디와 평화로운 군중이 있었습니다. 친구에게 말했습니다. "여기를 봐. 이게 '부아쟁' 계획의 업무지구일세. **우리는 나무 아래에 있지**. 소음이 없고 공기도 깨끗하고 사람들은 서두르지도 않잖아. 마천루? 자네는 때때로 나뭇잎 사이로 그것을 어렴풋이 감지하지. **우리 인간들은 나뭇잎 아래에 있다네**. 거대한 마천루가 우리를 전혀 성가시게 하지 않아. 아주 아름다운 베일이 마천루 위로 펼쳐져 있고……."

건축가 빌라르는 자신이 알베아르 거리에 짓는 (아주) 작은 마천루로 나를 데려갔습니다. 위쪽 두 층은 테라스와 옥상 정원이 있는 그의 집입니다. 신사 숙녀 여러분, **도심인 그곳에서, 리우의 푸른 하늘 아래에서 파도를 막는 분홍빛 둑을 볼 수 있습니다**. 이것은 장엄한 광경입니다. 다른 것도 있습니다. 부에노스아이레스의 대지 25미터 위는 공기가 건조합니다. 여러분은 도시의 습하고 더운 공기를 재앙으로 여깁니다. 도심에서 일하는 많은 사람들이 그런 사우나탕에서 벗어나 건강하게 호흡하면서 리우를 볼 수 있습니다.

호흡하는 것, 리우를 보는 것, 나무 아래에 있는 것, 넘실거리는 나무의 바다를 보는 것, 이 모두가 현대 기술의 선물입니다.

압축 모터의 도시인 부에노스아이레스를 세상에서 가장 아름다운 도시로 만드십시오. 현대적인 대도시를 만드십시오. 자연은 이를 위해 아무것도 준비하지 않았습니다. 창조 정신을 드높이십시오!

여덟 번째 강연
1929년 10월 17일 목요일
정밀과학회

'세계도시'와 즉흥적 고찰

이 강연의 내용은 약간 치우칠 수도 있습니다. '세계도시La Cité Mondiale'로 공고된 강연의 주제는 이 계단강의실에 있는 건축가, 엔지니어, 건축과 학생 같은 전문가보다는 일반대중에게 더 적합할 것 같습니다. 이 강연이 건축의 개념을 바로 현대의 조직으로 확장시킬 기회가 될 겁니다. 아니면, 적어도 많은 작품을 통해 문명화 시대의 결과로 충분히 드러난 정신의 어떤 특성이 이론적이거나 실제적인 면에서 인간의 모든 과업을 활발하게 한다는 점을 보여 줄 겁니다. 이것은 삶과 조화, 아름다움의 원천인 기능에 우선권을 준다는 뜻입니다. 나는 **조직**을 말하려 합니다.

지금 이곳은 정밀과학회입니다.

아무 준비 없이 계획을 수정해 여러분이 더 잘 이해할 수 있도록 해보겠습니다.

여러분은 영사막을 통해 '세계도시'의 계획안들을 보게 될 겁니다. 나는 이 원리를 두 단어로 설명합니다. 이 주제의 강연을 마친 뒤에는 예전에 대학 교수 한 분이 나에게 던진 질문에 답하겠습니다. "만일 당신이 건축을 가르쳐야 했다면 무엇을 가르쳤겠소?"

'세계도시'를 떠올리면서, 오늘날 중요한 낱말인 **'조직'**이란 단어를 제시했습니다.

오늘날 우리가 조직에 대한 열망에 고취된다면 그것은 우리가 이전에 무질서나 비조직화, 갈등 상태, 혼란의 개념을 암암리에 가지고 있었기 때문일 겁니다. 효과적인 조직에 관한 연구가 보편적으로 진행되는 것은 긍정적인 행위이자 낙관적인 몸짓이라고 생각합니다. 그런 연구는 위대한 사건이 발생했고, 일반적인 진화가 일어났음을 깨닫게 합니다. 또한 우리가 일상의 무의식 속에서 그 사실을 미처 깨닫지 못하면 때때로, 특히 현대에는 막다른 골목에 부딪쳤음을 확인시켜 줍니다. 그러나 우리가 마주한 그 벽을 스스로 무너뜨려야 한다는 사실을 깨우쳐 주기도 합니다. 위험과 구원!

조직하십시오!

**

세계도시란 무엇입니까?

세계도시는 국제적인 업무를 다루고 인류의 유익을 추구하는 대규모 주식회사의 본부입니다.

이곳은 통계와 서류의 집산지로서 흥분하지 않고 위기에서 벗어나려는 토론장이어야 합니다.

또 연구 센터이자 많은 제안을 수용하는 곳이어야 합니다.

언젠가는 결정, 약속, 징계가 이러한 과업을 위임받은 조직을 통해 내려질 것입니다. 이런 일에는 원인에 대한 깊은 지식이 필요합니다. 또한 속도, 정밀성, 명확성, 풍부하고 확실한 자료까지 필요합니다.

인생은 각각 극치에 이르는 두 개의 자력 사이에서 흐릅니다. 이 극단 가운데 하나는 **인간이 단독으로 행하는 것**, 곧 개인의 창조에서 나오는 예외적인 것, 감상적인 것, 신성한 것 등을 나타냅니다.

다른 하나는 집단으로 조직된 사람들이 사회·도시·국가에서 행하는 것, 곧 공동체의 힘이나 특정한 경향을 나타냅니다.

이쪽에는 개인의 위대함과 천재의 도량이 있습니다.

저쪽에는 행정, 질서, 목적, 활력, 시민 의식 등이 있습니다.

모순되지만 같은 운명을 짊어진 두 에너지는 장님과 절름발이의 이야기와 같습니다. 하나만으로는 뭔가를 할 수 없습니다. 그러나 하나는 다른 하나를 크게 변화시킬 수 있고, 다른 하나는 처음 것을 압박할 수 있습니다.

현대의 조직은 공동체를 합리적으로 조직하여 개인을 자유롭게 하고 **해방해야** 합니다.

시건을 눈에 보이게 하고 그것을 보는 사람들이 곧바로 이해하도록 하려면 장소와 설명할 수단이 필요합니다. 건축물이 그렇습니다.

여기에 전쟁, 전후, 세계 종말의 징표가 있습니다. 곳곳에서 이러저러한 문제를 해결하려는 목적으로 협회가 구성됩니다. 그리고 **국제연맹**이 탄생합니다. 사실상 국제연맹은 정치적인 성격을 띠며, 솔직히 말하면 직무에 임하는 등대지기, 교통을 통제하는 경찰관, 판결을 맡은 재판관입니다. 등대지기는 눈에 보이는 것을 지켜봅니다. 경찰관은 거리의 상황에 따라 교통을 정리합니다. 재판관은 법전에 근거해 판결합니다. 그렇다면 누가 이 세계가 탄생하는 심각한 상황을 전하고, 누가 법전을 줍니까? 등대지기? 아닙니다! 경찰관? 아닙니다! 재판관? 그도 아닙니다!

세계는 살아서 동요하고 움직이고 반응합니다. 모든 원인에는 결과가 있고, 모든 결과에는 원인이 있습니다. 어떤 순간에 세계가 자신을 드러냅니다. 어떤 때는 해법이 꿈 같은 정신이나 현실적인 정신을 통해 나타납니다. 대립하고 갈등하는 거대한 힘 자체에서 제안이 나옵니다.

이런 제안을 통합하고 분류하고 조화시키며 알리고 논의하기 위해서는 장소, 본부, 작업을 위한 도구가 필요합니다. 건축물이 여기에 해당합니다.

'세계도시'는 여전히 온갖 아이디어를 보관하는 장소입니다. 역사적 문서, 현대의 통계, 제안이 거기서 나옵니다. 이를 위한 장소가 필요한데, 이 경우에도 건축물이 해당됩니다.

이와 같이 국제노동자회의와 국제연맹이 실제적인 조정 노력을 한 뒤에, 근본적인 것으로 돌아가야 할 필요성을 느꼈습니다. 세계의 평형을 조절하는 것으로, 순수한 아이디어로, 순수한 사고로 되돌아가는 것입니다.

이것이 세계도시의 놀라운 주창자, 브뤼셀의 폴 오틀레 Paul Otlet가 말한 개념입니다.

이렇게 하여 새로운 정신 상태가 건축에 호소합니다.

아이디어는 세상 어디에나 있습니다. 아이디어가 일단 발산되면 그 무엇도, 심지어 산과 바다도 막지 못합니다. 철이나 유리로 된 새장도, 아카데미도 소용없습니다. 아이디어는 안테나가 있는 곳이면 어디든지 가서 닿습니다.

건축은 시대정신의 결과입니다. 현대의 사고로 볼 때 우리는 사건에 직면했습니다. 이것은 국제적인 사건으로서 10년 전에는 깨닫지 못하던 것입니다. 기술이나 제기된 문제는 이것들을 풀기 위한 과학적인 수단처럼 보편적입니다. 그러나 지역 간의 혼란은 없을 겁니다. 왜냐하면 기후적·지질학적·지형학적 조건과 인종의 이동, 그 밖에 오늘날까지 알려지지 않은 많은 것들이 늘 그것을 조절하는 방식으로 해결책을 찾기 때문입니다.

그러나 건축이 그토록 강력하게 구체화할 수 있는 정신의 창조물인 작품 자체는 글쓰기가 손과 심장, 정신의 산물인 것과 마찬가지로 사람의 작품이 아닌 다른 것이 될 수 없습니다. 모든 책임이 우리 각자에게 있습니다. 결정을 내릴 때, 즉 중요한 전환점에서 개성은 그 어느 때보다 강하게 두드러집니다.

오늘날 개인은 전세계의 작품으로부터 자양분을 공급받습니다.

우리는 알려지지 않은 위험 속에서, 창조의 커다란 기쁨 속에서 새로운 조화를 조직해야 한다는 임무를 맡았습니다. 건축은 아이디어를 고양합니다. **건축은, 구조의 단단함을 보장하고 편안함을 추구하는 욕구를 충족시키는 데 몰두한 정신이 단지 유용함이 아닌 더 고상한 의도에 자극받아, 우리에게 활기와 기쁨을 주는 시적인 힘을 드러내는 창조의 순간에 나타나는 사건이기 때문입니다.**

세계도시를 위한 계획은 독일어권 국가에서 극좌파 건축가들의 맹렬한 비난을 불러일으켰습니다. 그들은 나를 아카데미즘이라고 비난했습니다. 건물의 계획안들은 엄격하게 실용적이고 정밀한 기계만큼이나 **기능적**입니다. 특히 혹독하게 비난받은 나선형 '세계 박물관 Musée Mondial'(그림 210), 도서관과 전시실, 대학 및 국제 협회 건물들이 그렇습니다. 건물은 최신 기술 방식에 따라 지어졌고, 형태는 각각 유기적 조직체입니다. 이 유기체는 건물에 어떤 방식을 부여합니다. 우리는 여러 가지 방식으로 건물들을 드넓은 전망 속에 배치했습니다. 또 합의하고 숙고하고 수학적인 규준선을 활용한 다이어그램으로 건물들을 결합하면서, 조화와 통일성을 갖춘 세계도시를 구성했습니다(그림 209).

진정한 기계인 건물들로 이루어진 세계도시를 위한 계획은 일종의 장엄함을 느끼게 합니다. 이 장엄함 속에서 어떻게든 고고학적 영감을 찾고 싶어하는 사람들도 있습니다. 그러나 조화로움은 부여된 실용적인 문제에 대한 단순한 해결책을 넘어서는 데서 나옵니다. 나는 순수하고 단순하게 이것을 서정성이라고 여깁니다.

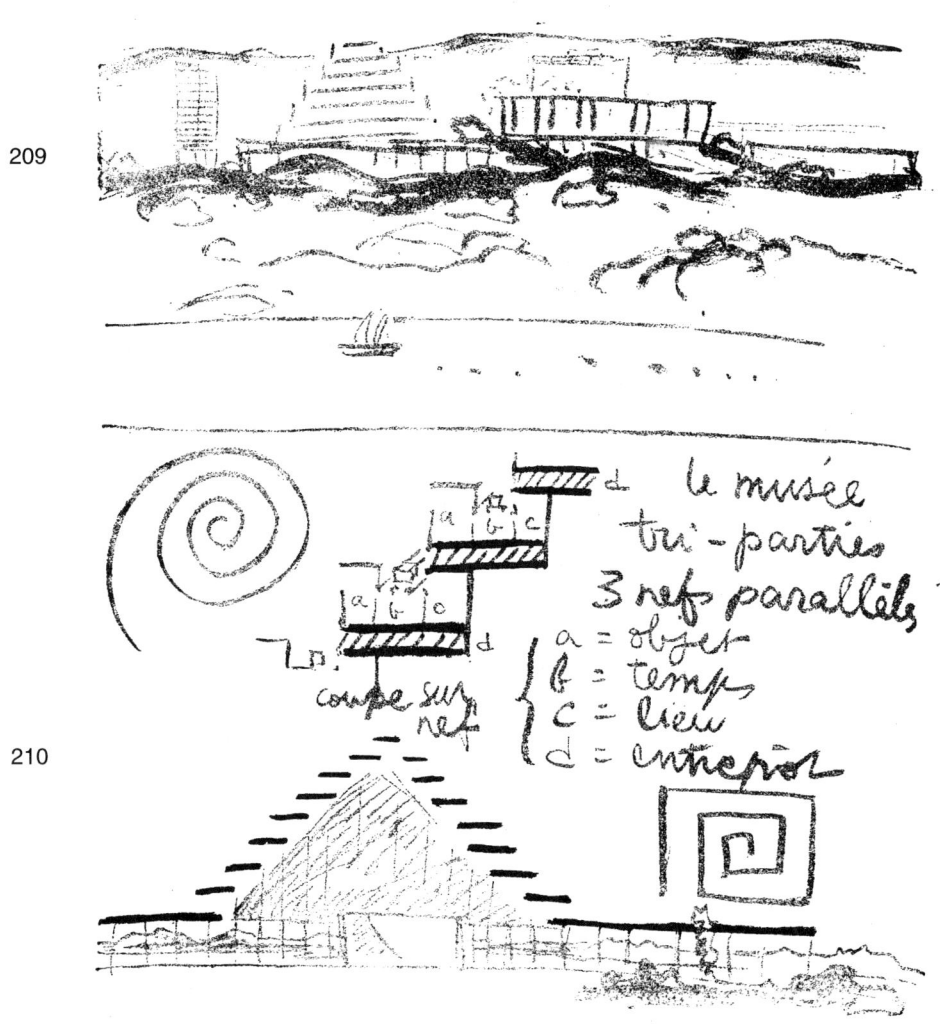

210 박물관 le musée / 세 부분 tri-parties / 세 개의 평행한 갤러리 3 nefs parallèles / 갤러리의 단면 coupe sur nef / a=오브제 a=objet / b=시간 b=temps / c=장소 c=lieu / d=창고 d=entrepôt

※※

이제는 이 마지막 강연의 즉흥적인 주제를 다루겠습니다. **만일 내가 건축을 가르쳐야 했다면 무엇을 가르쳤을까?**

여러분의 도시 부에노스아이레스는 내게 파리나 다른 도시보다 많은 아이디어를 줍니다. 나 자신은 이유를 이렇게 설명합니다. 우선 부에노스아이레스는 아메리카 대륙에 있습니다. 아메리카는 대양의 침묵으로 로마와 비뇰라 및 프랑스 학회와 떨어져 있습니다. 아메리카는 대초원이거나 열대 우림 지역입니다! 여러분은 거대한 문제에 직면했습니다. 여러분은 빨리 일해야 합니다. 여러분에게는 편견이 없습니다. 그러므로 시대정신에 따라 활기를 띠는 일을 할 것입니다!

참 이상합니다. 여러분의 나라에서처럼 미국에서도 비뇰라는 신 같은 존재입니다. 지붕난간이 지나치게 많아진 것(미국의 경우)이나 **건축의 주범들**에 대한 맹목적인 집착말고는 여러분의 도시들에서 아무런 독창성이 보이지 않습니다. '건축의 주범들'을 말할 때면, 교수나 책, 편람과 사전이 '건축의 주범들'을 거창하게 분류하다 보니 정말 중요하게 다뤄야 할 내용을 소홀히 지나쳐 버려 염려하던 내 젊은 시절이 떠오릅니다. 그런 것에 관심을 기울인다는 것은 정말 우스운 일입니다. '건축의 주범!' 누구의 주범이며, 무엇의 주범이며, 무엇에 관한 건축이란 말입니까? 건축 세계의 기계가 400년 동안이나 이 혼란 속에 매장되었다는 것을 생각해 보십시오! 열대 우림이 가까운 곳에서도, 아순시온에서도 마찬가지였습니다! 주범들에 굴복한 아메리카…… "도대체 누구의 주범들인가?" 감히 묻기조차 머뭇거려집니다. 스스로 오만한 질문이라고 여기지만, 사실 이것은 솔직한 질문이기도 합니다.

여러분의 도시 부에노스아이레스는 기계주의의 강렬한 호흡 아래서 불쑥 솟아올랐습니다. '건축의 주범들!' 위장한 형태로 빛의 유입을 막는 이것을 가는 곳마다 볼 수 있습니다.

"만일 내가 건축을 가르쳐야 했다면?" …… 이것은 어쩌면 때에 맞지 않은 질문인지도 모릅니다. 나는 '주범'을 금지해, '주범'이란 병을, '주범'의 해악을, 상상할 수 없는 실패를 멈추게 하는 데서부터 시작할 것입니다. 나는 **건축을 존중하라고** 요구했을 겁니다.

반면에 학생들에게 아테네의 아크로폴리스에는 장차 그들이 무엇보다도 가장 위대한 것으로 이해하게 될 감동이 있음을 말했을 것입니다. 나는 훗날을 위해 그들에게 파르네세 궁전역주76의 장려함을 설명하고 미켈란젤로와 알베르티가 각각 동일한 '양식'으로 엄밀하게 건설한 성 베드로 성당의 후진apse과 파사드 사이에 열린 정신적인 심연을 설명했을 것입니다. 그리고 가장 순수하고 진실하며, 이해하려면 전문 지식이 필요한 건축에 관해 많은 것을 이야기했을 겁니다. 고상함, 순수함, 지적인 사색, 조형적 아름다움, 비례의 불멸성 등이 모두가 인식할 수 있는 건축의 가장 크고 뜻깊은 즐거움이라고 단언했을 겁니다.

나는 더욱 객관적인 계획에 따라 끈기 있게 가르쳤을 것입니다. 학생들에게 통제와 자유 의지, '어떻게'와 '왜'에 대한 날카로운 감각을 가르치려고 애썼을 것입니다. 나이가 더 들어서도 이런 감각을 끊임없이 개발하라고 촉구했을 것입니다. 사실이라는 아주 객관적인 계획을 토대로 확인해 보라고 말했을 것입니다. 그러나 사실이라는 것은, 특히 우리 시대에는 유동적이고 변하기 쉽습니다. 나는 그들에게 공식을 믿지 말라고 가르칠 것입니다. 그들에게 **모든 것은 관계**라고 말할 것입니다.

우리의 작은 그림으로 돌아가 살펴봅시다.

나는 젊은 학생들에게 이런 질문을 할 것입니다. 문을 어떻게 만듭니까? 어떤 크기로 만듭니까?

문을 어디에 둡니까(그림 211)?

창문은 어떻게 만듭니까? 창문은 무엇을 위해서 필요합니까? 여러분은 정말 무엇 때문에 창문을 만드는지 아십니까? 안다면 말해 보십시오. 만일 그것을 안다면, 창문을 왜 아치형, 정사각형, 직사각형 등으로 만드는지 설명할 수 있을 겁니다(그림 212). 나는 그 이유를 알고 싶습니다. 덧붙여서 질문할 것입니다. "오늘날 창문이 과연 필요한가?"

여러분은 방의 어디에 창을 낼 겁니까? 왜 다른 곳이 아닌 그곳이어야만 합니까? 아! 여러분은 여러 해법이 있을 거라고 생각합니까? 그렇습니다, 여러 가지 해법이 있으며 각각 다른 건축적 느낌을 줍니다. 아! 여러분은 이 다양한 해결책이 바로 건축의 기초임을 깨달았습니까? 여러분이 방으로 들어가는 방식에 따라, 벽에 있는 문의 위치에 따라 느낌이 다릅니다. 이렇게 여러분이 뚫은 벽도 아주 다른 성격을 지니게 됩니다. 여러분은 거기에 건축이 있음을 느낍니다. 예를 들어, 나는 평면상에서 어떤 축을 그리지 말라고 합니다. 이 축은 바보를 감동시키

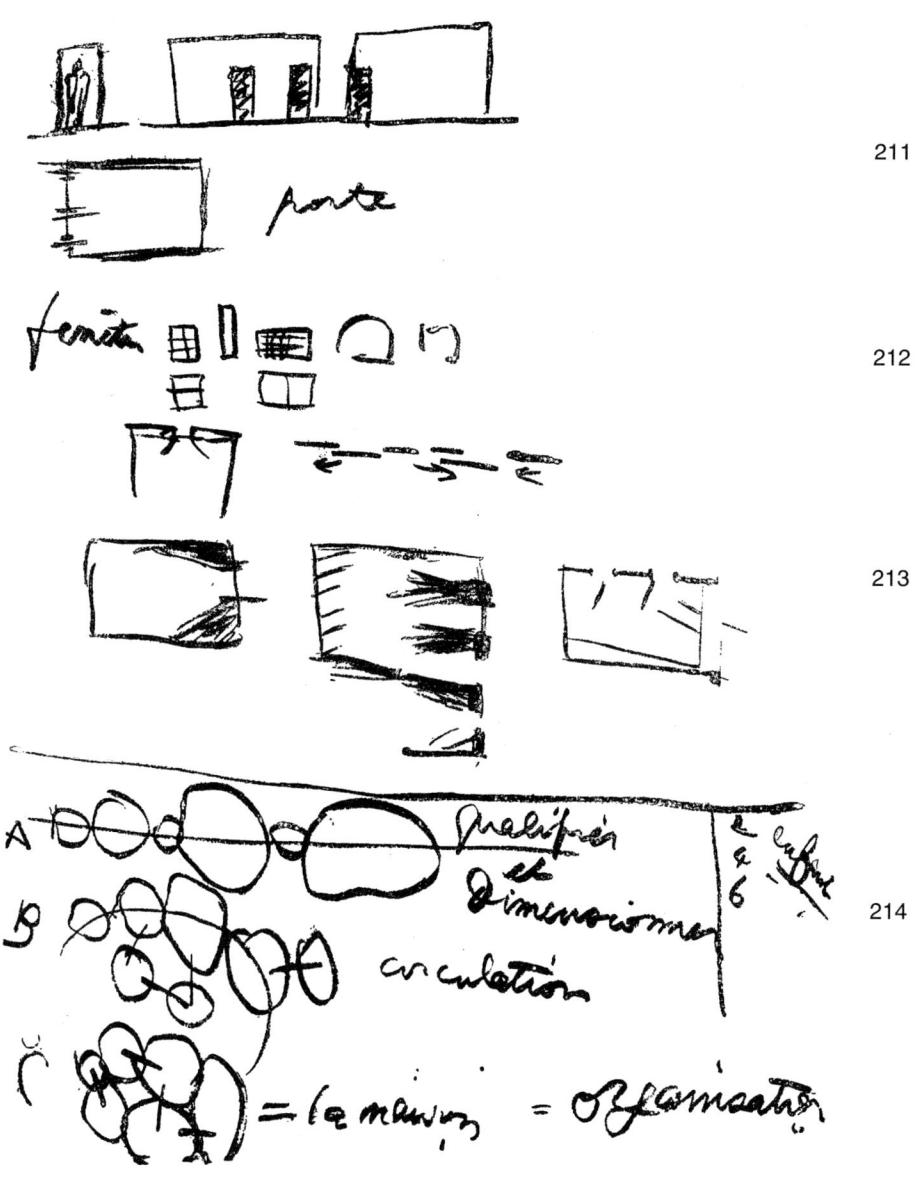

211 문 porte
212 창문 fenêtre
214 규정짓고 측정하라 qualifier et dimensionner / 어린이 enfant / 동선 circulation / 주택 la maison / 조직 organisation

는 공식에 지나지 않습니다.

마찬가지로 중요한 질문이 또 있습니다. 여러분의 창문을 어디에서 열 겁니까? 어디로부터 빛이 들어오는지에 따라(그림 213) 각기 다른 느낌이라는 것을 압니까? 창을 여는 모든 방법을 그림으로 그려 보십시오. 그러면 어떤 것이 더 좋은지 말할 수 있을 겁니다.

왜 이러한 형태의 방을 그렸습니까? **실현 가능한** 다른 형태를 찾아보고, 각 방에 문과 창을 그려 보십시오. 여러 장에 계속 그리려면 두꺼운 공책이 필요할 겁니다(그림 215).

계속 진행해 봅시다.

식당, 부엌, 침실의 모든 형태를 각각 필요한 부속물과 함께 그려 보십시오. 이것이 완성되었으면 방의 기능을 완벽하게 보장하면서 크기를 최대한 줄이려고 해 보십시오. 부엌의 문제는 어떻습니까? 동선과 작업장소가 중요합니다. 이것이 곧 도시계획의 문제임을 알게 될 겁니다. 부엌은 집 안에서 성소임을 잊지 마십시오.

이제 여러분은 사업가, 그의 비서, 타이피스트, 엔지니어 들의 사무실을 설계할 겁니다. 집은 **살기 위한 기계**고 '건물'은 일을 위한 기계임을 기억하십시오.

여러분은 **주범들**이 무엇인지 모릅니다. '1925년 양식'[역주77]도 모릅니다. 만일 여러분이 1925년 **양식**을 그린다면, 나는 여러분의 귀를 비틀 겁니다. 단지 '그림' 만을 위해서는 아무것도 그리지 말아야 합니다. 여러분이 할 일은 배치하고 설비하는 것뿐입니다.

이제 여러분은 오늘날의 가장 미묘한 문제를 해결하려고 할 것입니다. 가능한 한 가장 작은 주택을 설계하는 겁니다.

먼저 독신남이나 독신녀를 위한 집을 설계하고, 다음에는 갓 결혼한 부부가 살 집을 설계합니다. 자녀를 생각하지 마십시오. 자녀를 둘 정도 낳으면 다른 집으로 이사할 겁니다.

자녀가 네 명인 가정의 집을 설계하십시오.

이 모든 것은 아주 어려우므로, 먼저 직선을 그리고 필요한 방을 각 기능이 다음 것에 이어지는 순서로 배열하십시오. 그런 다음에는 공간마다 최소한의 면적을 부여하십시오(그림 214).

다음으로 곡선 또는 일종의 계통수系統樹 위에, 이 작은 집의 방을 위한 동선과 필수 불가결한 인접관계를 설정하십시오.

마지막으로, 집을 짓기 위해 전체 장소를 조합하려고 노력하십시오. '구조'는 생각하지 마십시오. 이것은 다른 문제입니다. 여러분이 체스를 좋아한다면 여기서 아주 쓸모 있을 겁니다. 체스 상대를 찾아 카페에 갈 필요도 없습니다!

어떻게 철근 콘크리트를 만들고, 어떻게 테라스와 바닥판을 만들고 창을 설치하는지 보려면 건설현장에 가십시오. 현장을 통과하는 데 필요한 허가증을 여러분에게 드리겠습니다. 스케치를 하십시오. 만일 현장에서 바보 같은 짓을 본다면, 잊지 말고 그것을 기록해 두십시오. 그리고 궁금한 것은 돌아오는 길에 나에게 질문하십시오. 수학을 익히면서 시공을 배운다고 생각하지 마십시오. 그것은 (여러분을 놀리는) 아카데미의 낡은 수법입니다!

여러분은 정역학을 어느 정도 공부해야 할 겁니다. 별로 어렵지 않습니다. 응력의 공식을 수학자들이 **어떻게** 계산했는지 정확하게 이해해야 한다고 믿는 것은 부질없습니다. 조금만 연습하면 이 계산들의 구조를 이해하게 되며, 특히 건물의 여러 부분이 작동하는 방법을 잊지 않게 될 겁니다. '관성 모멘트'의 의미를 이해하도록 노력하십시오. 일단 이해하고 나면 여러분은 날개를 단 셈입니다. 이것들은 수학적인 것이 아닙니다. 수학적인 것은 수학자에게 맡기십시오. 여러분의 숙제는 아직 끝나지 않았습니다.

여러분은 소음, 단열, 팽창의 문제를 공부해야 합니다. 난방과 냉방에 대한 것도 학습해야 합니다. 여러분이 여기서 많은 지식을 얻을 수 있다면, 나중에 이를 자축하게 될 겁니다.

이제는 부두의 선을 그리십시오. 수로를 표시하는 부표를 그리십시오(그림 216). 여러분은 200미터 길이의 여객선이 접안하려고 입항하는 것을 그릴 겁니다. 또 배가 다시 출항하는 것을 그릴 겁니다. 여객선 모양으로 자른 색종이 한 장을 준비하면 그것으로 그림 위에 배의 여러 위치를 표시할 수 있을 겁니다. 여러분은 항구에서 선창에 접안하는 것을 설계하는 방식에 관해 여러 가지 좋은 생각을 얻게 될 겁니다.

사무실 '건물'을 그리십시오. 앞에는 주차장이 있습니다. 건물에는 200개의 사무실이 있습니다(그림 217). 몇 대를 주차해야 하는지를 파악하려고 노력하십시오. 여객선의 경우와 마찬가지로 모든 조작을 명백하게 표시하십시오. 아마 여러분은 (도로의) 안전지대와 주차장의 크기 및 형태, 길과 연결하는 방법 등에 대한 아이디어를 얻을 겁니다.

이 충고를 황금같이 여기십시오. 색연필을 사용하십시오. 여러분은 색채를 통해 묘사하고 분류하고 읽고 명백하게 보고 적절한 방법을 취할 수 있습니다. 검은 연필만으로는 곤경에 빠지고 실패하기 쉽습니다. 순간마다 자신에게 **확실하게 읽어야 한다**'고 되풀이해서 말하십시오. 색채가 여러분을 도와줄 겁니다.

도시의 교차로와 그곳으로 가는 길이 있습니다(그림 218). 거기서 차들이 어떻게 교차하는지 이해하도록 노력하십시오. 모든 종류의 교차로를 상상해 보십시오. 어느 것이 통행에 가장 유리한지를 결정하십시오.

거실의 평면 및 그곳의 문과 창을 선택하십시오. 필수 불가결한 가구들을 유용한 방법으로 배치하십시오. 이것은 동선, 상식, 그 밖에 다른 것에서 비롯됩니다! 여러분은 '이런 방법으로 하면 유용할까?' 라고 자문해야 할 겁니다(그림 219).

이제 나는 여러분에게 글쓰기를 요구합니다. 여러분은 부에노스아이레스, 라플라타, 마르델플라타, 아베자넬라 같은 도시들이 존재하는 이유에 대한 비교 분석 보고서를 작성할 것입니다. 학생들에게 이것은 다소 어려운 작업일 겁니다. 그러나 이렇게 하면, 그림을 그리기 전에 '무엇에 관계된 것인가', '어디에 쓰일 것인가', '왜 이것을 하는가'를 항상 알아야 한다는 것을 이해하게 될 겁니다. 이것은 판단력을 기르는 좋은 훈련입니다.

기차의 식당차에서 식당 및 부엌, 통로 등을 정확하게 측량하기 위해 손에 자를 들고 기차역으로 가게 될 날도 있을 겁니다. 침대차의 경우도 **마찬가집니다.**

그런 다음, 여러분은 부두로 내려가 여객선을 방문할 겁다. 여러분은 '이것이 어떻게 작동되는가'를 보면서, 평면과 채색된 단면을 그릴 겁니다. 여러분은 여객선에서 무슨 일이 일어나는지 정확히 알고 있습니까? 여러분은 이것이 2,000명의 사람들(이 가운데 1/3은 사치스러운 **삶**을 동경하는 사람들입니다.)을 태운 궁전이라는 사실을 압니까? 여기에 각각 완벽하게 독립적인, 완전히 분리된 세 가지 등급으로 된 호텔 체계가 있음을 압니까? 지휘자와 기관사가 함께하는 경탄할 만한 기계의 추진 동력 체계를 압니까? 마지막으로 상관과 선원이 함께하는 항해 체계를 압니까? 평면과 채색된 단면으로 여객선의 조직을 명확하게 설명할 수 있을 때면 국제연맹 본부를 위한 다음 계획안에 겨뤄 볼 수 있을 겁니다. 여러분은 청사의 계획을 수립할 수 있을 겁니다. 이제는 나의 좋은 친구인 학생이여, **여러분의 눈을 뜰 것**을 강력하게 권고합니다.

여러분은 눈을 떴습니까? 눈을 뜨기 위해 훈련되었습니까? 여러분의 눈을 어

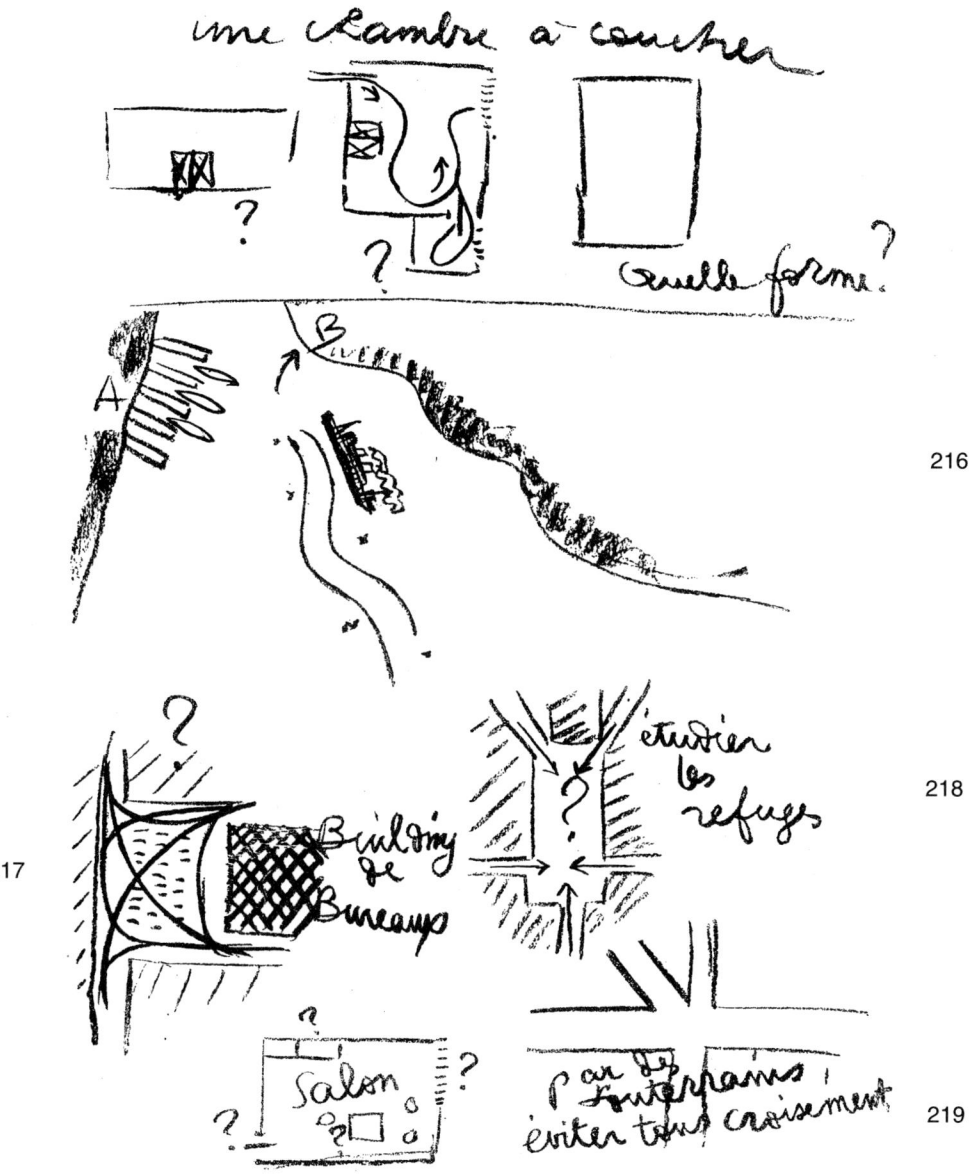

215 침실 하나 une chambre à coucher / 어떤 형태? Quelle forme?
217 사무실 건물 Building de Bureaux
218 (도로의) 안전지대를 연구하라 étudier les refuges / 지하도를 이용하여 모든 교차를 피하라 par des souterrains éviter tous croisements
219 거실 salon

떻게 뜨게 하는지 아십니까? 여러분은 눈을 자주, 늘, 잘 뜹니까? 도시를 걸을 때 여러분은 무엇을 봅니까? 여러분은 말합니다. "여기에 우리 것은 아무것도 없지만 이 도시는 늘 새롭다." 이곳 건축가들은 유럽에서 나온 건축 잡지와 사진집을 갖고 있습니다. 그리고 우리에게 부에노스아이레스의 거대한 바다에 있는 영국 교외 별장식 작은 마을들을 자랑스럽게 보여 줍니다. 이럴 때 우리는 왜 항의하고 싶어집니까? 이 별장들이 우리에게 모욕감을 주는 이유는 무엇입니까?

보십시오, 내가 닫힌 벽을 그립니다. 문이 안으로 열립니다. 작은 창문이 있는 곁채의 박공과 함께 벽이 계속 이어집니다. 왼쪽에 정사각형의 산뜻한 로지아[역주78]를 그립니다. 테라스에 멋진 원통을 그립니다. 이것은 물탱크입니다(그림 220). 여러분은 '음, 여기에 현대적인 마을을 그리는구나!' 라고 생각할 수도 있습니다. 천만의 말씀, 나는 부에노스아이레스의 집을 그립니다. 이런 집이 적어도 5만 채가 있습니다. 이 집들은 이탈리아 사업자들이 지었고 지금도 날마다 건설되고 있습니다. 이것들은 부에노스아이레스의 생활을 아주 논리적으로 표현합니다. 크기가 적당하고 형태도 조화롭습니다. 집과 대지의 관계도 잘 숙고하여 설정한 것입니다. 이것은 여러분의 전통 민가로 지금부터 50년 전에 존재했고 오늘날에도 여전히 남아 있습니다. 여러분은 나에게 말합니다. "우리는 아무것도 가지고 있지 않아요." 나는 이렇게 대답합니다. "여러분에게는 표준 평면과 아르헨티나의 태양 아래에서 아주 아름답고 순수한 형태를 구사하는 솜씨가 있습니다. 별로 쓸모도 없이 지붕 밑에 다락방 침실을 만드는, 해마다 보수비용이 드는 가파른 타일 지붕을 가진 영국식 별장에 대한 악평을 분명히 파악하십시오. 여러분은 아르헨티나에서 자연스럽게 옥상 정원을 만들었습니다. 하지만 잡지에서 보는 유럽 건축들은 어리석게도 여러분을 300년 전으로, 마르델플라타의 전원도시 '모델'과 휴양도시 안으로 데려갑니다!"

어느 날 황혼 무렵, 곤잘레스 가라뇨와 함께 라플라타 거리를 오랫동안 산책했습니다. 다음과 같이 닫힌 벽을 예로 살펴보겠습니다(그림 221). 이 벽 안에 낀 작은 문의 **건축적 사실**을 한번 헤아려 보십시오. 벽을 둘로 나누는 이 문의 **다른 건축적 사실**을 한번 헤아려 보십시오. 차고의 큰 문이 지닌 **세 번째 건축적 사실**을 한번 헤아려 보십시오. 오른쪽이 소유지의 담이고 다른 쪽이 박공지붕이 있는 주요 건물인, 두 소유지 사이에 있는 이 작은 통로의 **네 번째 건축적 사실**을 한번 헤아려 보십시오. 박공지붕 경사선과 지붕 내물림의 **다섯 번째 건축적 사실**을 한번

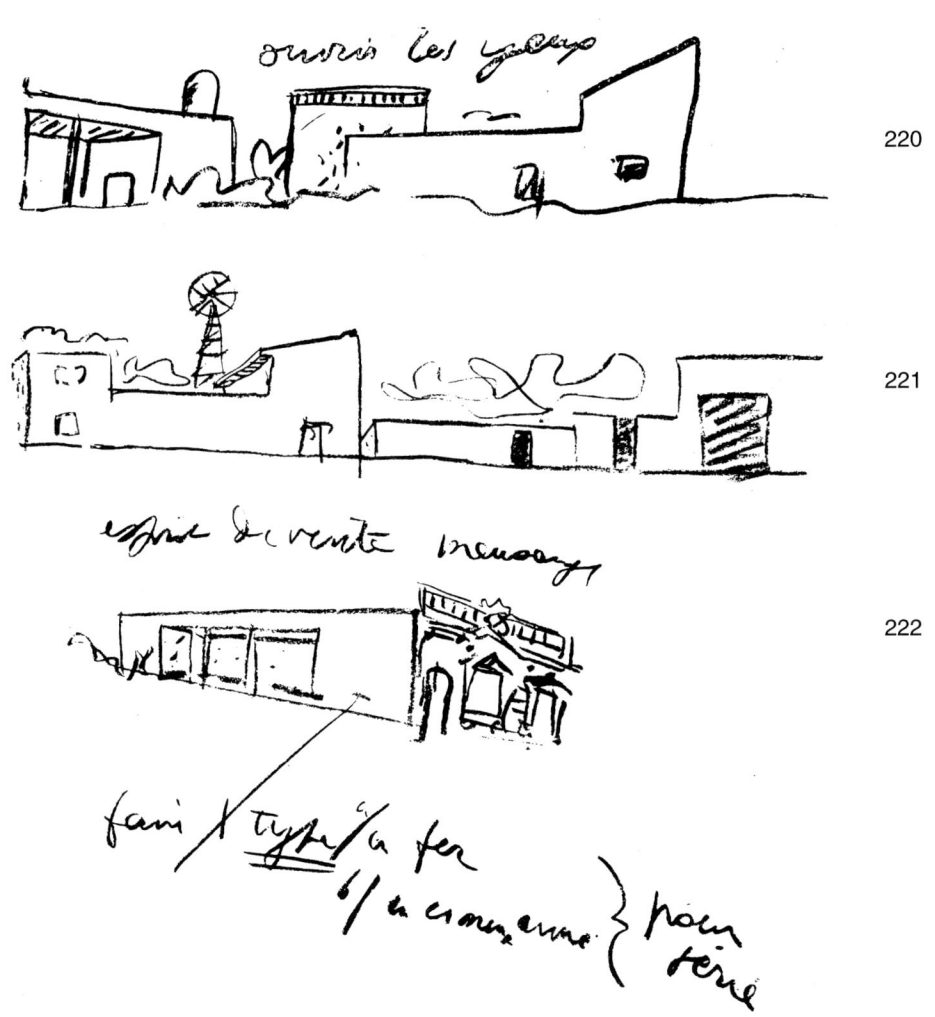

220 눈을 떠라 ouvrir les yeux
221, 222 진실의 정신 esprit de vérité / 속임수 mensonge / 철로, 콘크리트로 대량생산을 위한 모델을 만들어라 faire type en fer, en ciment armé pour série

헤아려 보십시오!

아! 여러분은 내가 그린, 아르헨티나 집 어디서나 흔하게 볼 수 있는 철로 된 '풍차'[1] 그림을 보고 웃음을 터뜨립니다. 여러분은 이 풍차가 도리아식도, 이오니아식도, 코린트식도, 토스카나식[역주79]도 아니고 단지 철로 만들어졌기 때문에 내가 비판하려 한다고 생각합니까? 여러분에게 이 점을 말하고 싶습니다. 주택을 설계할 때, 먼저 철로 된 '풍차'를 그리는 것부터 시작하라고 말입니다. 만일 정직한 존재인 풍차와 잘 어울리면, 여러분의 주택은 제대로 설계된 것입니다!

여러분을 **진실의 정신**으로 채우시길 바랍니다.

주목하십시오! 나는 이탈리아 사업자에게 한 찬사를 거두려고 합니다. 조금 전에 그린 것은 집의 뒷면이었습니다. 뒷면에는 집을 가동하는 데 필요한 것말고는 아무것도 없습니다. 도로를 향하고, 집 주소와 문패를 걸고 '이것이 내 집'이라고 말하는 집의 앞면에서는, 이탈리아 사업자들이 비뇰라 씨와 그의 '양식'에서 도움을 구했습니다. 아름다운 전율이여! 남미풍의 아름답고 작은 과자덩이여(그림 222)! 결국 집이 작고 충분히 높게 올라가지 않았기 때문에 이탈리아 사업자들은 종종 지붕난간의 장식벽과 커다란 방패꼴 가문家紋을 위에 얹었습니다. 이것은 **속임수**입니다.

눈을 뜨십시오. 즐거움을 위해서는 집의 **이면**을 보십시오. 도로에서는 차라리 눈을 감아 버리십시오!

이 말은 내가 학생들이 해결해야 할 문제를 제시하겠다는 겁니다. 파사드 이면에 숨어 대대로 내려온 집을 재어 보십시오. 이런 류의 민속을 대량생산의 관점에서 연구하십시오. 예를 들어 철골(건식공법) 철근 콘크리트(표준화되고 조합할 수 있는 요소들)를 사용한 대량생산 말입니다.

여러분이 가진 **진실의 정신**에 호소한 지금, 나는 건축을 공부하는 여러분에게 **데생에 대한 증오심**을 심어 주고 싶습니다. 왜냐하면 데생은 매력적인 것들을 덮어 버리기 때문입니다. 이것들은 '양식들'이나 '주범들'입니다. **유행**을 타는 겁니다. 그러나 건축은 공간, 너비, 깊이, 높이가 있습니다. 이것은 부피고 동선입니다. 건축은 **사람의 머릿속에서** 만들어집니다. 종이는 설계를 확정짓고 그것을 발주자와 도급자에게 전달할 때에만 필요합니다. 모든 것은 평면과 단면에 담겼습니다. 여

---

1. 풍차는 지하수층에서 물을 퍼올립니다.

러분이 평면과 단면으로 순수한 기능적 유기체를 창조했을 때, **파사드는 그것의 결과입니다.** 만일 여러분이 약간의 조화를 구성하는 능력을 갖추었다면, 그 파사드는 감동을 일으킬 겁니다. 집은 그 안에서 살기 위한 것입니다. 당연한 말입니다. 그러나 만일 파사드가 아름답다면 여러분은 좋은 건축가가 될 겁니다. 비례만으로도 충분합니다. 건축가로 성공하려면 상상력이 많이 필요하고, 문제가 없을수록 좋습니다.

건축은 조직입니다. **여러분은 조직자**지 제도 기능공이 아닙니다.

자, 이제 결론을 내릴 때입니다.

건축은 기능입니다. 인간의 각종 계획을 담는 유용한 **그릇**들이 이 기능을 통해 만들어집니다. 갑자기 이 위기의 시간에, 건축은 전통적인 그릇이 현대의 새로운 기능들을 담는 데 적합하지 않음을 보여 줍니다. 내가 분명한 증거를 보이려고 애쓴 이 확증된 사실은 새로운 시대가 도래했으며, 인류 역사의 한 장이 넘어갔다는 징조입니다. 또 우리가 엄청나게 광범위한 현대의 과제에 맞닥뜨리고 있다는 징조입니다. 우리의 시작은 필연이며, 한심스러운 나태나 그릇된 감정으로 무력해져서는 안 됩니다. 건축은 기계시대의 발전 궤적을 거침없이 보여 줍니다.

일련의 강연을 통해 여러분에게 원인을 보여 주었습니다. 원인은 **기계화**고, 결과는 혼란입니다. 우리의 과제는 그것을 조정하는 것이며, 아카데미의 생각에서 벗어나 자유롭게 창조하는 것입니다. 나는 자유를 느끼고 판단하기 위해서라면, 무엇이든 어떻게든 창조하는 것이 바로 행복이라는 사실을 확신합니다.

나는 요동치는 우연성 속에 존재하는 고정된 요소인 인간적 차원, 인간적 이성, 인간적 열정을 통해서 인간을 일깨웠습니다.

본질적으로 만족시켜야 하는 욕구를 지닌 개인을 보여 주었습니다.

그런 다음, 다른 욕구를 지닌 공동체, 도시 안에 있는 사람들을 보여 주었습니다. 모든 것 안에 건축이 있고 모든 것 안에 도시계획이 있습니다.

나는 **건축적 통일성**을 연구했습니다. 이 건축적 통일성은 주택에서 궁전까지 확장됩니다.

현재의 건축적 진화나 혁명의 실체를 알게 되면서, 나는 영원한 운동의 비극적 진실을 회피하지 않았습니다. 나는 인간, 도시, 군중 들에 부과된 '시간의 흐름'을 느꼈습니다.

나는 '희망 없는' 도시가 아닌 행복하고 생기 있는 도시를 바랍니다. 이 점을 우리는 확신하지만, 덧붙여서 힘과 용기가 필요합니다.

순간마다 정신적으로는 물론이고 실질적으로도 빛에게 도움을 구했습니다. 실질적으로 감상하기 위해서는 빛을 체험해야 합니다. 감상한다는 것은 판단하는 것이며 개인적으로 연관된다는 것입니다. 우리는 정신적인 것 안으로 들어간 셈입니다. 관계를 맺는 일은 즐거움입니다.

나는 지혜에 호소했습니다. 최소의 것으로 최대에 이르는 것, 이것은 일반적인 경제학의 핵심이자 예술작품의 심오한 이치입니다. 절제는 아주 고상한 감각입니다. 이를 통해 인간은 존엄에 이릅니다.

1929년 12월 21일
지롱드 강 하구에서

리우데자네이루에서
1929년 12월 8일
건축가협회

브라질의 필연적 귀결

우루과이에도 해당되는 것

모든 것이 축제일 때,

속박과 금지의 두 달 반이 지난 후 모든 것이 축제의 기쁨으로 넘칠 때,

적도의 여름에 푸른 바닷가와 장밋빛 바위들 주위로 녹음이 무성할 때,

리우데자네이루에 있을 때,

저 멀리, 하얀 부두나 장밋빛 해변에 닿은 푸른 만과 하늘과 물이 활 모양으로 교차합니다. 그곳은 대양이 바로 부딪치고 물결이 흰 파도로 부서지는 곳, 만이 육지 안으로 깊이 들어와 물결이 찰랑이는 곳입니다. 우뚝 선 야자수들이 부드럽게 구부러지는 줄기를 늘어뜨린 채 곧게 뻗은 길들을 따라 늘어섰습니다. 어떤 이들은 야자수의 키가 80미터라고 주장하지만 나는 35미터 정도로 봅니다. 사치스럽게 번쩍이는 미국산 자동차들이 이 만에서 저 만으로, 이곳저곳에 있는 호텔을 향해 달리고, 바다로 떨어지는 곳까지 이어진 길을 따라 돌기도 합니다. 거대한 여객선이 장엄하고 유쾌하게 항구로 들어옵니다. 늠름한 모습의 여객선은 장엄하게 앞으로 나아가는데, 그 순수한 건축이 아름답습니다. 브라질 전함이 바다로 나아가 호텔 앞을 지나고는 분홍빛과 녹음으로 물든 섬들 사이를 지나갑니다. 호텔은 멋지고 근대적인 루이 16세 양식입니다. 이 호텔은 넓고 새롭고 안락하며, 흰 옷을 입은 승무원들이 대기하고, 방들은 바다를 굽어봅니다. 호텔 방에서 보이는 바다는 만灣, 산, 배와 함께 정복시대의 지도입니다. 밤에는 골프장, 산, 선박, 표지 들이 빛을 냅니다. 모든 불을 환하게 밝힌 여객선이 멀어져 갑니다. 여객선의 불은 아주 유쾌하고 언제나 즐겁습니다. 멀어져 가는 여객선의 선상에는, 떠나거나 돌아오는 여객선에 탄 천 명 또는 이천 명의 머릿속에는 가지각색의 생각이 떠오릅니다.

도시의 도로는 고원지대에서 아래로 드리워진 산들 사이에 있는 낮은 지대의 어귀 속으로 이어집니다. 고원지대는 해안에 무섭게 충돌하는 완전히 펴진 손등 같습니다. 아래로 드리워진 산은 손가락입니다. 그것들은 바다와 닿고 산의 손가락 사이에는 땅의 어귀가 있습니다. 도시는 그 속에 있습니다. 쾌활하고 포르투갈

풍이며 매력적인 사각의 도시입니다. 해변에는 기괴하거나 우스꽝스러운 수많은 난간과 모조 석재, 야자수, 훌륭한 선창과 바다, 섬과 곶이 가득한 대양을 향해 열린 이탈리아풍 부잣집들이 있습니다. 곶들은 언제 어디서나 모든 단계마다 모습이 변하는 도시 위 광란의 푸른 불꽃처럼, 날카로운 신경과민 상태로 변화하는 수많은 면모를 명확히 드러내면서 하늘로 솟아오릅니다. 여행자는 침이 마르도록 칭찬하고, 길모퉁이를 돌 때마다 열광합니다. 도시는 여행자를 즐겁게 하기 위해 건설된 것처럼 보입니다. 사람들은 밝은색 옷을 입었고 호의적입니다.

나는 열렬히 환영받습니다. 행복합니다. 자동차, 모터보트, 비행기를 탑니다. 호텔 앞에서 수영을 즐기고는, 가운을 입은 채 수면에서 30미터 높이에 있는 방으로 엘리베이터를 타고 돌아갑니다. 밤이면 한가롭게 여기저기 거닙니다. 거의 동이 틀 무렵까지 친구를 사귑니다. 아침 7시면 물 속에 있습니다. 밤이 찾아오면, 갖가지 정열과 사근사근하거나 눈살을 찌푸리게 하거나 극적인 것을 묻어 버리고, 거리에는 선원들이 가득 들어찬 듯 소란스럽기 짝이 없는 광경이 펼쳐집니다. 이곳의 여행자에게는 대륙의 도시에서처럼 모든 것이 멈추고 더 볼 것이 없어 자러 가야 하는 밤 시간이란 존재하지 않습니다. 음울하지 않은 바다와 하늘이 늘 그곳에 있습니다. 방파제와 포장된 가로수 길로 가장자리를 두른 해변이 펼쳐졌습니다. 항구는 화려한 불빛으로 가득 찼습니다.

두 달 전인 어느 날 밤, 여객선이 산투스와 부에노스아이레스를 향해 떠났을 때, 리우는 반짝이는 밤하늘을 배경에 둔 검은 그림자에 불과했으며, 푸른빛의 수면 가장자리에는 연이어진 만과 같은 높이로 불이 켜진 촛대가 무수히 반짝이는 금빛 선이 끝없이 뻗어 있었습니다. 흑인들이 사는 **빈민가**를 오르면, 항구의 암벽 위 아주 높고 가파른 언덕에 밝은색이 칠해진 목재나 나뭇가지로 만든 집들이 있습니다. 흑인 남자는 깨끗하고 멋진 모습이며, 흑인 여자들도 언제나 깨끗이 세탁한 흰 옥양목을 입고 있습니다. 지형이 너무 가파르기 때문에 도로나 좁은 길은 없지만 하수구와 급류가 흐르는 통로는 있습니다. 리우에서는 회화의 한 유파에 의해 위엄을 갖추고, 고상하게 된 민중의 삶이 펼쳐집니다. 대다수 흑인들의 집은 낭떠러지 끝에 자리 잡았는데 앞면은 필로티 위로 올려지고 출입문은 뒤편 언덕을 향해 나 있습니다. 이 **빈민가** 위에서는 언제나 바다와 정박지, 항구, 섬, 대양, 산, 강어귀를 내려다볼 수 있습니다. 흑인들은 이 모든 것을 봅니다. 기승을 부리는 바람은 열대지방에서는 아주 쓸모 있습니다. 이 모든 것을 바라보는 흑인의 눈에는 긍지가 있습니다. 광활한 수평선을 바라보는 사람의 눈은 더욱 흡족해지고, 넓은 수평선은 존엄성을 부여합니다. 이것은 도시계획가의 생각입니다.

관측을 위해 비행기를 타고 올라가 만 위로 새처럼 활강했을 때, 봉우리를 돌아봤을 때, 도시의 친밀함에 공감했을 때, 지상에 사는 가난한 사람들의 두 발에 감춰진 모든 비밀을 활강하는 새의 눈짓 단 한 번으로 포착했을 때, 우리는 모든 것을 보고 이해했습니다. 여러 번 돌고 또 되돌아왔습니다. 내가 비행기의 왼쪽으로 먼바다를 응시하고 있을 때, 영국인 조종사는 뒤에서 내 머리를 툭 쳐서 오른쪽 아래를 보라고 합니다. 거기에는 50미터가 넘는 깎아지른 듯한 바위가 있습니다.

비행기에서 모든 것이 분명하게 되어 아주 울퉁불퉁하고 복잡한 덩어리인 지형을 이해하게 되었을 때, 어려움을 극복한 뒤 마침내 열정에 사로잡혔을 때, 여러분은 좋은 생각이 떠오르는 것을 느끼고, 도시의 몸과 심장 안으로 들어가 도시의 운명을 부분적으로나마 이해하게 됩니다.

그런 다음 모든 것이 축제고 장관일 때, 여러분 안의 모든 것이 기쁨으로 충만할 때, 솟아오르는 아이디어를 간직하기 위해 모든 것이 저절로 움츠러들 때, 모든 것이 창조의 기쁨으로 이끌려 갑니다.

여러분이 자연의 웅장함에 민감한 감성을 가졌고, 한 도시의 운명을 알고 싶어 하는 마음을 가진 도시계획가이자 건축가라면, 기질에 따라 일생 동안의 습관에 따라 행동하는 사람이라면, 보편적으로 증명된 아름다움으로 인간의 어떤 도움도 받아들이지 않을 듯이 보이는 빛나는 도시인 리우데자네이루에서 인간적인 모험을 하고 싶고, '자연의 존재'에 대항하거나 호응하는 '인간의 확신'을 겨뤄 보고 싶은 강렬한 욕망이 거의 미칠 듯이 솟구칠 것입니다.

결국 여러분은 언제나 여러분의 타는 듯한 열정으로 사람들에게서 평온과 휴식을 빼앗고 말 것입니다!

나는 리우에서 아무 말 않기로 맹세했습니다. 그러나 이제는 어쩔 수 없이 말해야 할 필요성을 느낍니다. 나는 남미의 건축적 임무에서 리우를 제외했습니다. 왜냐하면 파리에서 온 동료인 아가슈Agache가 현재 이 도시의 개발을 위한 계획을 수립하고 있으므로 아무도 그의 작업에 방해가 되어서는 안 되기 때문입니다.

그러나 리우의 건축가들이 나를 불러내려고 부에노스아이레스로 찾아왔습니다. 내가 상파울루에 도착했을 때 아무 이해관계가 없는 관리들이 리우 강연을 강요하다시피 했습니다. 그래서 나는 건축에 대한 생각과 파리 정비계획을 이야기하는 것에 동의했습니다.

리우에서 모든 것이 축제일 때, 모든 것이 정말 장엄하고 아주 훌륭할 때, 활강하는 새처럼 도시 위를 한참 날 때, 여러분에게도 많은 생각이 떠오를 겁니다.

여러분이 석 달 동안 압박감 속에 있을 때, 건축과 도시의 밑바닥까지 내려갔을 때, 추론의 길로 나아갈 때, 모든 곳을 똑바로 보았을 때, 결과를 느끼고 보게 될 것입니다.

비행기에서 스케치북을 꺼내 모든 것이 명확해지도록 그림을 그렸습니다. 나는 현대 도시계획의 생각을 표현했습니다. 열정에 사로잡혀서 그것을 친구들에게 말하고 비행기에서 그린 스케치를 설명했습니다. 이제 여러분에게 리우에 대해 말하려고 합니다.

나는 애호가로서 창작하는 즐거움을 가지고 착상을 음미하며 여러분에게 리우에 대해 말하겠습니다.

이곳에 착륙하자마자 아가슈에게 인사하러 장관과 함께 그의 사무실로 찾아갔습니다.

아가슈가 장관에게 말했습니다. "르 코르뷔지에는 유리창을 깨뜨려 바람이 통하게 하는 사람이고, 나머지인 우리는 그 뒤를 따를 뿐입니다."

1923년 살롱 도톤에서 몇몇 사람들이 철근 콘크리트로 건축의 형태를 명확하게 표현하기 시작했고 더 젊은 세대가 벌써 자신들의 모형과 도면을 대중 앞에 들고 나왔을 때, 말레-스테뱅스Mallet-Stevens는 나에게 '우리의 생각을 보호하기 위해서라도 계약에 의한 상표로 특허를 얻어야 한다'고 말했습니다.

하지만 그럴 수 없었습니다. 그 결과는 진퇴양난에 빠지게 될 뿐입니다. 생각은 유동체며 안테나를 찾는 전파입니다. 안테나는 곳곳에 있습니다. 생각의 특성은 모든 사람의 소유라는 것입니다. 생각을 줄지 받을지 두 해결책 가운데 하나를 선택해야 합니다. 사실 우리는 이 두 가지를 다 취합니다. 우리는 기꺼이 생각을 주기도 하지만, 지적 회복을 위해, 좀더 특수한 목적을 위해 모든 영역에 퍼진 생각이나 어느 날 총체적으로 혹은 부분적으로 우리를 도와주는 생각을 활용하고 개척합니다. 아이디어는 공적인 영역에 속합니다. **생각을 주는 것**, 그것은 간단한 일입니다. 다른 해결책은 없습니다!

생각을 제공하는 것이 고통이나 손해만은 아닙니다. 다른 사람이 선택한 아이디어를 바라보며 거만함이 아닌 깊은 만족을 얻을 수 있습니다. 사실상 아이디어에는 다른 목적이 없습니다.

이것이 바로 공동 일치의 기반입니다.

이 특별한 순간에 내가 리우에 대한 아이디어를 제공하려는 이유는 동료인 아가슈가 이 방에 있고 그의 주변에 많은 청중, 여러분이 있기 때문입니다. 내가 사랑하게 된 리우를 생각하며, 이 도시가 나에게 준 놀라운 시간들에 감사하며, 여러분 앞에서 그린 건축과 도시계획의 분석 도해를 통해, 어떻게 내가 정연한 일체성의 결과에 이르렀는지 여러분을 이해시키려 합니다. 바로 이 정연한 일체성에 대해 여러분에게 설명하게 된 것을 기쁘게 생각합니다.

나는 부에노스아이레스, 몬테비데오, 상파울루, 리우에 대해 똑같은 결론을 이끌어 낼 것입니다. 같은 원리라 해도 적용 방법은 아주 다양합니다.

여러분은 부에노스아이레스의 업무지구를 만드는 도해를 본 적이 있습니다. 모든 것이 각 기능을 위해 준비된 바로 그 대지에 집중되었습니다. 강 위, 거대한 하수구 깊숙한 곳, 필로티를 사용하여 물결 위에 펼쳐진 거대한 콘크리트 승강장 위에 도시가 떠오를 것입니다. 율동과 질서 속에서 장엄한 마천루가 건축적 장관을 이룰 것입니다. 이것은 순수하게 인간이 만든 창조물입니다.

나는 처음에 배편으로 **몬테비데오**에 도착했습니다. 두 번째는 내륙에서 비행기를 타고 왔습니다. 나는 바다 위로 비행기를 타고 떠났으며 마지막으로 이탈리아의 거대한 여객선인 **기울리오 세자레**를 타고 돌아왔습니다. 도시가 작고 매력적입니다. 그 지역도 좁습니다. 도시의 중심은 내륙의 매끄러운 고원에 이르기까지 제법 가파르게 경사진 곳 위에 있습니다. 항구는 이 곳 주위를 돌아 아래에 있습니다. 집은 멀리 떨어진 평야에, 초목과 구부러진 길 가운데 있습니다.

곶의 꼭대기에 장식용 띠로 휘감긴 작은 마천루가 세워졌습니다. 사무실과 상점은 항구와 아주 가까운 곳의 비탈 위에 자리 잡았습니다. 스페인풍 거리와 교통 혼잡은 오늘날 부에노스아이레스가 겪는 피할 수 없는 위기가 곧 닥쳐올 것을 예견하게 합니다. 다른 모든 곳과 마찬가지로 몬테비데오에서 시급한 문제는 바로 업무지구를 만드는 것입니다! **그것을 어디에 창조할 것인가?**

가치 부여와 국가의 법규 등을 기억하십시오(이는 앞에 언급했습니다).

나는 너무 멀리 있는 저 위의 마천루를 도저히 납득할 수 없다고 말했습니다.

그러나 만일 우리가 미래의 교통 문제를 제기하면서 시작한다면 어떻겠습니까? 북쪽과 교외에서 남쪽의 바다를 향하여 고원에서부터(내 생각으로는 해발 약 80미터 정도가 될 것 같습니다.) **똑같은 높이**(80미터)로 도시의 중심도로를 연장해서 둘, 셋, 넷, 다섯 방향으로 어디까지든 뻗어 나갑니다.

어디까지 연장할까요? **항구의 상부**까집니다. 도로는 항구 위 80미터에 떠 있을 것이고, 갑자기 공중에서 깎아지른 것처럼 멈출 것입니다(그림 223).

자동차는 항구 위, 수면의 가장자리까지 운행될 것입니다. 사람은 차에서 **사무실 쪽으로 내려갈 것입니다**. 사무실이 상부에 있는 도로를 지지하는 거대한 척추가 됩니다. 도로 아래에서 언덕의 지면에 닿을 때까지, 항구에서 바다 속으로 들어갈 때까지 층과 층은 계속 지어질 것입니다.

이렇게 하여 우리는 거대한 건물 공간과 햇볕이 아주 잘 드는 사무실을 얻습니다. 우리는 업무지구를 항구에 정했고, 자동차를 마천루의 발 밑에 놓은 파리나 부에노스아이레스의 계획안과 달리, '마해루摩海樓'의 **지붕 위에** 놓았습니다. 왜냐하면 우리가 이제 마천루를 건설하지 않기 때문입니다. 우리는 '마해루'를 건설했습니다. 익살을 양해해 주십시오!

이렇게 간단하게 업무지구의 특정한 기관을 적절한 장소에 만들면서 한순간 도시의 아름다움과 시민들이 가질 자부심을 생각한다면, 우리는 곶이 돌출한 부분에서 수면 위로 떠오르는, 마르세유의 고성古城이나 앙티브의 방벽, 티볼리(로마 평원 위의 큰 고원)의 '하드리아누스 빌라' 역주80 같은 곳에서 우리가 아주 어렸을 때부터 안 장엄한 건축적 장관 가운데 하나를 볼 수 있을 겁니다. 이번에는 얼마나 더 웅대할 것인가!

상파울루 지사 집무실에서 나는 아주 구불구불한 도시의 성벽 도면을 호기심을 갖고 조사했습니다. 여기 적합한 것이 있습니다. 고가도로에 건설된 것들의 아래를 지나는 도로 말입니다. 나는 지사에게 교통 문제를 겪는지 물었습니다.

상파울루는 해발 800미터 언덕이 이어지는 브라질의 고원에 건설되었습니다.

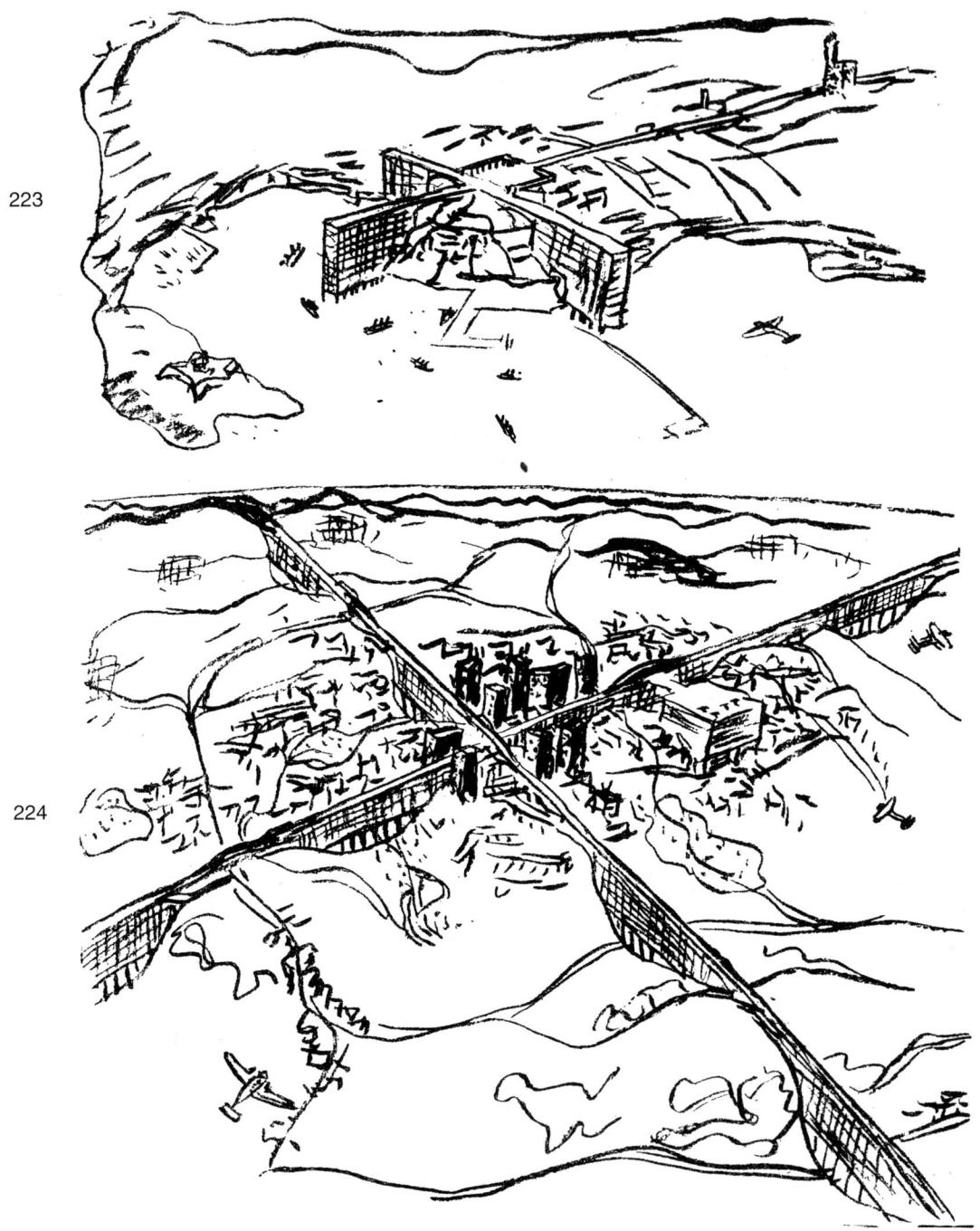

223

224

260 프레시지옹

언덕 사이에는 계곡이 이어집니다. 집은 언덕 위에, 계곡 안쪽에 지어졌습니다.

상파울루는 몇 년 사이에 현기증이 날 만큼 급속히 발전하여 순식간에 도시의 지름이 45킬로미터까지 확장되었습니다.

상파울루의 지리학적 중심에서는, 흔히 그렇듯 순환이 불가능합니다. 늘 그렇듯 사무실이 주거를 침략했기 때문이고, 건물을 높이 올리고 심지어는 마천루를 건설하려고 주택을 철거했기 때문입니다.

그래서 상파울루는 언덕 위로 한없이 팽창합니다. 측량하는 사람은 언덕 위를 측량해야 하므로 구부러진 도로와 고가도로, 벌레가 기어가는 듯한 내장 모양으로 점점 더 뒤얽히는 망상 조직을 그립니다.

상파울루에 도착하자마자 찾아간 지사의 집무실에서 가끔씩 한 도로가 다른 도로 아래를 지나는 복잡한 거리 이미지를 보면서 도시의 엄청난 지름을 확인하고는 이렇게 말하지 않을 수 없었습니다. "여러분은 동선 위기를 겪는군요. 이 미로에 스파게티처럼 뒤얽힌 도로를 만들어서는 지름 45킬로미터의 도시에 편익을 제공할 수 없습니다."

나는 조종사에게 말했습니다. "상파울루의 중심을 향해 땅에 닿을 듯이 낮게 날아갑시다. 도시의 모양이 어떻게 잡혀 가는지를 알아야 하니까 도시가 치솟아 오르는 곳, 저항할 수 없이 폭주하는 업무의 영향으로 층을 쌓아 높이 올라가는 곳을 보고 싶소." 그 지역의 중심 부근에서는 도시가 서서히 솟아오르지만 도심에서는 격렬하게 치솟는 것을 보았습니다.

이것은 성장의 시작을 보여 줍니다. 명확한 징조로서 논란의 여지가 없는 도심병의 증상입니다.

다음에는 자동차로 경험했습니다. 이를테면 계곡들, 해안선, 경사로 때문에 한 장소에서 다른 장소로 가려면 상당한 시간이 걸린다는 것을 직접 겪었습니다. 그런 뒤, 도시 외곽으로부터 낮은 산과 분지가 만드는 전반적인 지형과 함께, 이러한 지형인데도 직선이 되도록 헛되이 노력하는 기존 도로망의 부적절함을 잘 이해할 수 있었습니다.

상파울루의 친구들에게 이렇게 제안했습니다.

"도시에서 만나는 이 길들은 산투스, 리우데자네이루처럼 서로 상당히 떨어진 지점에서 출발합니다. 도시의 지름은 45킬로미터로 특이하게 확장되었습니다. 여러분은 이를 위해 고속도로를 건설합니다. 그러나 고속도로가 땅에 고착되었기 때문에 곧 정체되고 맙니다."

　이렇게 하면 어떻겠습니까. 길이 45킬로미터 수평자를 언덕에서 언덕으로, 정상에서 정상으로 놓은 다음 다른 기점들을 연결하기 위해 같은 길이의 두 번째 자를 거의 직각으로 놓습니다(그림 224). 이 곧은 자들은 도시를 완전히 관통하는, 사실상 전체를 횡단하는 고속도로입니다. 여러분은 자동차로 도시 위를 날지는 않지만, 도시의 '상부를 달릴 것입니다.' 내가 여러분에게 제안하는 고속도로는 거대한 고가도로입니다. 이 고가도로를 지탱하기 위해 값비싼 아치를 만들지 말고 도심의 사무실과 외곽의 주거를 만드는 구성요소가 될 철근 콘크리트 구조물을 세워 그 위에 고가도로를 놓으라고 제안합니다. 고가도로를 지탱할 수 있을 정도로 사무실과 주택의 입방체가 엄청나기 때문에 이것은 **거저 얻은 것이나 다름없습니다**. 그러므로 이것은 놀라운 가치 창조입니다. 분명한 과업입니다. 벌써 설명한 전략입니다.

　자동차가 마치 항로처럼, 무척 넓게 퍼진 도시 밀집 구역을 횡단할 것입니다. 고속도로의 최상부에서 자동차가 길로 내려올 것입니다. 계곡의 바닥은 스포츠와 지역 주차장을 위해 공터로 남을 것입니다. 여러분은 바람이 불지 않는 그곳에 야자수를 심을 것입니다. 게다가 여러분은 도심에 나무와 자동차를 위한 공원을 벌써 만들었습니다.

　언덕이 많은 상파울루 고원의 굴곡을 극복하기 위해, '마지루摩地樓' 위에 얹힌 **수평적인** 고속도로를 건설할 수 있습니다.

　모든 대지가 얼마나 놀라운 면모를 갖출지! 세고비아 수도교, 퐁 뒤 가르^{역주81}보다 더 웅장할 것입니다. 그곳에서는 시가 저절로 우러나올 겁니다. 기복이 심한 대지에 있는 고가도로의 순수한 선보다 더 우아하고, 지면에 닿기 위해 계곡을 내려오는 고가도로의 하부구조보다 다양한 것이 또 있겠습니까?

　나는 비행기에서, 도시를 고원의 높은 후배지後背地와 빠르게 연결하기 위해, 바다로 열린 곶의 손가락 모양 돌기를 중간 높이에서 연결하면서 리우데자네이루의 거대한 고속도로를 그렸습니다(그림 225).

　고속도로에서 갈라져 나온 길은 **파우 데 아수카르**Pao de Assucar까지 닿고, 베르멜라Vermelha 만과 보타포구Botafogo 만의 상부로 우아하고 풍부하며 장엄한 곡선을 그리며 펼쳐집니다. 이 고속도로는 글로리아 해변이 끝나는 언덕에 닿아 뒤쪽에서 이 매혹적인 장소를 굽어봅니다. 그리고 산타 테레자Santa-Thereza 곶에 이르러 현재의 도심에서 만과 수송항구 쪽으로 지선支線이 내려가면서 열리고, 마침내 업무지구의 마천루 옥상에 닿습니다. 다른 지선은 지면의 강어귀에 내려앉은 도시 일부분의 상부를 지나 상파울루로 올라가는 도로를 향하여 계속 뻗을 것입니다. 이 계획안대로라면 만 위에 있는 업무지구의 마천루 옥상에서부터 리우에 닿는 니체로이Nitcheroy 언덕에 이르기까지 고속도로가 막힘 없이 계속 연결될 것입니다.

베르멜라 만을 향하는 고속도로의 출발점에서 길이 코파카바나 해변으로 통하기 위해 유명한 유적을 굽어보며 나아갈 것입니다.

여러분은 내가 말한 '만 위로 펼쳐진다', '매혹적인 장소를 굽어본다', '마천루의 옥상에 도달한다', '도시 위를 지나간다' 등의 표현이 무엇을 뜻한다고 생각합니까?

그렇습니다. 이 웅장한 고속도로는 도시의 지표면보다 100미터 위에, 그보다 더 높은 곳에 있습니다. 그래서 이 고속도로는 이어진 곳으로 곧장 접근합니다. 이 접근은 아치 위에서가 아닌, 인간을 위한, 많은 사람을 위한 건축물의 입방체 상부 아주 높은 곳에서 이루어집니다. 원하기만 하면, 이 거대한 건축물의 입방체와 함께 고속도로가 도시에 있는 **어느 누구도 성가시게 하지 않습니다.**

기존 주택지구의 지붕 위로 철근 콘크리트 지주를 올리는 것보다 쉬운 일은 없습니다. 지붕 위를 벗어난 후 지주들은 교량 같은 수평 아치 형태의 거대한 건축물로 연결될 겁니다. 예를 들어 주거 입방체는 지상 30미터에서야 시작되는데, 30~100미터까지, **두 층 높이를 가진** '빌라형 공동주택' 10층을 건설할 겁니다.

공중과 도시 공간에서 얻은 다음과 같은 장소가 지닌 질과 가치를 생각하므로 '빌라형 공동주택'을 말하려 합니다. 앞쪽에는 바다와 만, 세계에서 가장 아름다운 내포內浦, 대양이 있습니다. 이 신비한 풍경은 선박의 움직임과 전설적인 불빛, 그 즐거움과 함께 우리를 아주 감동시킵니다. 뒷면에는 아름다운 나무들이 자라는 경사지와 봉우리의 매혹적인 윤곽이 보입니다. **빌라형 공동주택?** 이것은 공용 서비스 시설과 공중 정원, 유리벽이 있는 아파트입니다. 이 모든 것은 지상으로부터 상당히 높이 들어올려져 있습니다. 거의 새 둥지나 마찬가지입니다. 사람들

225

226

264 프레시지옹

은 각 층에 있는 '공중 도로'와 엘리베이터를 통해 위로 올라갑니다. 고속도로 아래에 차고가 있고 한쪽에 출구 경사로가 있어서 사람들은 차를 타고 고속도로의 가장자리로 올라갑니다. 그곳에서 시속 100킬로미터로 사무실, 도시, 교외, 숲, 고원으로 달립니다.

여러분은 대규모 주차장에서와 마찬가지로 편리한 곳에 자리 잡은 엘리베이터 타워를 통해 자동차를 아래의 **도시로**, 지면과 일반 도로로 내릴 수 있으며, 그곳으로부터 차를 고속도로로 올릴 수 있습니다.

바다 멀리에서, 언덕과 언덕을 만나며 한 내포에서 다음 내포로 손을 펼쳐 가는 고속도로에 의해 수평적으로 관을 쓴 건물들의 풍부하고 장엄한 선을 마음속에 그려 보았습니다. 비행기가 질투하려고 합니다. 이러한 자유로움은 오로지 비행기에서만 합당한 것으로 여겨졌습니다. 띠처럼 길게 이어진 건물은 '열주'에 얹혀 도시의 지붕들 사이를 지납니다.

두 달 반 전 리우에 도착했을 때 나는 이렇게 생각했습니다. '이곳에서 도시계획은 시간 낭비다! 모든 것이 이곳의 격렬하고 장엄한 경관에 빨려들고 말 것이다. 인간이 할 수 있는 일은 그저 굴복하고 관광호텔을 운영하는 것뿐이다. 리우? 관광 휴양지! 그런데 절대적인 무미건조함을 빼면 아무것도 없는 부에노스아이레스에는 거대한 빈 공간이 있다. 오로지 안데스 산맥, 이곳에 인간의 노동을 고무하고, 구상을 이상적으로 만들고, 용기를 북돋우고, 창조적인 활동을 불러내며, 자긍심을 일깨우고 시민의식이 생겨나게 하는 어떤 것이 있다. 아무것도 없는 곳에 20세기 도시를 세우려는 것이다! 리우에는 안된 일이지만 어쩔 수 없다!'

그러나 리우의 바다 너머에서 나는 스케치북을 들었습니다. 산을 그렸고, 그 산 사이에 미래의 고속도로와 그것을 지지하는 거대한 건축의 띠를 그렸습니다. 여러분의 봉우리, 여러분의 파우 데 아수카르, 코르코바두, 가베아Gavea, 지간트 텐디두Gigante Tendido는 깔끔한 수평선으로 훨씬 근사해졌습니다. 도시 위의 공간에 매달린 놀랍고 감동적인 현대 건축물을 지나간 여객선이 그곳에서 어떤 응답, 어떤 메아리를 찾았습니다. 모든 장소가 물 위에서, 땅 위에서, 공중에서 말하기 시작했습니다. 바로 건축을 말하는 것입니다.

이 강연은 인간적 기하학과 거대한 자연의 공상적 시였습니다. 눈은 무엇인가를 보았습니다. 그것은 자연과 인간 노동의 산물 두 가지입니다. 도시는 산들의 거침없는 변덕과 조화를 이루는 유일한 선을 통해 자신을 알립니다. 그것은 바로 수평선입니다(그림 226).

올해 모스크바와 그 대초원, 남미의 대초원 지대, 부에노스아이레스, 열대 우림과 리우에서 한 여행이 나를 건축의 대지 위에 깊숙이 뿌리내리게 했습니다. 건축은 정신의 구축에 의해 작용합니다. 이것은 위대한 해법이라는 아득한 지평으로 이끄는 정신의 기동력입니다. 해법이 훌륭할 때, 자연이 흔쾌히 해법과 결합할 때, 더 바란다면 자연 자체가 그 해법에 통합되는 바로 그때, 인간이 **통일성**에 접근하는 것입니다. 나는 통일성이야말로 끊임없는 통찰력으로 정신이 이끄는 단계라고 믿습니다.

몇 달 후에 다시 맨해튼과 미국을 여행할 겁니다. 그 고된 노동의 땅, 치열한 경쟁에서 살아남아야 하는 땅, 과잉생산이라는 환각의 현장을 맞이해야 하는 일이 두렵습니다. 영하 30도의 추운 모스크바에서는 극적으로 재미있는 일들이 꾸며지고 있습니다. 그러나 미국인은 여전히 소심하고 머뭇거리는 심장을 가진 헤라클레스입니다. 파리에 사는 우리는, 본질을 파고들고 경주용 자동차를 창조하며 순수한 평형에 열광하는 사람들입니다. 남미의 여러분은 노쇠하면서도 젊은 나라에 삽니다. 여러분의 나라는 젊지만 여러분의 인종은 오랜 역사를 지녔습니다. 여러분의 운명은 지금 행동을 시작하는 것입니다. 고된 노동의 포악하고 어두운 징조 아래에서 행동할 겁니까? 아니죠, 나는 여러분이 정리하고 처방하고 평가하고 측정하고 판단하고 웃을 줄 아는 라틴 사람답게 행동하기를 바랍니다.

1930년 1월 27일
파리에서

부록

파리의 기온

기계시대의 프랑스 학술원

> 파리 마드리드가 28번지에 있는 **프랑스 재건회**에서 『**기계시대의 파리를 향하여**』를 출판할 때 경제학자이자 사회학자인 루시앙 로미에 Lucien Romier에게 보낸 편지.

……이러한 특성을 지닌 연구를 조직하고 분석 작업을 주재하는 일은 프랑스 연구소의 진정한 역할입니다. 산업활동이나 경제활동에 적극적으로 종사하는 사람들은 국가의 생산집단을 대표하며 '산업 지도자'로 여겨집니다. 그들은 결과를 끌어내는 데 필요한 자금과 조직을 마련해서 효과적으로 아이디어를 처리합니다. 그들은 사람의 평범한 생각과 생존을 위한 치열한 투쟁을 이해하면서, **여기에서 무관심하게 여겨지는 아이디어를 다룹니다. 그리고 국가의 정책을 수립합니다. 행동하기 전에 먼저 생각하고, 계획에 따라 행동합니다.** 그러나 오늘날에는 생각보다 사건이 더 우세합니다. 사건이 일어나고 생각이 뒤따르는 것입니다.

상황을 뒤집어 봅시다. 사건을 지배합시다! 이것은 국가의 법령 제정을 위한 회합의 충분한 동기가 됩니다. 법령은 미래를 밝히며 국가의 운행을 보장합니다.

그렇게 하지 못한다면, 기계시대의 생각은 굴에서 전조등을 끄고 안개 속을 달리는 자동차와 다를 바 없습니다. 앞을 전혀 못 보게 되는 겁니다.

정확히 말한다면, 이제껏 그들이 토론한 내용이 '실용적'이지 않아서……

또 다른 토론 장소
파리를 연구하는 1929, 1930년의 도시계획가 위원회

'사고의 충격에서부터 빛이 솟아나온다.'
명철함과 무의식

사건의 필연적 전개
급작스런 공포

행동

척도의 변화

통계

파리로 재입성

상황 분석

'사고의 충격에서부터······'
명철함과 무의식

— ······ 그리고 교통 혼잡을 일으키던 역들이 도심에서 물러 나오면서 **순환선**(특히 파리 주변을 도는 순환철도)이 중앙역이 된다.

— ······ 이 **순환선**을 따라 열차를 잘 편성하자! 그렇게 하면 승객을 도심으로 데려다 주는 역이 생긴다. 순환선은 하나지만 모든 방사형 철로와 접선으로 만나는 지름 500미터로 줄어든 순환선이다. 접선 구간에서 기차는 승객이 내리고 타는 단 몇 분 동안만 정차하며, 이 좁은 원의 주위를 돌아 목적지로 떠난다. 베를린에 있는 '동물원' 역은 **통과역**이지만 운송능력이 엄청나다.

— 사업이 도시의 부를 창출하면서도 도심을 너무 혼잡하게 하고 도심에서 사람이 살 수 없게 하기 때문에 파리의 업무중심지구는 도시 외곽까지, 순환선까지

확장되어 왔다.

　— 여기에 모순이 있다. 사업은 함께 모여야 하는 필요성 때문에 도심에서 이루어진다. 중심을 외곽에 놓는다면, 언어와 사물의 참다운 의미를 뒤집는 것이다. 비행기에 오르면, 법규 때문에 건물의 높이를 제한받지 않은 도시에서는 만남이 빨리 이루어져야 하는 업무지구를 구성하기 위해 중심부가 높이 솟은 아주 놀라운 광경을 볼 수 있다. 다른 면에서 보면, 지금까지 건물의 높이 제한이 있던 베를린에서 최근 통계를 바탕으로 도표를 공표했는데, 이 도표에서는 도시의 사무실 밀도가 연속 층으로 나타난다. 이것은 미국의 경우와 똑같이 닮았다. 두 도시 모두 중심부에서 밀도가 아주 높다.

　이와 반대로, 신선한 공기를 찾아 아무 제한 없이 교외로 뻗어 나가는 도시를 볼 수 있다. 조사에 따르면, 도시나 외곽에서 주거지역은 퍽 낮은 밀도를 보인다. 마찬가지로 도시에서 녹지는 사라졌고 집은 보도와 닿았으며 창문은 길의 좁은 틈을 향해 열린 것을 볼 수 있다. 만일 근대 기술로 집을 각 지역의 중심에 모을 수 있다면, 공용 서비스를 도입하여 건물 입방체의 새로운 조직을 세운다면, 주거지역의 밀도가 증가하고 공원들마다 줄지어 늘어선 나무들이 도시를 뒤덮고 시끄러운 도로는 주택에서 멀어질 것이다. 한편 도로는 건물의 배치로부터 **독립된 채** 교통을 전담하게 될 것이다.

　따라서 도시의 지름을 줄일 수 있으며 도시 근교는 '도시로 되돌아올 수 있고' **거리가 짧아질 것이다.** 도시인의 하루가 개선될 것이다. 부에노스아이레스와 리우 및 상파울루는 파리처럼 지나치게 넓은 땅을 차지한다. 도시의 면적을 제한하는 데 유념해야 한다. 루이 14세는 이미 파리의 면적 팽창에 제동을 가한 바 있다.

　— …… 만일 도시의 중심이 주변으로 뻗어 나간다면, 주변의 건물이 중심의 건물보다 높아질 것이며, 도시의 환기는 마비될 것이다.

　— …… 보니에는 파리에서 지상 20미터보다 높게 건설하는 일이 불가능하다는 것과 만일 억지를 부린다면 길거리에서 더는 소통할 수 없게 됨을 보여 주는 도표를 그렸다.

　— 그러나 우리가 말하는 길은 말과 마차의 시대인 앙리 4세와 루이 14세 때 만들어진 것이다. 자동차시대가 도래했으므로 모든 도시계획은 길의 변형, 곧 너비와 노선에서 시작되어야 한다. 기계시대의 도시 행정관료들은 길이란 땅 위에 있

는 딱딱한 껍질이 아니라 **긴 건물**이며 체계임을, 표피가 아닌 **그릇**임을 아직 이해하지 못하였다.

―――――

― …… 더욱이 파리의 중심이 옮겨져 전에는 플라스 드 라 레퓌브리크Place de la République였지만 나중에 플라스 드 레투알place de l'Etoile(지금의 샤를드골 광장)이 되었다. 파리의 중심…….

― 세계대전 이후 사업가들이 자신들의 사무실 앞 중심가에 더는 주차할 수 없게 되자 사업을 서쪽으로 옮겨 왔다. 파리의 중심은 시테 섬에서 보주 광장으로, 이후에 생제르맹 주변으로 옮겨졌다가 증권거래소로 바뀌었다. 대기업들은 최근에 생겨났다. 전쟁 기간 동안 도심의 모든 장소가 지불유예령 때문에 꼼짝 못 하게 되자 사람들은 서쪽에서 장소를 찾았다. 왜냐하면 그곳에는 차량을 위한 도로와 더불어 잘 정리되고 더 양지바른 아파트가 있었기 때문이다. 그럼에도 불구하고 중심은 날이 갈수록 새로운 사무실 건물로 뒤덮여 간다. 이것은 하나의 지표다.

부에노스아이레스를 고찰하다 보면 대도시의 기하학적 중심의 부동성不動性에 대한 생각을 확인하게 된다. 부에노스아이레스 전체가 각 변이 120미터인 스페인풍 구획에 따라 건설되었다. **이 도시의 도로는 모두 고정된 너비**(10미터나 11미터)**인데, 중심부에서도 그렇고 외곽에서도 마찬가지다.** 자동차 교통에 더 적합한 도로 때문에 중심에서 멀어지는 걸 좋아할 사람은 아무도 없다. 교통 사정은 어디서나 마찬가지며 어떤 지역에서도 특별한 혜택이 없으므로 업무는 **원래 있던 그곳에, 앞으로도 계속 머무를 그곳에서 그대로 진행된다.** 즉 중심에 머무르는 것이다. 여기서 중심은 바다를 낀 모든 도시의 전형적인 예처럼 해변과 닿은 반원형의 중심이다.

― …… 우리는 플라스 드 레투알에서 '개선의 길'을 따라 생제르맹앙레까지 파리를 새로 계획했다(24킬로미터). 파리는 가로수가 있는 큰길을 따라 발전할 것이다. 파리의 중심을 가지고 이번만은 우리를 성가시게 하지 않길 바란다! 파리의 중심은 비워질 것이며, 우리는 여기에 공원을 만들어 놀러 갈 것이다!

― 프랑스 지도와 파리 근교 및 파리 지도를 보면, 파리가 방사형 동심원을 그린다.

— 여러 가지 사건들이 파리를 서쪽으로 옮기게 했다. 그리 오래 되지 않은 군사적 재앙인 침략에 대한 두려움 때문에 동쪽에서 멀어지게 되었다. 그러나 진실을 말한다면, 자동차와 철도의 시대인 현재, 파리가 항구 및 동쪽과 남동쪽의 큰 강을 향해 팽창하는 것을 잊어서는 안 된다. 그러나 파리는 동쪽으로 봉쇄되었다. 아무리 큰 도로도 그쪽으로 나가지 못하는데, 그것은 파리 시민들이 서쪽을 바라보는 데에 익숙해졌다는 것 이상의 이유가 없는 어쩔 수 없는 결과다.

— 만일 우리가 **개선凱旋의 길** Route Triomphale을 미래의 업무지구를 위한 축으로 삼는다면, 이 길을 모든 교통수단을 위한 길로 정리해야 한다.

— 우리는 지하철, 전차, 버스, 공항까지 가는 직통 서비스를 위한 고속도로 같은 교통수단들을 겹쳐 놓을 것이다.

— 조심하고 조심하라! 호화로운 주택, 사무실 건물, 산책로, 고속도로. 우리가 **개선의 길** 안에 이 모든 것을 넣을 수는 없다. 무엇을 하고 싶은지 알아야 한다. 그것은 아름다운 길인가, 쇼핑 거리인가, 고속도로인가?

— …… 만일 '피라미드식(단형段形 후퇴식)' 새로운 건축법규를 적용했다면, 이것이 지어질 구획의 크기에 따라 끝도 없이 층 위에 층을 더할 수 있을 것이다. 그러나 피라미드의 내부 공간은 어떻게 될 것인가? 완전히 캄캄하게 될까?

— 저…… 안뜰을 열었으면 합니다만……

— 좋다. 그러나 도로 쪽에 적용한 45도 각도의 법규를 안뜰에도 적용해야 할 것이다.

— 그렇게 되면 피라미드는 없어질 것이며, 오늘날처럼 안뜰이 있는 건물만 남게 될 것이다!

— 어떻게 피라미드를 건설할 만큼 충분히 큰 땅을 찾을 것인가? 현재의 토지는 너무 작고 다양한 형태며 한쪽으로 기울어졌다.

— 그것을 함께 **모아야 한다**!

— 소유자들이 동의하지 않는다면?

— 그것은 공공을 위해 수용되어야 한다!

— 그렇다면 이것은 혁명이다!

— 아니다, 수용된 토지의 소유자는 언제나 이익을 얻을 것이다. **이미 잘 알려**

진 일이다!

— '피라미드식' 건설에 대한 법규는 다시 한 번 다음과 같은 놀라움을 가져온다. 도로 문제를 건드리지 않는다. 도로는 과거와 마찬가지로 변함이 없다. 말馬의 길은 그대로 있으며, 자동차로 빚어지는 교통혼잡도 여전할 것이다.

— 도로에 대한 법규가 건축물에 대한 법규로 결정되어서는 안 된다. 건물은 공간에서 위로 올라간다. 건물들의 조직은 눈에 비례의 놀이를 제공하는 다양한 볼륨의 율동에 의해 규정될 것이며, 도로는 교통에 할애될 것이다. 도로는 큰 강이자 개울이고, 그 경로는 **질서정연해야 한다**. 이 강의 제방에 단 한 대의 차를 대는 것만으로도 흐름을 방해하게 된다. 따라서 주차구역은 강을 따라 열린 선착장에 마련될 것이다. 이 선착장에 필요한 땅은 건물들이 도로변에서 밀려나 구획의 중심부에서 거대한 수직 덩어리로 올려졌을 때 확보될 것이다. 이 수직 덩어리는 그리스 십자가형, U형, 2중 T형, 로렌 십자가형 등으로 구상될 수 있다. 그리고 강과 선착장 가까이에 자유롭게 남겨진 공간에는 도시 전체를 잎으로 뒤덮을 나무를 심을 것이다. 구획 중심부에 있는 높은 건물에서는 나무의 바다와 공간이 보일 것이고, 포장 도로에서 자동차 소음이 더는 들리지 않을 것이다. 현대의 도시는 푸른 도시가 될 것이다.

사건의 필연적 전개
급작스런 공포
행동

— 팁으로만 생계를 유지하는 파리의 한 택시기사는 10시간에서 11시간 동안 일하면서 하루에 겨우 110킬로미터를 달린다. 시간당 11킬로미터를 달린 셈이다. 파리에는 **보통 속도의 1/4, 최고 속도의 1/10**인 이러한 속도로 달리는 차가 20만대다. 허비하는 시간을 따져 보라. 순간순간이 소중한 사업가들이 길에서 잃는 시간의 가치를 계산해 보라.

— 만일 우리가 프랑스의 지방과 파리 지역의 간선도로마다 시간당 3,000대의 차를 소통시킬 수 있는 고속도로를 갖춘다면, 도시의 도로와 도시의 교통에 무슨 일이 일어날 것인가!

— 자, 바로 이것이 문제다!

— 뉴욕에서는 맨해튼의 철거와 재건설을 연구하는 위원회가 구성되었다. 국력과 연관된 훌륭한 증거가 아닌가!
— (공군의 한 장군) 프랑스의 항공기 산업은 아무 계획, 아무 생각도 없이 진행된다.
프랑스에는 **항공기 산업 정책이 없다.**
— 도시계획은 더 말할 나위도 없다!

척도의 변화

— 우리가 더는 도로를 미터법으로 측정해서는 안 될 것이다. 자동차의 치수를 나타내는 측정 단위(자동차의 폭과 교차나 추월에 필요한 공간)를 정해야 할 것이다. 도로는 4, 6, 8 '자동차 단위'로 측정되어야 하며, 9, 13, 21미터로 측정되어서는 안 된다. 이렇게 함으로써 **잘못된 치수**를 피할 수 있다.
— 기계시대의 생활에서 모든 새로운 기관에도 마찬가지다. 결정을 내리고 척도를 바꾸기 시작하라.

통계

— 파리는 230억 프랑을, 프랑스 전체는 620억 프랑을 세금으로 거둬들인다.
— 이 수치에서 대도시의 흡인력과 함께 생산적인 접촉을 위한 한 나라의 에너지 집중을 볼 수 있다.
— 통계는 정보를 제공한다. 그러나 파리에는 통계가 없다. 사람들은 무척 더울 때도 파리의 기온을 알 길이 없다.

— 미안하지만, 병원은 감탄할 만한 연간 통계치를 갖고 있다.

— 우리가 어떤 병으로 죽어 가는지를 아는 것은 아주 유용하다. 그러나 시민들이 **어디에** 사는지, 그들이 **어떻게**(주거들의 다양한 면적, 거주자 1인당 넓이, 방별 침대 숫자, 위생도) 사는지, 어디서(집, 작업장, 사무실, 공장) 일하는지, 도시 속 어디에 작업장이 있는지, 어떤 교통수단으로(지하철, 버스, 전차 등) 그곳에 가는지, 시민들이 날마다 일터로 가는 데 시간이 얼마나 걸리는지, 시민들을 꼼짝 못 하게 하는 정체 장소가 어딘지, 반대로 도시 안에서 어디가 교통 소통이 빠른지, 어떻게 교외가(밀도, 인구밀집 상황, 접근 체계) 형성되는지, 실제적으로 교외 거주자의 하루가 어떻게 진행되는지, 도시에서는 어떤 아파트가 업무용이나 작업용으로 쓰이는지, 그 위치는 어디고 얼마나 있는지, 사업이 어디서 이루어지는지, 업무가 집중되는 곳의 밀도는 어떠한지 등을 통해 우리가 **어떻게** 살아가는지를 아는 것은 더욱 필요하다.

통계는 많고, 시청 건물의 맨 위층은 통계에 관한 어마어마한 자료실로만 쓰인다고 한다. 그건 정말 좋은 일이다. 그러나 건축가의 생활에는 책벌레가 될 만한 여유가 없다. **통계학적 열람**은 자료의 양이 아니라 **수행된 연구의 분별력과 연구의 주제**(건축이나 도시계획과 관련된 주제)에 따른 것이며, 이것이 연구의 결실이 발표되는 방법이다. '~에 관한 보고서', '~에 관한 연구'는 훌륭하지만, 그것들은 본문을 읽는 데 시간을 허비할 필요 없이 의문점을 곧바로 해소할 수 있도록 **시각화를 위한 도표**와 함께 제시되어야 한다. 브뤼셀의 세계궁전에 있는 인류사 박물관은 **시각화**의 아주 좋은 예다. 시각화는 생각을 빠르게 전해 준다.

인구 4백만 명의 도시인 파리에는 이 거대한 개인들의 집단 및 그들의 요구를 건축가나 도시계획가와 이을 통계학적 요소가 없다. 건축가나 도시계획가는 수렁에 빠져 허우적대다가 결국에는 실패하거나, 최소한 일관성이 없음이 분명한 공공복리를 위한 작품을 **헛되이** 창조할 운명을 짊어진 셈이다. 만일 **유용한 통계 자료**가 있다면, 여기에 제시된 아이디어의 당혹스러운 모순은 일관성 있는 제안으로 바뀔 수 있을 것이다. 그러면 우리가 **어떻게 파리를 구할지**를 알게 될 것이다. 현재로서는 **아무도 모른다**. 몇몇 사람들만이 **추측할** 뿐이다.

— 우리는 파리의 위기에 대한 해법을 찾아야 하는 시급한 상황에서 신뢰할 만한 근거자료를 만들려고 2년 전에 50만 프랑의 보조금을 내무성에 신청했다.

그런데 겨우 5만 프랑만 대출받았다!!

나중에 이 대출이 20만 프랑으로 늘었지만, 그것으로는 아무것도 할 수 없었다.

— 내무성은 통계자료를 위한 서기관직을 신설해야 한다. 서기관이 그곳에서 정보만 모으지는 않을 것이다. 거기에서 **전국의 각 지역 활동을 위한 통계자료**를 작성할 것이다. 과거에 총사령부에서 다른 목적들을 위해 한 것처럼 **간결하고 '시각화된'** 공보물을 배포할 것이다.

파리로 재입성

— 유일하게 베를린만 **시내에** 공항이 있고, 다른 도시의 공항은 공항에서 도심까지 자동차를 타고 갈 동안에 비행기로 절약한 시간을 아주 쉽게 빼앗길 만큼 도심에서 먼 곳에 있다. 베를린의 템펠호프 공항은 지름이 300미터인 원형 중심의 원리를 받아들였다. 이 중심의 둘레에 있는 모든 구조물에 적용되는 법규가 있다. 이것은 지름 300미터 원의 가장자리에서 중심쪽으로 15도의 기울기를 줌으로써 원추형 범위를 그린다. 이렇게 만들어진 원주의 경계면보다 높게 건설하는 것은 금지된다. 이것은 단순하고 절대적이면서도 융통성이 있다.

— 게다가 2년 안에 대형 국제선 비행기가 아닌 전세 비행기는 도심에 수직으로 착륙할 수 있게 될 것이다.

— 기차역은 '공항 안의 여객 및 화물 터미널'이 될 것이다.

— (사실을 검토하기에 앞서서, 독단적이고 위험하고 무능한 법률이 아닌) **아이디어의 결과로 나오는 도시계획적 개념**에 대한 현명한 법률은 도시계획을 말할 때 너무 쉽게 뭔가를 바라는 경향이 있는 절대권력자, 곧 왕이나 정치가를 훌륭하게 대신할 수 있다.

— 이보다 더 좋은 것은, 가장 강력한 권위가 순수하고 간단하게 **이익**을 얻을 수 있다는 점이다. 효과적 배열의 좋은 예이자 진정한 권위의 발현인 방돔 광장은 법이나 왕실이 내린 칙령의 결과가 아니다. 방돔 광장은 **진정한 단지 개발**이며 잘 통제된 구획 매각의 결과다.

— 나는 **이익 자체**에 호소함으로써 해결될 수 있는 파리의 경우를 여러분에게 보여 주고자 이론적인 계획안 하나를 말하려 한다. 확신하건대, 파리의 땅, 특히 좁은 길을 따라 말할 수 없이 비위생적인 집들이 뒤얽힌 채 들어선 현재 중심부 땅의 가치를 높일 수 있다. 나와 B. 아무개 씨는 세바스토폴 대로, 본누벨 대로, 몽마르트르 가 및 레오뮈르 가 사이의 지역을 연구대상으로 삼았다. 이 공간을 교차하는 **마흔한** 개의 작은 길 대신 **여섯** 개의 길만 선택하고자 한다. 이 길들은 30미터, 20미터 너비다. 이 길들을 따라 우리는 두 번 단형 후퇴한 10층짜리 사무실만 지을 것이다. 이 근대적인 건물들 역시 안뜰을 향해 열릴 것이다.

— 지하실의 층수는 **제한하지 않을** 것이다. 원하는 만큼 깊이 작업장을 지을 수 있다.

— 이렇게 형성된 구획 안에 연면적이 1,000제곱미터에서 1,500제곱미터에 이르고 서로 180미터 떨어진 20~30층의 고층건물을 세우려고 한다.

이 사업은 **오로지 대지에 더 큰 가치를 부여**함으로써 자금을 조달할 수 있을 것이다. 왜냐하면 대지가 **파리의 중심부**에 있기 때문이다. 이곳은 현재 소지주 550명의 땅이다. 그 지역에 사무실을 가진 몇몇 대사업가들이 지닌 수준 높은, 재정상의 지혜에서 도움을 얻어 지주들의 조합을 조직하는 일은 쉬울 것이다.

이렇게 하여 의심할 여지 없이 현존하는 파리의 중심부 바로 그곳에서 파리 재건설의 첫 단계가 수행될 것이다. 이 첫 걸음이 시작된 뒤 두 번째, 세 번째, 네 번째 걸음이 이어질 것이다. 그리하여 10~15년 안에, 어쩌면 이보다 더 빨리 파리가 재건될 수 있을 것이다. 파리의 중심부는 다시 새로워질 것이다. 첫 사업에는 20억 프랑이 필요할 테지만, 이 비용이 새로운 방식의 업무지구 사용자들에 의해 곧바로 충당될 것임을 아무도 의심하지 않는다.

— 완벽하다.

— 훌륭하다.

— 완벽해.

— 바로 이거야.

— 우리는 건축법규를 바꾸고, 고집 센 토지 소유자를 강제할 수 있는 **법이 필요하다**.

— 끝으로 이 말을 하고 싶다. **돈의 근원이 바로 이 구역에 있다!**

― 그리고 우리는 여기에, 중심에서 30~50킬로미터 떨어진 파리의 외곽에서 살펴본 후에 파리 안으로 되돌아왔다. 도시로 재입성한 것이다!

다음은 본 회기의 마지막에 내가 이 계획의 입안자인 A. R. 아무개 씨에게 개인적으로 말한 내용이다. 이 토론을 진행하는 동안 1922년의 연구와 '부아쟁' 계획을 결코 언급하지 않았음을 알게 되면 이해하겠지만, 나는 이것을 공식적으로 표현하는 것을 자제하였다. "당신은 내가 기쁘게 당신의 말을 듣고, 대부분의 사람들이 당신의 의견에 고개를 끄덕이며 동의해 내가 무척 기뻐한 것을 충분히 상상하실 수 있을 겁니다. 우리는 일 드 프랑스 지방과 멀리 랑부예와 퐁텐블로, 콩피에뉴까지 파리의 경계를 돌아다니면서 오랫동안 절망적으로 방황했습니다. 30킬로미터나 50킬로미터 반경, 60킬로미터나 100킬로미터의 도시개발을 생각한 겁니다! 당신은 파리로 다시 들어왔습니다. 당신은 도시의 기하학적 중심인 세바스토폴 대로의 가장자리에 서 있습니다. 1922년과 1925년에 나는 업무중심지구 건설을 위해 이 지역을 지정했습니다(파리의 '부아쟁' 계획). 당신은 대지를 재편성할 것입니다. 소지주 550명이 행정 지도부와 함께 유일한 조합을 구성합니다. 당신은 대도시 중심부 땅의 가치를 높이는 원리에 대한 모든 개념을 강화하고 동료 모두가 당신 뜻에 동의합니다. 당신은 코니스까지 20미터로 한정된 높이 제한을 타파합니다. 당신은 '고층건물', 곧 마천루를 건설합니다. 당신의 동료들은 법을 요구합니다. 당신은 도시의 역사를 고려해서, 당신의 사업이 신성모독이 아니라고 단언합니다. 또 이것이 도시의 역사적 정신에 합당하다고 말합니다. 당신은 당신의 프로그램을 물리적으로 실현하는 일이 지극히 정상이라고, 거기에 불가능이란 없으며 무모하지도 않고 공상적인 이상향도 아니라고 장담합니다. 이어서 당신은 인접 구역까지 사업을 확장할 것이고, 그렇게 함으로써 파리가 곧 미네르바의 투구처럼 찬란하고 번쩍거리는 업무지구를 중심부에 가질 거라고 말합니다! 동료 모두가 당신 생각에 동의하며, 아무도 당신을 미쳤다고 비난하지 않습니다. 1922년에 이미 이러한 제안을 발표한 『**에스프리 누보**』지의 대표이자 1922년의 **3백만 명을 위한 현대도시 계획**과 1925년의 **파리 부아쟁 계획**의 입안자인 당신의 신념에 지지를 표명할 기회를 주십시오."

이 대화에 참여한 동료들 가운데 한 명이 말했다. "이것은 굉장한 일입니다! 1922년에는 모두가 당신이 미쳤다고 했습니다. 그러나 이제는!"

앞서 말한 회합들 중에서, 위 계획의 두 입안자 중 한 명인 온화한 B. 아무개 씨가 나에게 말했다. "나는 당신이 쓴 『도시계획』을 아주 잘 압니다. 당신은 차라리 문학적인 관점을 가지셨더군요."

* *
*

상황 분석

— 만일 누군가가 파리 지역을 위해 합리적인 '지대설정'[역주82]을 시도한다면, 그는 도시 현상의 다양한 구성요소를 정의하고 정확한 도시 기능에 정확한 면적을 할당하며, 결과적으로 파리 지역의 현재 지도를 분석하고 이것을 구성하는 것이 무엇인지와 사람들이 거기서 무엇을 하고 있는지를 알게 된다. 그리고 변화를 주기 위해 어떤 기능을 어떤 장소로 옮기고, 다른 기능을 배치하고 옮기고 지역권[역주83]을 만든다. 한마디로 조정을 해서, 지금까지 자유롭게 남은 모든 곳에 **개입하게** 된다. 지역권을 시행하는 것은 전체 지역을 평가 절하하는 것이다. **평가 절하한다는 것은 손해를 배상해야 함**을 뜻한다. 그 돈을 찾기 위해 어디로 갈 것인가?

— 무엇보다도 먼저 파리 지역의 지도를 **연구**하기가 불가능하다. 이 지도가 **최신 수정판이 아니기 때문이다**. 지금은 온통 집으로 뒤덮인 곳이 지도상에는 여전히 들판으로 나타난다. 만일 우리에게 필요한 통계자료가 있다면 알 수 있겠지만, 지금 우리는 아무것도 모른다! 우리는 파리 시민 4백만 명이 어떻게 살아가는지 모른다! 그래서 시작하기도 전에 고착상태에 빠지게 된다. 과업을 수행해 나갈 수가 없다!

— '개발'을 이야기하는 사람은 누구나 '수익성'을 말해야 한다! 지대설정으로 땅을 가치 절상함으로써 돈을 벌어들여야 한다. 사람들은 언제나 지상에서 **수평적으로만** 생각하고 건설업이 **근대 기술로 뒤바뀔 수 있음**은 생각하지도 못한다. 언제나 땅에서 20미터 높이를 한계로 계산할 뿐이다. 이 최고 한도는 석조 건물을 지을 때 루이 14세가 제정한 합리적인 제한이었다. 근대 기술은 우리에게 철골 철근 콘크리트를 가져다 주었다. 최고 한도 20미터를 폐지해야 한다. 200미터까지도 올라갈 수 있다.

만일 우리가 건물을 200미터까지 높일 수 있다면, 파리에서 지혜롭게 선택된 특정한 지역의 가치는 엄청나게 높아질 것이다. 이 이익으로 지역권 때문에 생긴

피해를 보상할 수 있다. 어떤 한정된 지역은 현대 기술의 진보에 따라서 개발된 지역으로 보상되어야 한다. 미래를 예견하여 계획된 개발은 파리의 작업장이 있는 산업지역에 공통적으로 이익을 제공한다. 이 이익으로 열린 공간이라는 즐거움을 누릴 수 있다. 수익성을 얻는 지대설정 덕분에 다음 단계로 나아간다.

누가 이 모든 것을 결정하고 이익을 거두며 손해배상을 지불할 것인가? 사유재산의 가치는 신성하다. 그렇다! 그러나 만일 공공의 주도권자가 **활력이 없거나 수익성 없는 지역의 가치를 상승시킨다면** 어느 누가 가치 상승으로 이끄는 비용을 미리 지불하지 않을 것인가?

공공의 주도권. 그러나 누가 이익을 거둘 것인가? 일이 되어 가도록 놔두는 무기력한 재산의 소유자인가? 오로지 그 사람만 이익을 얻는가? 결코 아니다! 그는 자기 몫을, 공공의 주도권자는 자기 몫을 정당한 비율대로 가질 것이다.

그러면 누가 공공의 주도권자인가? 공공사업기관이다. 이때는 누가 공공사업기관이 되는가? 이것을 정할 필요가 있다. 만일 통계학의 서기관직을 만든다면, 도시계획부도 만들 수 있다. 나라 전체가 계획되어야 한다. 프랑스의 도시들은 노후되고 도시계획이 없기 때문에 세계에서 유일하게 사망률이 출생률보다 더 높다. 이것이 중요한 문제다.

토지 소유권이 너무 작게 나뉘어져서 아무 도시계획도 할 수 없다. 소유권이 다시 편성되어야 한다. 그리고 약탈과 투기를 피하기 위해, 국가적인 도시계획 연구를 조용히 수행하기 위해, 공공의 복리를 위해 **토지 소유권을 결집할** 필요가 있다. 왜 함께 뭉치느냐? 가치를 상승시키기 위해서다. 공익 사업의 중요한 일을 수행한 결과로 이익이 생길 것이다. 누군가 여기에서 '토지가 수용된 사람은 언제나 이익을 얻는다'고 말했다.

공공사업기관, 토지의 결집을 위해 주요 계획에 대한 결정이 필요하다. 파리 지역과 나라 전체에 필요한 주요 계획은 국가가 보증하는 것으로도 충분하다. 당연히, 국가 자신이 이 일을 수행하지는 않는다.

프랑스의 항공기 산업에는 어떠한 원칙도 없다. 도시계획도 마찬가지다. 도시가 지름 60킬로미터나 100킬로미터로 퍼져 나갈 것인가, 이와 반대로 좁아질 것인가? 파리는 20미터의 높이 제한 아래에 있다. 모든 것이 짓눌렸으며, 공기도 좋지 않고, 초목도 없고, 밀도는 너무 낮다. 결과적으로 거리가 너무 멀다. 도시에서 일하고 교외에서 사는 것은 기만적인 꿈이다. 사람들을 격리하고 그들로부터 조직의 이점, 특히 공용 서비스를 빼앗아 가는, 전원도시를 향한 열광은 아마도 최근의 낭만적 오류일 것이다.

업무지구를 변두리로 뻗어 나가게 하는 것도 모순된 꿈이다. 여기서 우리는 기술의 진보라는 이름으로 우리가 바라는 만큼 지하를 팔 권리를 요구한다. 20미터라는 높이 제한도 폐지하는 것이 낫지 않을까?

잘 개발된 직선 위로 도시를 옮기기 위해 파리로부터 탈출하는 일은, 도시의 기하학적 중심에 있는 가장 훌륭한 부동산의 가치를 단숨에 없애는 짓이다. 손해를 입힐 소지가 있는 곳에 가치를 둔다면, 그것은 위험천만한 일이다.

만일 우리가 도시계획가를 위한 통계자료를 가지고 있다면 행동하는 데 더는 토론이 필요 없고 우리의 논문도 모순되지 않을 것이다.

이렇게 질문해 왔다. 다른 나라의 다른 도시들은 무엇을 하는가? 많은 사람들이 파리를 주목하고 있다. 기계화 때문에 일어난 장애를 근대 기술 자체로 해결할 방안을 제시하는 어떤 몸짓을 파리에 바라면서 말이다. 이 해결책은 도시 역사에서 건축의 위대함에 관한 새로운 장으로 기록될 것이다.

1930년 3월
모스크바에서

모스크바의 분위기

나는 러시아어를 배울 엄두도 내지 않는다. 이것이 도박과 같은 짓이기 때문이다. 사람들이 '크라스니 krasni', '크라시보 krassivo'라고 말하는 것을 듣고, 그 말이 무슨 뜻인지 묻는다. **크라스니는 빨간색을, 크라시보는 아름답다는 것을 뜻한다**고 한다. 예전에는 빨강과 아름다움을 뜻하는 이 두 단어가 혼용되었다고 한다. 빨강이 곧 아름다움이었다.

나 자신의 지각력에 따른다면, 빨간색이 삶이자 능동태라고 단언한다. 여기에는 의심의 여지가 없다.

그러므로 자연스럽게, **인생이 아름답다**거나 **아름다운 것이 인생**이라고 인정할 권리가 나에게 있다고 느낀다.

우리가 건축과 도시계획에 사로잡혔을 때에는 이 사소한 언어학적 등식마저 예사롭지 않게 여겨진다.

**

소비에트 사회주의 연방(이하 소련)은 국가의 전반적인 설비를 위한 프로그램인 '5개년 계획'을 수립, 현재 이를 실행한다. 심지어 현재 산출되는 작업 생산물 가운데 많은 부분을 이 프로그램 수행에 쏟아 붓기로 결정하였다. 이것이 더는 시금치 위에 버터[역주84]가 없고 모스크바에 더는 캐비어가 없는 이유다. 절약하여 외화를 벌어들이기 위해서다.

공장, 댐, 운하, 제재소 등의 기반시설은 이 일을 위한 것이다. 사람을 위해서, 곧 그들의 주거를 위해서는 새로운 도시 360곳이 건설될 것이다. 그들은 벌써 이 일에 착수하였다.

우랄 산맥의 기슭에 한 해에 4만 대(6분당 한 대)의 트랙터를 생산할 수 있는, 세계에서 가장 큰 공장을 건설하고 있다.

이 공장에서 일하는 사람들을 위해 5만 명의 거주민을 위한 도시가 조성되고 있다. 주거와 도로 및 조경을 위해서는 1억 2천만 루블이 필요하다. 6천만 루블의 선수금은 이미 지급되었다.

이 일은 1월에 건축가에게 위임되었다. 계획은 한 달 보름 만에 만들어졌다. 작업의 개시는 4월 말로 확정되었다.

계획 설정을 위한 자료는 다음과 같다.

공장에는 2만 명의 남녀 일꾼이 일할 것이다.
이 가운데 30%는 기술자와 사무원이다.
25%는 아직 공장에 고용되지 않은 사람들을 뜻한다.
35%는 어린이고,
마지막으로 7%의 병약자(노인)가 있다.

소련의 새로운 산업도시에서 삶은 공용 서비스에 달렸다.

어린이들은 일곱 살이 될 때까지 대규모 주거지와 연결된 별관에서 양육되고, 부모가 원할 때마다 아이들을 만나러 그곳에 간다.

일곱 살부터 열여섯 살까지는 각 주거 구역에서 가까운 학교에 간다.

전쟁과 혁명을 겪고 난 오늘날에는 어른 5,000명에 일곱 살에서 열여섯 살까지의 청소년 800명, 일곱 살 이하 어린이 2,100명의 비율이 적용된다.

그러므로 도시는 각각 다음 사항을 포함하는 집단으로 형성된다. 아이들을 위한 별관과 학생 800명을 위한 학교가 있는, 각 1,000명을 위한 다섯 곳의 주거지다. 각각 어른들을 위한 네 개의 주거 단위, 행정 및 공용 서비스 단위, 체육 시설, 어린이집(210명 수용) 및 차고(자동차는 공동 소유고, 각자 5일 만에 돌아오는 휴일에 자동차를 이용할 수 있다.)가 있다.

주택 안에는 부엌이 없다. 음식은 공동체를 위해 중앙 조리장에서 준비되어 수많은 식당으로 공급된다.

상점이 없는 대신에 소매상인과 연계된 큰 소모품 창고가 각 건물 입구에 있다.

밀도는 헥타르당 300명으로 정해졌으며, 다른 새로운 산업도시는 이것을 150명까지 낮추었다.

모스크바는 **계획을 입안하는 공장**이자 기술자들에게는 (금광지대는 아니지만) 약속의 땅이다. 국가는 만반의 태세를 갖춰 나가는 것이다!

공장과 댐, 제재소와 주거 및 도시 전체의 계획이 많이 수립되었다. 이 모든 것이 **진보를 가져오는 무엇이든**이라는 기치 아래 이루어진다. 건축은 무엇인가를 아는 사람과, 자신들이 하는 일을 믿는 사람들의 노력을 통해 힘을 얻고, 요동치고 태어난다.

어떠한 과업을 위해 이러저러한 건축가가 선임된다. 3, 4, 5, 7명의 건축가가 설계공모전에 초청된다. 대규모 포드 자동차 공장을 위해 산업도시를 전문으로 하는 미국 건축가가 초청되기도 했다. 그가 설계한 것은 감옥처럼 보이는데, 이것은 노동자 집단주거지의 미국식 **모델**이었다. 그러나 그곳에 시대정신은 없다. 이는 시대착오다. 모스크바에서는 이것이 새로운 환경에 적합하지 않기 때문에 비웃는다. 이 작은 사건은 하나의 시금석으로서 모스크바 계획이 가진 지적 수준의 척도를 보여 준다.

모스크바는 계획, 생각, 그것을 심사하는 일로 가득 찼다. 5개년 계획은 현대 기술의 경연장이다.

설계공모전의 출품작이 제출되어 오늘은 여기에, 내일은 저기에 전시된다. 젊은이, 남자와 여자(모스크바에는 많은 여성 건축가가 있다.) 같은 한 무리의 주의 깊은 관객들이 작품을 연구한다. 그들은 조용하게, 열심히, 집중해서, 호기심에 가득 차서 토론하고 바라본다.

여기에 새로운 목적을 가진 건축이 준비된다.

이 계획의 모든 곳에 젊음이 있다. 그것은 전능한 아카데미즘에 짓눌린 우리 파리 시민들을 조금 놀라게 한다. 흥분하지는 말자. 퀴리날리스^{역주85}나 오르세 기슭^{역주86}이 그런 것처럼 크레믈린도 아카데미 회원들에게 둘러싸였다. 하지만 크레믈린의 그들은 숨어 있다.

젊은이들의 작품에는 창의성이 넘쳐난다. 그들을 비난한다고? 이 얼마나 기막힌 오해인가! 우리는 때때로 보자르에 있는 별 모양의 축선들이 마치 메피스토펠레스^{역주87}처럼 속임수의 복장을 하고 있음을 느낀다. 모스크바에서도(오, 다른 모든 곳과 마찬가지로) 새로운 시대에 아카데미즘의 출현을 조심하라!

푸른 도시.

이것이 뜻하는 것은 다음과 같다.

소련에서는 일요일이 없어지고, **닷새째 날의 휴식 주기가** 도입되었다.

이 휴식 주기는 번갈아 돌아온다. 한 해 동안 날마다 소련 인구의 다섯 명 가운데 한 명이 쉰다. 내일은 또 다른 닷새째 날이다. 이렇게 돌아가는 것이다. 작업은 결코 멈추지 않는다.

의사들로 구성된 위원회는 작업 생산성 곡선을 그렸다. 이 곡선은 네 번째 날 오후에 급격히 떨어졌다. 경제학자는 이틀 동안의 미미한 생산고에 만족하는 것은 의미가 없다고 말하였다. 기계시대의 생산 리듬은 5일이라는 결론이 내려졌다. 나흘 일하고 하루 쉰다.

의사들은 현대인이 과로해서 날카로워지고 지쳤음을 인정한다. 해마다 갖는 휴가가 그들을 회복시킬 것인가? 그 정도로는 충분하지 않으며, 벌써 잔뜩 지쳤기 때문에 회복하기에도 너무 늦다. 그의 건강을 좋은 상태로 유지하고 지탱하며 기계를 점검하라. 그렇다. 게다가 현대 의학은 다음과 같은 새로운 공리를 따르지 않는가.

>아픈 사람을 치료하는 대신
>건강한 사람으로 만든다.

1년에 한 번(15일, 한 달)의 휴가는 너무 늦다. 결함은 기계를 영원히 치유할 수 없도록 약화시킨다. 쇠약, 현대 세계는 쇠퇴한다.

그래서 닷새째 날의 휴식 주기를 위해 **푸른 도시**를 건설하기로 했다.

기초 자료를 구축하기 위해 의사 위원회와 여성 위원회, 운동선수 위원회가 작업에 들어갔다.

푸른 도시를 건설하기로 한 결정은 엄청난 열광을 불러일으켰다.

모스크바의 푸른 도시가 30킬로미터 떨어진 곳에서 곧바로 착수되었다. 지역은 뚜렷하게 한정되었고 프로그램도 설정되었다. 최초의 건축 및 도시계획 공모전은 푸른 도시 계획에 관한 토론의 기초가 되었다.

모스크바의 푸른 도시 프로그램은 다음과 같다.

대지는 너비 15킬로미터, 길이 12킬로미터에 높이가 해발 160~240킬로미터다. 아주 넓은 소나무 숲으로 덮였으며 그 사이에는 들판과 목초지가 있다. 스포츠 구역으로 할애된 곳에는 댐으로 호수가 될 작은 강이 여기저기에 있다.

모스크바의 '푸른 도시'는 모스크바 시민들이 차례대로, 정확한 예정표에 따라 5일 만에 휴식을 취하러 올 거대한 호텔로 개발될 것이다. 그러므로 건축으로 해야 할 일은 한 사람이나 한 집안 식구를 위한 휴식 단위를 창안하는 것과 이 단위를 한 건물 안에 모으고 이 건물들을 대지에 독창적으로 배분하는 것이다. 여기에는 **시골**이, 자연이 있을 것이며 대도시의 어떠한 특징도 없을 것이다. 그러나 공용 서비스만큼은 정상적으로 작동해야 하므로, 문제는 출발선에서부터 완벽하게 건축적이고 도시적인 조직체를 만들어야 한다.

첫 해에는 하루 2만 명에서 2만 5천 명의 방문객을 위한 숙소를 건설해야 한다. 이것은 닷새마다 한 번씩의 윤번에 따라 125,000명(=25,000×5)이 휴식을 위해 찾아오는 것을 뜻한다. 만일 열흘마다의 휴양이라면 250,000명(=25,000×5×2), 보름마다의 휴양이라면 375,000명이 올 것이다.

3년 6개월 안에, 즉 소련의 5개년 계획의 마지막 무렵에는(이 어마어마한 프로그램은 현재 시골을 소생시킨다.) 10만 명을, 닷새 동안 50만 명을 숙박시킬 것이다. 열흘에는 100만 명, 보름에는 150만 명. 모든 모스크바 사람이 '휴식하기에' 충분하다.

닷새마다의 휴식 외에도, 푸른 도시는 해마다 한 번씩의 휴가를 이곳에서 보낼 관리자들이나 노동자들을 2주일 또는 한 달 동안 동시에 거주시킬 것이다.

마지막으로 병원의 보살핌을 필요로 하는 병을 앓는 사람이 아닌, 휴식을 필요로 하는 환자들이 푸른 도시에 있는 요양소를 찾을 것이다.

운송 체계가 개발되어야 한다. 기존 철도역인 브라토바-차이나가 중심역이 될 것이다(노선은 이미 전철이 되었다). 더 건설되어야 할 것은 고속도로, 방사상 도로인 순환도로다. 여기에 농장과 서비스 네트워크가 (음식공장을 위해) 필요하다.

올봄에 500개의 독방을 가진 두 개의 큰 호텔과 100개의 독방을 가진 네 개의 작은 호텔이 처음 건설될 것이다. 10개의 여행자 센터(숙박소)가 대지에 흩어져서 지어질 것이다.

현재 농민 3,000명이 푸른 도시의 대지 안에 있는 마을의 통나무집에 흩어져 산다. 통나무집들은 해체되고 마을은 파괴될 것이다. 3,000명의 농민은 '농업-도시'(소련 전체에 걸쳐 농업의 산업적 조직화를 위한 현재의 사회적 운동을 영화롭게 하는 용어)라고 부르는 장소에 재집결될 것이다.

푸른 도시의 일부분, 즉 농민 3,000명이 살 산업도시에서 만든 기계를 갖춘 전형적인 시설 주변에 대규모 협동농장이 조직될 것이다. 이 전형적인 농장은 푸른 도시에 음식을 공급할 것이다.

대지의 나머지 부분들은 아직 형태를 결정해야 할 휴가용 호텔로 개발될 것이다. 취사공장을 갖춘 음식 센터는 호텔의 레스토랑과 자동차 서비스로 연결된다. 인공 호수, 다른 종류의 운동장, 대규모 경기를 위한 중앙 경기장이 있는 운동 도시가 있다. 해결해야 할 문제는 체육 시설을 대지의 모든 곳에 둘 것인가 하는 점과, 푸른 도시를 위한 결정적인 동기 가운데 하나인 체육 시설을 호텔의 바로 밑에까지 둘 것인가 하는 점이다.

호텔 프로그램은 아직 어떤 식으로 할지 정해지지는 않았지만 '야영장'부터 대상隊商 숙박소까지 확장된다. 이 프로그램의 목적은 모든 사람이 최대한의 자유를 느낌과 동시에 공용실과 조직된 호텔 서비스의 혜택을 누리게 하려는 것이다.

어린이, '청소년', 어른 들의 입원을 위한 시설도 계획했다.

취학 전 아동은 부모와 함께 지낼 것이다. 14, 15세까지 아이들은 부모와 함께 닷새마다 쉬러 올 수도 있지만, 가능한 한 들판과 숲에서 머무는 동안 보살핌을 받을 수 있게 유능한 교사의 지도 아래 같은 반 친구들과 단체로 올 것이다.

'청소년' 들은 야영하거나 그들의 숙소에서 자유롭게 지낼 것이다. 일정한 나이가 되면 독립이 필요하다는 점이 고려되었다.

마지막으로 남녀 어른들은 주거 단위에 함께 또는 떨어져서 지낼 텐데, 그 형태와 규모는 앞으로 모색해야 하며 지극히 현실적인 건축적 문제를 불러일으킨다.

이러한 것들이 모스크바에서 시작된 작업인 **푸른 도시**의 개략적인 구성이다.

***

아시아 세금 부과 방식으로 지역 구분을 한 것말고는 소련에서 도시계획다운 게 없었고, 이는 결국 경제적·사회적 현실과 무관한 상황으로 이끌고 말았다. 이러한 문제에 가장 '현대적인' 해법을 가져올 것이다.

이 농민의 나라를 기계화의 거대한 기획으로 떠미는 와중에 무엇이 도시 현상을 구성하는지, 특히 무엇이 기계시대의 도시 특성을 부여하는지 명확하지는 않은 것 같다. 전세계의 모든 기존 도시가 무시무시하고 혼란스러운 것은 자본주의 체제의 결과와 산물이라고 여겼다. 나는 '조심' 하라고 외친다! 우리의 조상으로부터 물려받은 도시는 단지 기계시대 이전의 도시일 뿐이다. 그리고 나는 **우리가 아직 기계시대의 도시 프로그램을 준비할 꿈도 꾸지 못한다**는 것에 전적으로 동의한다. 그곳에는 거대한 사회조직 프로그램이 있다. 우리는 아무 일도 하지 않았다. 소련에서 그들은 문제에 직면해 체계를 제안하고 있다. 나는 도시계획에서 이러한 현상들이 **인간다운 현상**이라고 보며 그래야 한다고 믿는다. 개입된 것은 사람이며, 일하고 생산하고 소비하기 위해 모인 사람들의 필요며, 늘 그랬듯이 **물질적이고 정신적인** 필수 불가결한 목적으로 모인 사람의 일이다. 나는 인간의 행복과 명백하게 연관되는 이 본능적인 무리짓기의 정신적 결실에 가치와 의미를 부여한다. 그러므로 인간을 정책의 가장 우위에 둘 때 도시계획이 더 좋아지고 더 확실하게 성취될 거라고 생각한다.

그러나 소련에서 도시화 물결은 처음부터(물론 한정된, 그러나 지적이고 새로움을 갈망하는 집단에서) 아첨하고, 기쁘게 하고, 듣기 좋은 개념으로 이상하고 특이하게 표현되었다. 러시아어로 **탈도시화**라고 표명된 것이다. 스스로 자신의 소멸을 전하는 단어들이 있는데, 이것은 정말 너무 모순되고 너무 역설적이어서 그것이 가리키는 것을 사라지게 한다. 나는 탈도시화 안을 몇 가지 검토해야 했다. 나는 말로 장난치지 말자고, 그릇된 **감상**으로 장난치지 말자고 확고하게 답했다. 트리아농역주88의 새로운 양 우리로 피신해야 한다는 사실을 슬쩍 감추지는 말자. 나는 단언하였다. 태양의 일상적인 주기가 인간의 삶을 조건짓는다. 우리의 활동이 체계를 찾아야 하는 것은 이 24시간 주기 안에서다. 우리가 결코 바꿀 수 없는 이 우주적인 사건 앞에서, 나는 세계와 자연의 물리적이고 정신적인 인간 작업에서 이러한 숙명을 기술하였다. **경제의 법칙**. 이렇게 경제의 법칙에 **속박되고**, 태양의 하루인 24시간의 체계 **안에서**, 우리가 **탈도시화**가 아닌 **도시화**를 해야 한다고 생각한다.

다음은 동료 세 명과 함께 푸른 도시의 초기 계획을 입안한, 모스크바에서 가장 재능 있는 건축가들 가운데 한 명에게 쓴 편지다.

1930년 3월 17일, 모스크바

친애하는 긴즈버그 씨,

저는 오늘 저녁 모스크바를 떠납니다. 모스크바의 '**푸른 도시**'를 위한 최근의 설계공모전에 대한 보고서 작성을 요청받았지만 제 동료들의 작업에 대해 판단을 내리고 싶지 않아 그렇게 하지 않았습니다. 대신 '**푸른 도시**'를 위한 위원회에 '**모스크바의 개발과 푸른 도시에 관한 논평**'을 제출하여 저에게 요청된 내용에 간접적으로 답하였습니다. 제 결론은 '**탈도시화**'라는 **단순한 낱말**이 요즈음 일으키는 듯한 열광에 동의할 수 없다는 것입니다.

이 용어 자체에 모순이 있는데, 이 낱말은 서구의 많은 이론가들을 기만하고 산업관리 위원회의 시간을 많이 허비하게 한 근본적인 오해였습니다. 사회 현상은 복잡하며 결코 간단하지 않습니다. 이러한 문제들에 조급하고 편향된 해결책을 제시하는 사람은 누구나 반대에 부닥칠 것입니다. 그것은 자기 자신에게 복수하고 위기 상황에 빠지며, 변화나 한계가 있어도 그것을 하도록 가만 놔두지 않습니다. 삶이 그것을 무시합니다.

어제 저녁 크레믈린에 있는 소련 부주석 레자와 씨의 집무실에서 인민위원 가운데 한 사람인 밀리우틴 씨가 탈도시화의 주제를 지지하는 것과는 아주 거리가 먼, 오히려 도시화의 필요성을 확인하는 레닌의 생각을 제게 번역해 주었습니다. 레닌은 '**만일 농민들을 구하고 싶다면** 농촌으로 산업을 가져가야 한다'고 말했습니다. 그는 '만일 도시 주민을 구하고 싶으면'이라고 말하지 않았습니다. 혼동해서는 안 됩니다. 산업을 농촌으로 가져간다는 것은 농촌을 산업화한다는 것이며, 기계를 배치하면서 인간이 집결할 장소를 창조한다는 것을 뜻합니다. 기계가 러시아를 생각하게 만들 것입니다. 자연이 러시아 사람을 생각하게 하지는 않았습니다. 자연은 도시에서 자신의 마음을 흥분시킨, 정신의 심적 기제를 부지런히 작동시킨 시민에게 유익합니다. 정신의 심적 기제를 부지런히 가동시켜야 합니다. 집단 속에서, 충격과 협동·투쟁·상부상조 속에서, 활동 속에서 정신은 무르익고 열매를 맺습니다. 혼란스럽겠지만 실상은 이렇습니다. 한창 잘 자라고 있는 나무를 쳐다보고 종달새의 노래를 듣는 것은 농민이 아닙니다. 도시민이 그렇게 하는 것입니다. 솔직하게 우리가 말로 기만하는 것이 아니라면, 당신은 제가 말하고 싶은 바를 이해할 것입니다.

사람은, 국가와 기후를 막론하고 언제나 함께 모여야 할 필요를 느낍니다. 집단은 그들에게 안전과 방어, 교제의 즐거움을 줍니다. 그러나 기후가 나빠지는 순간, 집단은 산업 활동과 입는 것, 안락하게 하는 것 등 인간이 살아가는 방식과 연관된 생산을 장려합니다. 지적 생산은 모인 사람들이 협동작업을 한 산물입니다. 모인 집단 안에서 지성은 발전하고 예리하게 되고 그 활동을 배가하고, 세련됨과 수많은 상황을 얻게 됩니다. 이것이 바로 집결의 열매인 것입니다. 분산은 사람을 두렵게 하고 가난하게 하며, 그것이 없이는 인간이 원시상태로 돌아가야 할 모든 물질적이고 정신적인 규칙의 유대를 느슨하게 합니다.

국제적 통계에 따르면 **가장 고밀도의 집단에서 사망률이 가장 낮습니다.** 사람이 모여드는 데 따라 사망률이 낮아진다는 통계학적 사실이 있는데, 이 사실을 받아들여야 합니다.

역사는 수치상 가장 고밀도로 집중된 정점에서 사고의 모든 위대한 운동이 나타남을 보여 줍니다. 페리클레스의 통치 아래에서 아테네는 우리의 근대적 대도시처럼 붐볐고, 그 덕분에 소크라테스와 플라톤이 그곳에서 고매한 사상을 토론할 수 있었습니다.

천 년 동안의 문명이 만들어 낸 도시는 기계가 확산되는 시점에서는 우리에게 끔찍하고 위태로운 상황을 안겨 준다는 사실을 분명히 알아야 할 것입니다. 사악

함이 저기 대대로 전해 내려오는 곳에 있으며, 그것의 구원이 여기 있음을 받아들여야 합니다. 갈수록 집중될 도시들을(통계치와 운송, 지적인 매력, 산업 조직 같은 현대의 진보에 뒤따르는 요소들) 개조해야 합니다. 우리의 도시들을 지금의 필요에 적합하게, 즉 **그것들을 재건해야 합니다**(하기야 도시들은 탄생 때부터 끊임없이 스스로를 재건하고 있지만 말입니다).

친애하는 긴즈버그 씨, 근대 건축은 민중의 삶을 조직해야 한다는 숭고한 사명이 있습니다. 저는 근대 도시가 거대한 공원이자 '푸른 도시'가 되어야 한다고 가장 먼저 주장했습니다. 그러나 이 명백한 호사스러움을 위해 저는 밀도를 네 배나 높였고, 그것들을 확장시키는 대신에 거리를 단축시켰습니다.

더구나 저는 작업과 생활을 위한 모든 도시의 응집물인 위성도시와 마찬가지로, 당신의 나라에서 5일마다 편성된 휴식을 위한 푸른 도시를 생생하게 떠올릴 수 있습니다. 저는 15일마다 적어도 세 번 가운데 한 번 강제로 하는 휴식 점검이 작업 점검에도 똑같이 적용되어야 한다고 지적했습니다. 그리고 이 점검에는 '**푸른 도시**' 의사들이 개별적으로 처방한 운동을 적절히 실행하는지 여부도 포함되어야 할 것입니다. '**푸른 도시**'는 자동차를 점검(오일, 주유, 기관 검사, 수리, 차량 유지)하는 차고가 됩니다. 게다가 자연과의 친밀(찬란한 봄, 겨울의 폭설)은 명상과 자기반성으로 이끕니다.

그러므로 '**인간은 도시화하려는 경향이 있다**'는, 평온하지만 확고한 저의 확신을 적대적인 태도로 보지 마시길 바랍니다.

당신 스스로 이 세부적 특징들을 잘 살피시길 바랍니다. 모스크바의 탈도시화 계획안 가운데 하나는 푸른 도시의 숲 속에 초가 오두막을 지을 것을 제안하고 있습니다. 훌륭하고 놀랍습니다! 그것들이 단지 주말용이라면 말입니다! 그러나 초가 오두막을 가진 다음에 당신이 모스크바를 해체할 수 있다고는 말하지 마십시오.

안녕히 계십시오.

르 코르뷔지에

1930년 3월 20일
모스크바에서 파리로 돌아가는 길에

덧붙임

부에노스아이레스에서 한 열 번의 강연이 나에게는 '**근대 기술에 의해 촉발된 건축적 혁명**'의 주제와 연관된 마지막 강연이 될 거라고 생각한다.

부에노스아이레스, 상파울루, 리우, 뉴욕, 파리, 소련을 비롯한 세계는 시급한 과제를 실현하는 방향으로 나아가며, '위대한 작업'의 가장자리에서 전율한다. **위대한 작업의 시간**이, 나에게는 우리의 성찰에 제안된 현실적인 주제처럼 보인다. '흘러가는 시간이나 기계화된 문명', 바로 이것이 누군가 곧 쓰고 싶어할 책의 내용이다.

역주

1. **건축의 일곱 가지 주범** 일반적으로 건축의 주범(오더Order)은 도리아식, 이오니아식, 코린트식, 토스카나식, 콤포지트식 등 다섯 가지로 분류된다. 여기에 그리스 도리아식에서 변형된 로마 도리아식, 콤포지트식의 변형 주범을 합쳐 일곱 가지가 된다.
2. **에스프리 누보** *l'Esprit Nouveau*. 1920년에서 1925년까지 르 코르뷔지에와 화가 오장팡 Amédée Ozenfant, 시인 데르메Paul Dermé가 주도하여 발행한 문학 예술 잡지.
3. **율리시스** 호메로스의 '오디세이아'에 등장하는 그리스의 영웅. 율리시스는 로마식 이름이며, 그리스식으로는 오디세우스로 불린다. 그리스의 작은 섬인 이타카의 왕이던 그는 트로이 원정에 참전하여 전쟁의 승리를 안겨 주었지만, 자신은 포세이돈의 노여움을 사서 20년 동안 바다 위를 떠돌아다녔다. 강연을 마치고 파리로 돌아가는 여객선에 몸을 실은 르 코르뷔지에가 신화에 등장하는 율리시스의 모험담을 떠올렸다.
4. **미앤더 이론** 강이 구불구불 흐를 때 생겨나는 현상의 법칙으로, 소아시아의 옛 프리지아를 흐른 굴곡이 많은 강, 멘데레스에서 따온 용어다. 여섯 번째 강연에 상세하게 설명했다.
5. **팔라디오** Andrea Palladio, 1508~1580. 이탈리아 르네상스 전성기와 바로크시대 사이에 활동한 비첸차 태생의 건축가로 알베르티, 브라만테, 로마노 등 당대 최고의 건축가들로부터 영향을 받아 1550년경에 자신의 건축을 확립하였다. 팔라디오 양식Palladianism이라고 명명된 부흥운동까지 일어났다. 서양예술사에서 가장 지속적으로 영향을 미친 작가라고 평가받는 인물이다. 비첸차 시청사, 키에리카티 저택, 로톤다 등 대부분의 작품이 비첸차와 그 인근에 건설되었으며, 베니스에는 산조르조마조레 교회, 일 레덴토레 교회가 있다.
6. **1925년** 장식에 대해 부정적인 생각을 가진 르 코르뷔지에가 이 해에 파리에서 열린 국제장식예술 전시회를 겨냥해 한 말.
7. **비뇰라** Giacomo da Vignola, 1507~1573. 이탈리아 건축가. 대표작인 로마의 제수성당은 바로크 교회 건축에 큰 영향을 미쳤다. 저서로 3세기 동안 주범에 관한 교재로 널리 쓰인 『건축에서 다섯 가지 주범의 법칙』이 있다.
8. **브리야 사바랭** Brilla Savarin. 사바랭은 19세기에 유명한 제빵사인 줄리앙 형제 중에서 형이 파이에서 포도를 제거하고 밀가루 반죽을 사바랭의 과자틀에서 구운 후 럼주 시럽에 적셔 만든 과자의 일종이다. 위대한 프랑스 요리 미식가로 추앙받으며 말년에 『맛의 생리학*physiologie du goût*』을 저술한 브리야 사바랭에 대한 존경의 표시로 과자에 그의 이름이 붙었다. 이 책에는 과자와 미식가의 이름이 혼용되었으나 문맥에 따라 구별할 수 있다.
9. **카루소** Enrico Caruso, 1873~1921. 이탈리아 나폴리에서 출생한 테너 가수. 음역이 넓고 힘이 넘치면서도 아름다운 목소리를 지닌, 오페라 역사상 가장 위대한 가수라 할 수 있다. 1894년 나폴리에서 데뷔하여 1902년 런던에서 첫 성공을 거두었으며, 1903년 미국의 메트로폴리탄 오페라에서 리골레토 공작으로 출연하여 대성공을 거두어 늑막염으로 죽기 직전까지 메트로폴리탄 오페라에서

가장 인기있는 가수로 군림했다. 라 트라비아타, 아이다, 라보엠, 토스카, 카르멘 등 50편이 넘는 이탈리아·프랑스 오페라에 출연했다.

10. 조세핀 베이커 Josephine Baker, 1906~1975. 미국 출생의 연기자이자 가수. 13세부터 무대에 섰고 16세에 벌써 브로드웨이에 진출했으며 1925년 파리 샹젤리제 극장에서 흑인 여성에 대한 뮤지컬 코미디로 유명해졌다. 가장 관능적인 연예인으로 많은 연극 작품에 출연하고 음반을 냈으며, 2차세계대전 때는 레지스탕스 운동을 활발히 펼쳐 훈장을 여러 개 받았다.

11. 차드 Chad. 아프리카 중북부 내륙에 있는 공화국.

12. 오스만 Haussmann. 프랑스 제2제정(1852~1870) 때 파리 지사로서, 나폴레옹 3세의 지시를 받아 대규모 도시계획을 실시하여 오늘날 파리의 면모를 갖추었다.

13. 에펠 Gustave Eiffel, 1832~1923. 프랑스 토목 기술자. 중앙공예대학Ecole centrale des arts et manufactures 출신으로 철골 구조의 교량, 탑 등을 설계하였다. 1889년에 세운 파리의 에펠 탑은 그의 대표작 중 하나다.

14. 콩시데르 Armand Considère, 1841~1914. 프랑스 토목 기술자. 파리 이공과대학Ecole polytechnique과 파리 토목대학Ecole des Ponts et chaussée 출신으로 철근 콘크리트 구조의 대규모 교량 및 댐을 설계하였다.

15. 호메로스 Homer. 일리아스와 오디세이아의 작가로 알려진 고대 그리스의 시인.

16. 알베아르 Alvear. 부에노스아이레스에 있는 거리 이름.

17. 팔레르모 Palermo. 부에노스아이레스에 있는 공원 이름.

18. 상드라르 Blaise Cendrars, 1887~1961. 르 코르뷔지에와 같은 해, 같은 마을(라쇼드퐁)에서 태어난 시인. 16세에 집을 떠나 표도 없이 몰래 기차를 타는 등 지독하게 아끼면서 모스크바, 중국 등지를 여행하며 신교도가 비밀리에 세운 야외 임간林間 학교를 다닌 것 같은 경험을 하였다. 20세에 프랑스로 와 샐러드용 물냉이를 재배하거나 양봉을 하며 귀스타브 르 루즈Gustave le Rouge와 레미 드 구르몽Rémy de Gourmont 같은 작가와 교분을 쌓았다. 브뤼셀과 런던 등지에서 음유시인으로 활동했고 무명의 가난한 찰리 채플린이 유일한 멤버이던 젊은 학생 조합에 함께했다.

19. 후버 H. C. Hoover, 1874~1964. 엔지니어 출신의 미국 31대 대통령. 1928년에 선출되어 대규모 경제 및 사회 개발 프로그램을 추진하였으나 1929년의 경제공황에 적절히 대처하지 못했다는 평가를 받았다.

20. 프레시네 Eugène Freyssinet, 1879~1962. 1917년에 진동을 이용해 콘크리트를 다지는 기법을 창안한 엔지니어. 1928년에 프리스트레스 콘크리트를 개발하여 철근 콘크리트의 발전에 크게 기여하였다.

21. 류트 lute. 기타와 비슷한 14~17세기의 현악기.

22. 파르나소스 Parnassus. 그리스 중부에 있는 산으로 아폴로와 뮤즈의 영지靈地.

23. 캔틸레버 cantilever. 한쪽만 고정하고(고정단) 다른 끝은 돌출해(자유단) 그 위에 하중을 지지하도록 한 보.

24. 필로티 pilotis. 원래 수중 혹은 연약한 지반에 건축할 때 사용하는 기초 말뚝을 뜻한다. 근대 건축가들은 지면의 습기에서 벗어날 수 있는 방안을 모색하였다(흐린 날이 많은 유럽의 기후와 안뜰을 둘러싼 주거 양식으로 환기 및 습기 제거가 어려워 위생 문제가 심각했다). 르 코르뷔지에는 기둥을 활용해 건물을 지면에서 띄우는 방안을 제안했다. 이로써 건물 하부는 사람과 자동차, 공기의 이동 통로가 되었고, 땅이 경사진 경우에도 축대를 쌓는 비용을 절감할 수 있었다. 활용도가 떨어지는 1층의 손실은 옥상 정원을 활용하여 해결할 것을 제안하였다.

25. **피디아스 · 익티노스 · 칼리크라테스** Phidias · Ictinos · Callicrates. 아테네의 아크로폴리스 언덕에 있는 파르테논 건설에 참여한 그리스 조각가들. 총지휘는 피디아스가 했으며, 익티노스는 도리아 양식의 지지자로서 신전의 부피를 담당했고, 칼리크라테스는 이오니아 양식의 신봉자로서 신전의 세부 장식을 담당한 결과 파르테논 신전에서 두 양식의 융합이라는 특이한 결과를 볼 수 있다. 르 코르뷔지에는 자신의 저서 『건축을 향하여 Vers une Architecture』에서 정신의 순수한 창조물인 건축의 예로 파르테논 신전을 상세히 설명하였다.

26. **엔타블레이처** entablature. 기둥 위에 걸친 수평 보로서 위로부터 코니스cornice, 프리즈 frieze, 아키트레이브architrave 등 세 부분으로 나뉜다.

27. **루이 16세 양식** 루이 15세 시대의 화려한 로코코 취미에 대한 반성과 당시에 활발하게 이루어진 폼페이 등의 고대 유적 발굴에서 영향을 받아 간결하고 단아한 고전주의적인 장식이 주류를 이루었다. 이와 같은 경향은 이미 루이 15세가 재위하던 1760년대부터 나타났으나 1770년대 이후, 특히 명쾌한 수평·수직의 선이 복잡한 곡선 대신 쓰였으며, 식물 무늬와 로카유의 모티프도 과도한 장식성을 배제한 자연스러운 형태로 복귀되었다. 건축에서는 고대 양식을 도입한 수플로가 설계한 판테온이 대표적이며, 가구는 직선을 기본으로 고안되어 의자 다리 등에 고전적 장식이 만들어졌다.

28. **도리아식** 그리스의 도리아 사람들이 창안한 고대 그리스의 3대 기둥 양식 가운데 하나. 간소하고 장중미가 있어 코린트의 아폴로 신전, 아테네의 파르테논 신전, 올림피아에 있는 헤라의 신전 등 신전 건축에 많이 사용되었다. 비례적으로 짧게 보이고 단순하여 남성적인 인상을 준다.

29. **이오니아식** 이오니아 민족이 창시한 고대 그리스의 3대 기둥 양식 가운데 하나. 도리아식과 비교하면 외관이 섬세하고 초반base이 있다. 주두에는 소용돌이 장식이 있고 소벽은 하나의 평면이며 조각을 하였다. 가늘고 길며 장식적이어서 여성적인 인상을 준다.

30. **코린트식** 기원전 5~6세기 동안 코린트에서 발달한, 고대 그리스의 3대 기둥 양식 가운데 하나로 도리아식과 이오니아식 다음에 발전하였다. 셋 중 가장 화려하고 섬세한 기둥인데 특히 주두를 아칸더스 잎처럼 장식한 것이 특징이다. 로마인들이 이 주범을 좋아하여 판테온, 카스트로 신전, 티볼리의 원당 등에 사용하였다.

31. **부벽** 扶壁. 벽이 쓰러지지 않게 버티거나 지지하도록 달아낸 벽. 보통 벽돌이나 돌을 하나씩 쌓아 지은 조적식 건물에서 상부에서 내려오는 집중하중 또는 횡압력 등을 견디도록 벽면에서 넓게 내밀어 쌓는다.

32. **부연** 附椽. 처마 서까래 끝 위에 덧얹는 짧은 서까래로 보통 각재로 함.

33. **르네상스식** 르네상스 건축에서는 현관이나 창, 벽감 niche, 발코니 등에 엔타블레이처를 갖춘 둥근 기둥을 많이 사용했다. 창은 채광, 환기, 조망을 위해 필요하지만, 벽에 있는 구멍 또는 구멍이 있는 벽으로서 파사드에 율동감을 주는 요소라는 관점에서 진가를 발휘한 것이 르네상스 건축의 창이다. 삼각박공형 창pediment type, 중앙기둥 2연창order type, 연속창arcade type 등이 혼용되었는데, 이때 느껴지는 엄격한 조화율은 건축가의 절대성, 대담성, 치밀성을 통해 나타난다. 창이 주는 수직성은, 르네상스 건축의 특징에 속하는 코니스 때문에 생기는 수평성과 대조된다.

34. **루이 14세 양식** 이탈리아 바로크의 강한 장식성의 영향을 받아 재상 콜베르, 수석화가 르 브룅이 추진했다. 실내장식이나 공예에서 자주 볼 수 있으며, 국왕의 존엄과 영광을 강조하려고 웅장·화려함을 추구했다. 건축에서는 베르사유 궁의 실내, 특히 '거울로 된 방'과 루브르 궁의 '아폴론의 방' 등이 대표적이다. 공예는 1662년에 창설된 왕립 고블랭 제작소에서 각종 제품을 만들었으며, 특히 고블랭 직물이 유명하다. 도금·상감 등의 기법도 발달하였으며, 가구제작자로서 특이한 상감

을 창안한 부르가 유명하다.

35. **현창** 舷窓. 선박에 있는 작은 창.

36. **에스프리 누보관** le Pavillon de l'Esprit Nouveau. 1925년 파리에서 열린 국제장식예술 전시회 때 르 코르뷔지에가, 장식을 중시한 전시회 프로그램을 무시하고 1922년에 자신이 구상한 '빌라형 공동주택'의 한 세대와 역시 1922년에 구상한 '인구 3백만 명을 위한 도시계획안'을 보여 주기 위해 전시관을 덧붙여 지은 것이다.

37. **코니스** cornice. 고전식이나 르네상스식 건축에서, 처마 언저리의 벽에 수평으로 낸 쇠시리 모양의 장식.

38. **립시츠** Jacques Lipchitz, 1891~1973. 리투아니아 출생으로 1909년에 파리로 가 입체파 조각가로 활동하며 1920년 로젠버그 갤러리에서 개인전을 열었다. 1941년 독일 침공으로 프랑스를 떠나 미국에서 활동했다. 르 코르뷔지에는 1924년 파리 근교인 불로뉴쉬르센에 그의 집을 지었다.

39. **브랑쿠시** Constantin Brancusi, 1876~1957. 루마니아 조각가. 조각과 회화, 산업 디자인에서 근대적 형태 개념을 정의한 주요 작품들을 남겼다. 크라이오바와 부쿠레슈티에서 공부하고 1904년 파리로 가 로댕을 도왔다. 초기에는 로댕과 인상주의자들의 영향을 받았으나 1908년 이후 독자적인 길을 걸었다. 1956년 자신의 사후 관리를 조건으로 모든 작품을 프랑스 국립근대미술관에 기증하였다. 현재 퐁피두 센터의 광장에 브랑쿠시 전시관이 있다.

40. **로랑** Laurent, 1885~1954. 원문의 로랑Laurent은 문맥상 앙리 로랑Henri Laurens을 잘못 적었다. 불어는 단어의 마지막 자음 알파벳을 발음하지 않기 때문에 일어난 착오로 짐작된다. 프랑스의 조각가이자 화가·삽화가·판화가. 브라크, 레제, 피카소와 교류하며 종합적으로 입체파의 영향을 받은 작품을 만들었다.

41. **망사르** François Mansart, 1598~1666. 프랑스 고전주의 건축의 대표적 건축가. 발르루아 성의 오를레앙 건물을 지었고, 훗날 프랑스 건축에서 전형적인 지붕 양식의 예가 된 라피트 저택 등을 남겼다.

42. **아라베스크식** 문자·식물·기하학적인 모티프가 어울려서 교차된 곡선 가운데 융합되어 가는 환상적인 무늬. 나중에 기독교 미술에도 응용되고, 이슬람교에서는 금지되던 동물·인간상도 혼합한 당초무늬를 만들었다. 한편 이 용어는 다른 분야의 예술 양식을 나타내는 데에도 사용되었다. 음악에서는 하나의 악상을 화려한 장식으로 전개하는 악곡을 말한다. 슈만은 1839년에 작곡한 피아노 소곡(작품번호 18)에 이 이름을 붙였다. 그 밖에도 드뷔시의 초기 피아노곡(1888년)이 이 계열의 작품으로 유명하다. 무용 용어로는 고전 발레 자세를 가리키는데, 한 발로 서서 한 손은 앞으로 뻗고 다른 한 손과 다리는 뒤로 뻗은 자세를 아라베스크라고 한다.

43. **육지** plancher des vaches. 직역하면 암소들의 마루(바닥)인데, 선원이나 비행사가 주로 쓰는 말로 육지를 뜻한다.

44. **테일러식 공장의 과학적 관리법** 20세기 초 미국의 테일러F. W. Taylor가 작업 과정의 능률을 최대로 높이기 위해 시간과 동작을 연구하여 노동의 표준량을 정하고 임금을 작업량에 따라 지급하는 것 등을 기초로 하는 관리의 합리적 방법을 창안하였다. 테일러주의Toylorism 혹은 테일러 시스템Taylor System으로 불리는 이러한 과학적 관리법은 근대 산업 사회를 구성하는 핵심적 사고 방식으로 정착되었다.

45. **박공벽** pediment. 고전 건축의 박공장식으로 건물의 앞이나 문과 창문 위에 장식하는 삼각형의 박공부분. 그리스 건축의 페디먼트는 돌림띠, 경판tympanum, 회진acroterion 등 세 부분으로 구성된다.

46. 가르슈 저택 Villa Garches. 르 코르뷔지에가 1927년에 파리 근교의 가르슈에 건설한 저택으로 전통적인 건축적 안락, 사치와 미학에 대한 논쟁을 불러일으킨 중요한 작품이다. 그가 제시한 건축의 '네 가지 구성법' 중 두 번째에 해당하는 것으로, 입면에는 '규준선'을 이용하여 비례에 정확성을 부여했고 '건축적 산책' 개념이 적용된 공간 전개를 보인다.
47. 루앙의 뵈르 탑 La Tour de Beurre de Rouen. 생로맹 탑과 함께 루앙 노트르담 성당의 파사드를 구성하는 탑.
48. 건축의 외적 표식 과거 건축의 장식적 요소를 모두 들춰내 다시 사용한다는 뜻이다.
49. 부처는 자신의 배꼽만 중시할 뿐입니다. 자신에게만 흥미나 관심을 갖는 것을 뜻한다.
50. 콜럼버스 달걀 15세기로 거슬러 올라가는 이야기. 한 스페인 중개인이 해결하기 어려운 문제로 힘들어하자 콜럼버스는 그에게 달걀을 모서리 부분으로 세워 보라고 말한다. 중개인의 모든 시도가 실패하자 콜럼버스는 달걀 끝부분을 살짝 깨어 간단하게 세워 보인다. 어려운 일도 생각하기에 따라 쉽게 풀 수 있다는 것을 보여 준 것이다. 본문은 그러한 혜안이 떠오를 때까지 되풀이하여 스스로에게 말한다는 것을 뜻한다.
51. 건식주택 물을 사용하지 않고 시공하는 것을 건식공법이라 하는데, 공장에서 생산된 부품을 현장에서 조립하여 완성한 조립식 주택이 건식주택이다.
52. 샤르트루즈 데마 Chartreuse d'Ema. 피렌체 근교에 있는 카르투지오 수도회의 수도원. 1907년에 이곳을 처음 방문한 르 코르뷔지에는 15세기에 건설된 이 수도원의 입방체적이고 평탄한 표면, 기하학적 형태 등에서 근대적 집합주거지가 지녀야 할 특성을 발견하였다.
53. 살롱 도톤 Salon d'Automne. 1903년에 시작되어 오늘날까지 매년 가을에 파리에서 열리는 진보적 성격을 띤 전람회. 야수파, 입체파 등 근대회화 사상에 큰 발자취를 남겼다.
54. 공중 정원 jardin suspendu. 상부 테라스에 꾸민 정원.
55. 로툰다 지붕이 둥근 원형 건물.
56. 플랑드르 Flanders. 벨기에의 동·서 플랑드르 주, 프랑스의 노르 부, 네덜란드의 젤란트 주를 포함한 지역명.
57. 라이트 Frank Lloyd Wright, 1869~1959. 20세기 초 네덜란드와 독일을 중심으로 근대건축의 정신이 유럽 대륙에 자리 잡는 데 큰 공헌을 한 미국 건축가. 스승인 설리반L. Sullivan과 작업한 후 독립하여 벽난로를 중심으로 한 수직성과 수평적으로 긴 처마의 수평성이 대조를 이루며 유동적인 실내 공간이라는 새로운 개념을 창안했다. 대표작으로는 로비 하우스, 라킨 빌딩, 유니티 사원, 임페리얼 호텔, 존슨 왁스 공장, 구겐하임 미술관, 탈리아신 등이 있다.
58. 페레 Auguste Perret, 1874~1954. 철근 콘크리트 및 구조 전문가. 두 형제가 함께 페레 형제Perret Frères라는 회사를 차려 프랭클린 가rue Franklin의 아파트, 샹젤리제 극장 등 많은 작품을 남겼다. 르 코르뷔지에는 1908년 2월부터 14개월 동안 파리에 체류하며 페레에게서 콘크리트를 배웠다. 이때 건축가로서 새로운 삶과 직업에 대한 전망, 순수한 형태를 가능케 하는 철근 콘크리트에 대한 확신을 갖게 된다.
59. 마스토돈 mastodon. 태곳적 코끼리를 닮은 동물.
60. 르발루아-페레 Levallois-Perret. 파리 북동쪽에 있는 도시명. 인구가 늘어남에 따라 행정구역이 계속 넓어진 서울과 달리, 파리는 파리 외곽 순환도로를 시 경계로 삼아 주변 지역을 별도의 행정구역으로 독립시켰다.
61. 오메 Homais. 『마담 보바리』에 등장하는 인물로 속물 근성을 지녔다.
62. 모듈 module. 건물의 모든 부분을 일정한 비율에 따라 치수를 정할 때 기준이 되는 측정 단위.

63. 키에프 kief. 터키 사람들이 무더운 낮에 즐기는 휴식.
64. 아파트 원래 궁전이나 성관 따위에서 작은 방 몇 개로 이루어진 큰 방을 뜻하는 말. 여기서는 여러 개의 작은 방을 각각 가진 주인, 부인, 딸의 큰 방과 같은 단위 공간을 뜻한다.
65. 에릭 사티 Eric Satie, 1866~1925. 프랑스 작곡가. 형식주의를 싫어하고 순수한 감성에 따른 독자적인 작품으로 신고전주의에 지대한 영향을 미쳤다.
66. 규준선 tracés régulateurs. 건축, 회화, 조각 같은 조형적 구성의 비례에 정확성을 부여하기 위해 르 코르뷔지에가 제시한 기하학적·수학적 수단. 건물의 파사드를 구성할 때 채움과 비움의 배치에 질서를 부여하는 데 적용되며 건축가의 감각에 의해 최종 결정된다. 르 코르뷔지에는 과거의 걸작들에서 이미 이 규준선 개념이 내포되었음을 발견하고 자신의 작품에도 적용하였다.
67. 비아리츠 Biarritz. 프랑스 남서부 아키텐 지방에 있는 도시.
68. 베르길리우스 Publius Vergilius Maro. 기원전 70년 만토바 근교에서 태어난 시인. 이탈리아의 농촌과 농부들을 사랑하여 그들을 노래하였다.
69. 로렌의 십자가 15세기 로렌 지방의 앙주 공작의 상징. 로렌의 십자가는 앙주의 십자가 혹은 앙주-로렌의 십자가로도 불리며, 세로선 하나에 짧고 긴 가로선 두 개가 교차하는 형상이다. 1940년 드골이 영국에 망명했을 때, 로렌의 십자가를 모방한 훈장을 제정했으나, 1946년에 폐지되었다.
70. 앵발리드 Invalids. 유럽의 패권을 차지하기 위해 루이 14세가 일으킨 잦은 전쟁에서 부상당한 군인들을 위해 리베랄 브뤼앙Libéral Bruant은 병원을 지었고(1671~1676), 망사르는 돔 성당을 건설하였다(1679~1706). 지하에는 나폴레옹 1세의 유해가 안치되어 있다.
71. 수플로 Jacques-Germain Soufflot, 1713~1780. 이탈리아에 유학하여 팔라디오의 영향을 받은 프랑스 신고전주의의 대표적인 건축가. 유학 후 리옹에 머물면서 거대한 병원을 지어 명성을 얻었다. 프랑스 혁명 후 판테온으로 개칭된 생트준비에브(1757년에 시작) 성당이 대표작이다.
72. 단철 두드려 만든 철.
73. 콜베르 Jean-Baptiste Colbert, 1619~1683. 프랑스의 정치가. 루이 14세 때 실각한 재정통감 푸케의 후임으로 국왕의 재정책임자가 되었다. 콜베르티슴으로 알려진 중상주의 정책을 실시했으며, 정치·경제·행정 전반에 걸친 개혁을 단행하여 루이 14세의 강대한 절대왕권을 구축하였다.
74. 위대한 밤 낭만적인 19세기 공산주의자와 혁명 발발의 무정부주의적 꿈.
75. 세미라미스 Semiramis. 니누스 왕의 부인이자 아시리아와 바빌로니아의 전설적인 여왕. 남편이 죽은 뒤 인도와 싸웠으며 바빌론에 화려한 건축물들을 세우고 다수의 유명한 공중 정원을 만들었다.
76. 파르네세 궁전 Palais Farnèse. 로마에 있는 길이 56미터, 높이 3층의 이 궁전은 16세기 최고의 이탈리아 궁전으로 평가받는다. 모퉁이가 석재로 보강된 평탄한 벽면의 벽돌 건물로 각 층은 제각기 다른 창문틀을 가지며 최상부의 코니스는 미켈란젤로가 더 크게 한 것이다. 이 궁은 1517년에 건설이 시작되었으나 1534년과 1541년에 두 차례 다시 설계되었고 1546년 미켈란젤로에 의해 최종 보완되어 1589년에 완성되었다.
77. 1925년 양식 1920~1930년대에 유행한 디자인 경향으로 장식을 중시한 아르 데코 양식을 뜻한다.
78. 로지아 loggia. 1면이나 3면이 개방된 아케이드나 복도를 가진 갤러리.
79. 토스카나식 로마 건축양식의 일종으로 도리아식을 간략화한 것임. 구조가 없는 주신柱身, 단순한 쇠시리가 특징으로 콜로세움이나 산 피에트로 사원 등에 사용되었다.
80. 하드리아누스 빌라 하드리아누스 황제가 로마 근처 티볼리에 지은 대저택.

81. **퐁 뒤 가르** Ponts du Gard. 프랑스 남부 도시인 님에 있는 고대 로마의 수도교.
82. **지대설정** 地帶設定. 조닝 Zoning. 공장 지대, 주택 지대 등으로 나누는 것.
83. **지역권** 地役權. 공익을 위해 소유지에 부과되는 권리 제한.
84. **시금치 위에 버터** 프랑스식 표현으로, 필수적인 것과 함께 여분의 것이 있음을 뜻한다.
85. **퀴리날리스** 옛 이탈리아 궁성이 있는 로마의 일곱 언덕 중 하나.
86. **오르세 기슭** 프랑스 아카데미가 위치한 센 강변.
87. **메피스토펠레스** 괴테의 『파우스트』에 나오는 악마.
88. **트리아농** Trianon. 권위와 절대왕정을 상징하는 베르사유 궁의 정원에 있는 별궁. 왕과 그 가족이 호화롭고 격식을 차린 공식적 삶에서 벗어나 단란하고 소박한 생활을 하기 위해 지었다. 1767년에 망사르가 완성한 대궁과 1764년에 가브리엘이 착수한 소궁이 있다.

옮긴이의 말

1930년에 처음 출간된 『프레시지옹』은 근대 건축의 성립 기간으로 간주되는 1920년대에 르 코르뷔지에가 품은 건축적 사고의 근원을 보여 주는 중요한 문헌이다. 이 책은 근대 건축의 교과서로 인정받는 그의 다른 두 저서, 『건축을 향하여』(1923), 『도시계획』(1924)과 함께 건축가들이나 연구자들의 인용 빈도가 높은 자료다. 『건축을 향하여』와 『도시계획』이 건축과 도시를 위한 이론적 전제이자 사고의 출발을 보여 준다면, 『프레시지옹』은 이 책이 발간되기 전에 구상되었거나 실현된 경험적 사실에 관한 포괄적이면서도 구체적인 방법론을 담고 있다.

사부아 저택을 설계할 무렵인 1929년에 르 코르뷔지에가 아르헨티나 예술동호회의 초청으로 남미 방문 기회를 갖는다. 그는 이 방문 기간에 열 번의 강연회를 통해서 자신의 생각, 경험, 신념을 유럽에서 멀리 떨어진 낯선 땅에 사는 사람들에게 알린다. 르 코르뷔지에 자신이 말한 것처럼 일종의 '전도 여행'이 된 셈이다. 전도의 목적은 기본적으로 20세기에 '새롭게 태어난' 건축과 도시계획을 상세하게 설명하는 것이었다. 『프레시지옹』에 실린 글은 이 강연회의 원고다. 하지만 이 책의 가치가 일반적으로 평가되듯 근대 건축의 선전과 홍보에만 있지는 않다. 독자의 주목이 필요한 부분은 한정된 지역에서 형성된 건축가의 건축적 사고가 미지의 환경과 접촉하면서 발생하는 변화다.

잘 알려진 대로 르 코르뷔지에의 건축은 1930년을 기점으로 다른 모습을 띤다. 1920년대에 추상적 탈물질화와 기하학적 형태라는 특징을 보였다면, 1930년대에 들면서 재료의 노출과 유기적 형태가 두드러진다. 이는 건축가의 인식 구조에 어떤 식으로든 변화가 있다는 사실을 알려 주는 것이고, 그 변화의 결정적 원인이 바로 남미 방문이다. 다른 지역과의 접촉이 건축가의 지성과 감각을 동요시켰기 때문이다. 물론 이러한 동요는, 여러 학문의 대화에 초점을 맞춘 『에스프리 누보』를 발행한 데서도 발견되듯이 그가 대상을 배타적으로 대하지 않는 개방적 주체였기에 가능한 일이었다.

이 책에서 또 하나 눈여겨보아야 할 점은 근대 건축의 발생에 관한 정보다. 근대 건축 운동의 중심에 있던 르 코르뷔지에는 당시의 동료들과 함께 과거와는 다른, 말하자면 현대적 생활 양태에서 나오는 문제의 해결을 위해서 건축적 개념의 혁신을 꾀하였다. 그가 제안한 '근대 건축 5원칙', '네 가지 건축적 구성', '복도형 도로의 폐지' 등 기본적인 주요 개념들이 오늘날의 건축 담론에서 큰 몫을 차지하는데, 『프레시지옹』은 '어떻게', '왜'를 수없이 반복하는 건축가의 화법을 통해 그것들이 성립하게 된 원인과 과정에 관한 핵심 단서를 제공한다.

『프레시지옹』에는 르 코르뷔지에가 거의 즉흥적으로 그림을 그려 가면서 자신의 경험을 강연한 내용이 담겼다. 책의 대부분을 차지하는 구어체, 알기 힘든 인물명과 장소명, 함축적인 문학적 표현 등은 역사서, 이론서, 비평서 같은 연구 저작물 번역에서 못 느끼던 어려움을 안겨 주었다. 강연회의 원고인 만큼 번역은 현장감을 살리는 쪽으로 방향을 잡았는데, 그 때문에 약간의 의역과 경어 표현이 불가피했다. 르 코르뷔지에가 청중을 앞에 두고 말한다는 상황 설정이 독자들의 이해에 도움을 줄 것이다.

그다지 많은 원고량이 아닌데도 번역서가 나오기까지 적지 않은 시간이 흘렀다. '읽는 것'과 '옮기는 것'의 차이는 실로 엄청났다. 그러나 여러 어려움을 무릅쓰고 번역하기로 마음먹은 것은, 연구할 가치가 있는 건축가의 사고가 생생하게 살아 있는 문헌을 후학들이 직접 접하는 일이 아주 소중하다는 생각 때문이었다. 어느 분야든 항구적으로 교훈을 주는 고전이 있고, 우리는 그 고전을 통해 지식을 쌓는다. 건축 지식의 습득도 건축적 담론이 풍성한 고전을 체계적으로 독해함으로써 가능할 것이다. 이러한 의미에서 고전의 번역을 기획한 도서출판 동녘의 이건복 사장님과 편집부 여러분께 감사 드린다.

2004년 1월
정진국 · 이관석

지은이

르 코르뷔지에 Le Corbusier

본명은 샤를 에두아르 잔느레다. 1887년 스위스의 작은 도시 라쇼드퐁에서 태어나, 그곳에서 공예학교를 나왔다. 1965년에 78세로 생을 마감할 때까지 330여 개의 크고 작은 건축·도시작품을 계획했으며, 이 가운데 100여 작품이 실현되었다. 실현된 작품 중 대표적인 것으로 사부아 저택, 마르세유의 위니테 다비타시옹, 노트르담 뒤 오 성당, 라투레트 수도원 등이 있다. 50여 권의 저서를 남겼으며, 그 가운데 대표작은 잡지 『에스프리 누보』에 실은 글을 모은 『건축을 향하여』, 『도시계획』, 『오늘날의 장식예술』과 『빛나는 도시』, 『아테네 헌장』, 『모듈러』 등이다. 미술과 조각 작품도 많이 남겼으며, 『타임』에서 선정한 '20세기를 빛낸 100인' 가운데 유일한 건축가다.

옮긴이

정진국

한양대학교에서 건축 공부를 시작했고, 프랑스에서 건축사 학위(파리-벨빌 건축대학)와 예술사학 박사 학위(프랑스 고등 사회과학원)를 취득하였다. 현재 한양대학교 건축대학 교수로 재직하며, 건축설계와 건축역사 및 예술이론을 강의한다. 한국건축가협회상을 수상하였으며, 지은책으로 『르 코르뷔지에가 선택한 최초의 색채들』이 있다.

이관석

한양대학교 건축학과를 졸업했다. 삼성종합건설에서 근무하다 파리로 가 파리-벨빌 건축대학과 파리 1대학(판테옹 소르본느)을 졸업했다. 프랑스 건축사이자 예술사학 박사로서 현재 경희대학교 건축대학원에 재직 중이다. 지은 책으로 『빛을 따라 건축적 산책을 떠나다』(시공문화사, 2004), 『르 코르뷔지에, 근대건축의 거장』(살림, 2006) 등이 있으며, 옮긴책으로는 『건축을 향하여』(동녘, 2002), 『오늘날의 장식예술』(동녘, 2007) 등이 있다.

프레시지옹

초판 1쇄 발행일 | 2004년 1월 30일
초판 2쇄 발행일 | 2007년 6월 10일

지은이 | 르 코르뷔지에
옮긴이 | 정진국 · 이관석
펴낸이 | 이건복
전무 | 정락운
주간 | 이희건
편집 | 김용태 곽종구 이상희 김현정 박상준 방유경
디자인 | 김지연 김현주 김선미
영업 | 이용구 이재호
관리 | 서숙희 곽지영
펴낸곳 | 도서출판 동녘

북디자인 | 지평선 · 풍경 박선영
전산편집 | 다산문원
인쇄 | 영신인쇄
제본 | 영신제본
종이 | 한서지업사

등록 | 제311-1980-01호 1980년 3월 25일
주소 | (413-832) 경기도 파주시 교하읍 문발리 파주출판문화정보산업단지 532-5
전화 | 영업 (031)955-3000 편집 (031)955-3005
전송 | (031)955-3009
홈페이지 | www.dongnyok.com
전자우편 | planner@dongnyok.com

ⓒ 동녘, 2004

ISBN 978-89-7297-462-8 03610

* 잘못 만들어진 책은 바꿔 드립니다.
* 이 도서의 국립중앙도서관 출판시도서목록(CIP)은 e-CIP 홈페이지(http://www.nl.go.kr/cip.php)에서 이용하실 수 있습니다.
  (CIP제어번호:CIP2007001618)